2014—2015

畜牧学

学科发展报告

REPORT ON ADVANCES IN
ANIMAL SCIENCE

中国科学技术协会　主编
中国畜牧兽医学会　编著

中国科学技术出版社
·北　京·

图书在版编目（CIP）数据

2014—2015畜牧学学科发展报告 / 中国科学技术协会主编；中国畜牧兽医学会编著．—北京：中国科学技术出版社，2016.3

（中国科协学科发展研究系列报告）

ISBN 978-7-5046-7075-5

Ⅰ. ①2… Ⅱ. ①中… ②中… Ⅲ. ①畜牧学－学科发展－研究报告－中国－2014—2015 Ⅳ. ①S81

中国版本图书馆CIP数据核字（2016）第025863号

策划编辑	吕建华　许　慧
责任编辑	韩　颖
装帧设计	中文天地
责任校对	刘洪岩
责任印制	张建农

出　　版	中国科学技术出版社
发　　行	科学普及出版社发行部
地　　址	北京市海淀区中关村南大街16号
邮　　编	100081
发行电话	010-62103130
传　　真	010-62179148
网　　址	http://www.cspbooks.com.cn

开　　本	787mm × 1092mm　1/16
字　　数	358千字
印　　张	16.25
版　　次	2016年4月第1版
印　　次	2016年4月第1次印刷
印　　刷	北京盛通印刷股份有限公司
书　　号	ISBN 978-7-5046-7075-5 / S · 597
定　　价	66.00元

2014—2015
畜牧学学科发展报告

首席科学家　黄路生

顾　　问　陈焕春　杨汉春

专 家 组

组　长　阎汉平　刘　琳

成　员　（按姓氏笔画排序）

刁其玉　王　栋　王立贤　王楚端　乌尼尔夫
田见晖　田可川　白东义　白佳桦　包　军
冯　涛　冯定远　芒　来　曲鲁江　朱士恩
朱化彬　朱伟云　刘　彦　刘国世　刘继军
齐广海　安　磊　孙东晓　杜立新　李俊杰
李俊雅　李爱科　李福昌　杨　宁　杨利国
吴　德　呙于明　汪以真　张　莉　张守全
张胜利　陈玉林　邵庆均　林　海　周　虚
周小秋　赵一萍　赵学明　高　雪　高秀华
高腾云　韩建永　傅祥伟　曾申明　滑国华
廖新俤　谯仕彦　滕小华　颜培实

学术秘书　李传业　石　娟　杜华华

›››› 序

党的十八届五中全会提出要发挥科技创新在全面创新中的引领作用，推动战略前沿领域创新突破，为经济社会发展提供持久动力。国家“十三五”规划也对科技创新进行了战略部署。

要在科技创新中赢得先机，明确科技发展的重点领域和方向，培育具有竞争新优势的战略支点和突破口十分重要。从2006年开始，中国科协所属全国学会发挥自身优势，聚集全国高质量学术资源和优秀人才队伍，持续开展学科发展研究，通过对相关学科在发展态势、学术影响、代表性成果、国际合作、人才队伍建设等方面的最新进展的梳理和分析以及与国外相关学科的比较，总结学科研究热点与重要进展，提出各学科领域的发展趋势和发展策略，引导学科结构优化调整，推动完善学科布局，促进学科交叉融合和均衡发展。至2013年，共有104个全国学会开展了186项学科发展研究，编辑出版系列学科发展报告186卷，先后有1.8万名专家学者参与了学科发展研讨，有7000余位专家执笔撰写学科发展报告。学科发展研究逐步得到国内外科学界的广泛关注，得到国家有关决策部门的高度重视，为国家超前规划科技创新战略布局、抢占科技发展制高点提供了重要参考。

2014年，中国科协组织33个全国学会，分别就其相关学科或领域的发展状况进行系统研究，编写了33卷学科发展报告（2014—2015）以及1卷学科发展报告综合卷。从本次出版的学科发展报告可以看出，近几年来，我国在基础研究、应用研究和交叉学科研究方面取得了突出性的科研成果，国家科研投入不断增加，科研队伍不断优化和成长，学科结构正在逐步改善，学科的国际合作与交流加强，科技实力和水平不断提升。同时本次学科发展报告也揭示出我国学科发展存在一些问题，包括基础研究薄弱，缺乏重大原创性科研成果；公众理解科学程度不够，给科学决策和学科建设带来负面影响；科研成果转化存在体制机制障碍，创新资源配置碎片化和效率不高；学科制度的设计不能很好地满足学科多样性发展的需求；等等。急切需要从人才、经费、制度、平台、机制等多方面采取措施加以改善，以推动学科建设和科学研究的持续发展。

中国科协所属全国学会是我国科技团体的中坚力量，学科类别齐全，学术资源丰富，汇聚了跨学科、跨行业、跨地域的高层次科技人才。近年来，中国科协通过组织全国学会开展学科发展研究，逐步形成了相对稳定的研究、编撰和服务管理团队，具有开展学科发展研究的组织和人才优势。2014—2015 学科发展研究报告凝聚着 1200 多位专家学者的心血。在这里我衷心感谢各有关学会的大力支持，衷心感谢各学科专家的积极参与，衷心感谢付出辛勤劳动的全体人员！同时希望中国科协及其所属全国学会紧紧围绕科技创新要求和国家经济社会发展需要，坚持不懈地开展学科研究，继续提高学科发展报告的质量，建立起我国学科发展研究的支撑体系，出成果、出思想、出人才，为我国科技创新夯实基础。

2016 年 3 月

›››› 前言

畜牧学是研究与畜牧业生产有关的知识理论和技术的科学，为农学学科门类的一级学科。中国是畜牧业生产大国，畜禽的存栏量和肉类、禽蛋及奶类的生产总量居世界前列，畜牧学科为畜牧业提供了不可或缺的技术支撑。现代畜牧科学技术在促使传统畜牧业向现代畜牧业转变中发挥了举足轻重的作用，畜牧学科为改善我国人民的营养膳食结构、增强民族体质作出了不可磨灭的巨大贡献。

在中国科学技术协会的领导和资助下，畜牧学作为首批确定的50个一级学科之一，由中国畜牧兽医学会组织开展了畜牧学学科发展研究活动。本轮畜牧学科发展研究是在2007年、2009年两轮学科发展研究的基础上进行的。《2014—2015畜牧学学科发展报告》是中国畜牧兽医学会继《2007—2008畜牧兽医科学学科发展报告》和《2009—2010畜牧兽医科学学科发展报告》后编撰的第三本学科发展报告。本卷报告集中对畜牧学科及分支领域动物遗传与育种学、动物繁殖学、动物营养与饲料科学、家畜环境卫生学与家畜生态学进行研究，总结了2010—2015年的新进展和取得的重大成果，介绍了本学科在学术建制、人才培养、研究平台、创新团队等方面的状况，分析了畜牧学科发展现状，概述了畜牧学科发展特点和趋势，提出了促进本学科发展的建议。

2014年7月9日，中国畜牧兽医学会秘书长杨汉春教授在中国农业大学主持召开了2014—2015畜牧学学科发展研究启动会，部署本轮畜牧学科发展研究工作。本轮研究邀请中国科学院院士黄路生教授担任首席科学家，中国工程院院士陈焕春教授以及杨汉春教授担任顾问，常务副理事长阎汉平研究员、副秘书长刘琳研究员担任专家组组长主持具体工作，确定由中国畜牧兽医学会所属的动物遗传育种学分会、动物繁殖学分会、动物营养学分会、家畜环境卫生学分会和家畜生态学分会分别牵头，养猪学分会、养牛学分会、养羊学分会、家禽学分会、养犬学分会、马学分会、畜禽遗传标记学分会、畜牧兽医信息技术学分会参加，承担相关领域的研究和专题报告的撰写；刘琳负责综合报告的撰写及统稿工作。近60名专家参加研究并撰写报告。

2015年5月8日，中国畜牧兽医学会在云南腾冲召开了2014—2015畜牧学学科发展讨论会，听取同行专家意见，刘琳主持了会议。陈焕春院士、刘秀梵院士以及来自全国高校、研究所和省级学会近150名专家学者对研究报告初稿进行了讨论，提出了修改建议。

会后撰稿人根据有关意见对报告进一步补充修改，形成了《2014—2015 畜牧学学科发展报告》终稿。11 月 5 日，专家组组长阎汉平在中国农业大学主持召开统稿工作会，各牵头分会负责人参加会议。刘琳通报了统稿进展情况，提出需要明确的一些问题和补充材料。会议讨论并确定了牵头分会提交的 2010—2015 年畜牧学科的重大研究进展和成果及亮点，并就代表性学术论文的遴选、期刊选录等问题达成共识。黄路生院士对学科发展报告及提交的学科重大研究进展等相关材料进行了审定。12 月 8 日，《2014—2015 畜牧学学科发展报告》书稿通过了中国科学技术协会组织的审读。

《2014—2015 畜牧学学科发展报告》包括综合报告、专题报告、英文摘要、附录和索引 5 个部分。综合报告介绍分析了畜牧学学科定位、总体情况、突出进展、重大成果、国内外比较和未来发展的重点方向和总体趋势；专题报告分别详细叙述了动物遗传与育种学、动物繁殖学、动物营养与饲料科学、家畜环境卫生学与家畜生态学研究进展、学科成果、国内外比较和未来展望等；英文摘要简要介绍了学科进展情况；附录收集了与学科进展有关的科技成果、代表性论文、重大研究项目、核心期刊和学术活动等资料；为了便于读者查阅，本卷报告编辑了索引。

需要说明的是，综合报告参阅并引用了各专题报告的一些内容，其中的畜牧学科主要研究进展、国内外比较和学科发展的重点方向内容系在各专题报告相关内容基础上整理而成，获奖成果内容根据各获奖团队提供的材料仅作文字修改，某些重点实验室或工程中心的业绩内容系由该实验室或中心公布的材料编辑而成。鉴于各专题报告已列出所引用的参考文献，综合报告不再重复列出相应的引用参考文献。

本轮学科研究活动得到了许多专家学者的大力帮助，参加报告撰写、审读的所有专家学者为此付出了辛勤劳动，在此一并表示由衷的谢意。国家畜禽遗传资源委员会办公室杨红杰处长提供了有关畜禽新品种、配套系的审定情况，也在此表示感谢。由于受篇幅、时间所限，难以概全畜牧学学科所取得的进展；受撰稿人水平所限，尽管评述力求客观，但难免有不当之处，在此表示歉意，敬请读者不吝赐教。

中国畜牧兽医学会
2016 年 1 月

>>>> 目录

综合报告

专题报告

ABSTRACTS IN ENGLISH

综合报告

畜牧学学科发展研究

一、引言

畜牧学（Animal Science）是研究与畜牧业生产有关的知识理论和技术的科学，为农学学科门类的一级学科。根据研究对象、目的和范畴，畜牧学是农业科学的主要组成部分，研究已被驯化的陆栖动物生产如何有效地为人类提供食物等；同时，它也是生命科学的重要组成部分，研究已被驯化的陆栖动物而揭示某些生命现象的生理机制、活动规律等。畜牧学研究的内容由过去局限于家畜、家禽生产及其初级畜产品所涉及的生物学问题，延伸为现在所有人工驯养条件下的哺乳类和鸟类动物生产及其初级畜产品全过程的生物学问题。利用畜禽作为实验动物，用于人类组织器官移植、动物生物反应器等研究，使畜牧学的研究领域进一步拓展。

畜牧学是依托畜牧业而形成的学科。畜牧业的产生是人类历史上的重大革命，是人类文明发展和进步的伟大成果。一万多年前，人类开始驯化动物。从狩猎动物到驯化动物，从被动获取食物到主动获取食物，人类有选择地从事食物的生产活动，使人类有了相对均衡、稳定的食物来源和优质蛋白质供给，极大地改善了生存条件，提高了生存能力。野生动物逐步驯化为家养动物，饲养经验的积累、改进和提炼便逐渐形成了养殖知识及技术。随着人类对动物性食物的需求量越来越大，随着社会进入工业化时代、现代科学技术的发展，畜牧业的生产方式在变革，现代畜牧科学与技术应运而生。

中国有着悠久的畜牧业历史。中国古代的畜牧业实践活动产生了丰富的养殖经验和技术并有文字著述。有关畜禽体型外貌鉴定等畜牧知识和技术方面的书籍是中国最早出现的专业性农书之一。例如，奠定中国相畜术基础的春秋时期（前770—前476）伯乐的《相马经》，对后世牛种改良起过很大作用的宁戚的《相牛经》，西汉时期（前206年—前23）的农学著作《汉书·艺文志》的《相六畜》三十八卷，长沙马王堆汉墓出土的帛书

《相马经》，西晋时期（265—316）张华的《博物志》中记载的推测为汉代的《养猪羊法》《养猪法》，北魏时期（386—534）贾思勰的《齐民要术》，明代（1368—1644）宋诩《宋氏树畜部》四卷等古农书，还有许多书籍虽有文字记载，可惜已佚失。但是，畜牧学作为一个独立学科体系在中国建立并进行系统专业教育则是近代西方畜牧学科体制移植的结果。学术的专业化、独立化和体制化是近代学术的重要标志。百年来，畜牧学科体制从无到有，从传入移植到本土化，经历了漫长曲折的发展过程。随着现代科学技术的发展，畜牧学科的内涵不断衍化，理论基础更加深入，研究方法更加丰富，形成了具有现代科学技术特征的、由若干分支领域支撑的、独立的、完整的知识体系。今天，畜牧学科已经成为我国农学学科门类的主干学科。

畜牧学的学科体系由基础学科、应用基础学科和应用学科三个层面构成，包括动物生物化学、动物生理学、动物组织学与胚胎学、动物遗传学等基础分支学科，动物育种学、动物繁殖学、动物营养学、家畜生态学、家畜环境卫生学等应用基础分支学科，饲料学、畜禽和特种经济动物生产学（如猪学、牛学、羊学、禽学、马学、兔学、骆驼学等）等应用分支学科。畜牧学科形成初期，动物疾病防治知识与技术便以自成体系的理论、知识基础和研究方法成为独立的兽医学科。随着社会经济的需求和交叉学科的形成，学科也在不断地发展和调整。为了指导规范人才培养和学科建设，国务院学位委员会、教育部（国家教育委员会）于 1983 年、1990 年、1997 年和 2011 年先后四次颁布学科目录。畜牧学和兽医学在四个版本的学科目录中均并列为一级学科。1997 年颁布的学科目录将畜牧学科中的动物食品科学（畜产品加工与储藏）划分到工学学科门类的食品科学与工程学科，2011 年颁布的学科目录则将草业科学（原称草原科学）从畜牧学科中分离出来成为农学学科门类的一级学科。国务院学位委员会、教育部（国家教育委员会）颁布的学科目录中的畜牧学分支学科的变动见表 1。

畜牧学科与民生息息相关，肉、蛋、奶来自畜牧业，皮革、绒毛、羽绒也来自畜牧业。中国是畜牧业生产大国，畜禽的存栏量和肉类、禽蛋及奶类的生产总量居世界前列。禽蛋总产量从 1984 年开始，肉类总产量从 1990 年开始一直居世界第一；奶类总产量从 2006 年开始一直居世界第三。中国成功地解决了 13.6 亿人的肉、蛋、奶供给问题。畜牧业之所以能够取得举世瞩目的成就，其中重要的原因之一就是依靠科学技术，现代畜牧科学技术在促使我国传统畜牧业向现代畜牧业转变中发挥了举足轻重的作用，畜牧学科为畜牧业的快速发展提供了不可或缺的技术支撑，为满足我国人民需求、提高人民的生活水平、保障供给安全作出了不可磨灭的巨大贡献。

畜牧学科不仅为我国畜牧产业进步提供了强有力的技术支撑，在保障供给的同时还为质量提升、食品安全、环境友好发挥了技术支撑作用。随着肉类、禽蛋及奶类市场的供应数量充足，我国消费者对质量、味道提出了更高的要求，对食品安全更加重视，对养殖所带来的环境影响也越发担忧。畜牧科研人员与时俱进，充分挖掘利用我国宝贵丰富的地方种质资源，通过培育市场需要的畜禽品种和调控畜禽营养等措施，改进畜产品的质量和风

表 1　畜牧学学科分支变动概览

颁布时间	学科门类		一级学科		二级学科	
	代　码	名　称	代　码	名　称	代　码	名　称
2011	09	农学	0905	畜牧学		
			0909	草　学		
1997	09	农学	0905	畜牧学	090501	动物遗传育种与繁殖
					090502	动物营养与饲料科学
					090503	草业科学
					090504	特种经济动物饲养（含蚕、蜂等）
1990	09	农学	0902	畜牧	090201	动物营养学
					090202	动物繁殖学
					090203	动物遗传育种学
					090204	动物生产学
					090205	饲料科学
					090206	动物食品科学
					090207	草原科学
1983		农学		畜牧		动物营养学
						动物繁殖学
						动物遗传育种学
						动物生产学
						饲料科学
						动物食品科学
						草原科学

资料来源：国务院学位委员会，教育部。

注：2011 年颁布的学科目录只有一级学科。1990 年和 1983 年颁布的学科目录一级学科为“畜牧”。1983 年颁布的学科目录无学科代码。

味，满足消费者对质优味美的要求；努力研发安全的饲料添加剂、抗生素替代品等，降低食品安全风险；积极推广动物福利、清洁生产的理念，改进养殖环境，减少对环境的污染排放。由此可见，畜牧学科充分发挥了保障供给、保障优质、保障安全、保障环境的技术支撑作用。

畜牧学科不仅在农业科学领域发挥了重要作用，在生命科学领域也扮演了重要角色。进入 21 世纪，我国分子生物技术得到快速发展，在猪等畜禽基因定位研究、山羊等家畜的胚胎细胞和体细胞克隆技术、动物乳腺生物反应器、转基因动物研究等方面取得可喜进展。畜牧学科在自身发展生物技术的同时，为生命科学领域基因组学、蛋白质组学、生物信息学、生物医学、生态学和生物多样性等研究提供了宽阔的试验平台，这有助于我国在分子、基因、蛋白质、细胞、组织器官、个体、群体等多层次的生物科学前沿研究。

二、2010—2015 年我国畜牧学学科研究进展

在畜牧学科中，动物遗传育种学研究从遗传上改进畜禽品质以逐代提高畜禽群体生产性能，动物繁殖学研究动物生殖规律和提高动物繁殖效率，动物营养学研究饲料中的能量、蛋白质、矿物质、维生素四大类营养物质通过饲养动物转化为肉、蛋、奶、毛等畜产品形式的生理生化机制，饲料学研究可饲物质的理化特性、生物学效价、生产、加工、贮存、卫生、质量控制、标准等，家畜环境卫生学研究畜禽与外界环境因素相互作用和影响的基本规律，并据以制订利用、保护、改善和控制环境的措施，家畜生态学研究家畜与其生活环境关系。应用分子生物技术和电子信息技术与传统技术相结合开展研究是近年畜牧学科研究活动的显著特征。

（一）主要研究进展

2010—2015 年，畜牧学科承担国家重大科技计划课题共 31 项，其中动物遗传育种学领域 6 项、动物繁殖学领域 3 项、动物营养与饲料科学领域 20 项、家畜环境卫生学领域 2 项，主持单位分布于 7 所大学、4 所科研院所。详细情况请参阅本卷报告附录 6“畜牧学科重大研究项目总览（2010—2015）”。

1. 动物遗传育种学

随着现代生命科学与技术的迅速发展，畜禽分子育种研究进入了高通量时代，以基因芯片技术为主的全基因组关联分析（GWAS）在鉴定畜禽重要经济性状关键基因中扮演着重要角色。在奶牛育种中，通过 GWAS 鉴定到了影响奶牛产奶性状、乳成分性状、体型性状、繁殖性状和健康性状的重要候选基因，并基于 GWAS 后分析策略对奶牛产奶性状候选基因进行了遗传效应分析，验证了重要基因 PTK2、UGDH、EEF1D、GPIHBP1、FASN 的功能。在肉牛育种中，利用基于单位点和单体型的混合模型方法的 GWAS 鉴定，找到了影响西门塔尔牛肉品质和生长性状的候选基因。在家禽育种中，中国农业大学、华南农业大学和东北农业大学对其拥有的资源群体进行 GWAS 鉴定，筛选出一大批与生长发育、肉品质量和屠体性能等性状显著相关的 SNP 位点。这些研究为后续目标基因功能验证奠定了基础。基因组选择技术拥有提高估计育种值的准确性、缩短世代间隔、增加选择强度等优点，目前，在奶牛、肉牛、猪、家禽育种中均有开展，并且在奶牛和肉牛上得到了很好的实现。中国农业大学研究团队结合中国荷斯坦牛育种工作的实际情况，构建了基因组选择技术平台并在全国范围内进行了推广应用，实现了早期选种。中国农业科学院北京畜牧兽医研究所团队创建了西门塔尔牛基因组选择参考群体，优化了全基因组选择理论方法，建立了肉牛全基因组选择平台。此外，利用基因组芯片分离鉴定了一批与猪重要

经济性状相关的功能基因。

高通量测序技术已成为当前畜禽育种中的研究热点。畜禽全基因组重测序已经逐步完成，使得重要经济性状遗传变异解析速度明显加快。目前千牛基因组计划已经完成了一期，获得了4个品种234头牛的全基因组数据，这些基因组数据为加速优良品种选育提供了数据支撑。江西农业大学黄路生院士团队利用重测序方法对11个品种69头猪进行了重测序及进化分析，成果发表在*Nature Genetics*上。在转录组测序方面，因其具有高效、通量高的优点，在畜禽重要经济性状关键基因的挖掘上得到了广泛应用。奶牛方面，鉴定到了与乳脂乳蛋白相关的基因以及不同泌乳期参与泌乳调控的miRNA。在猪方面，筛选出了与肌内脂肪含量相关、与猪肉品质相关的基因。绒毛羊方面，得到了毛囊不同发育阶段差异基因和差异miRNA，有待进一步阐述毛囊发育机制。肉羊方面，通过比较小尾寒羊和杜泊羊的肱二头肌之间的差异，对揭示绵羊肉用性状的发生机制起到推动作用。山羊方面，通过比较安徽白山羊的多产和单产类型的基因表达，探究了与高繁殖力相关的基因。

常规育种技术仍然是培育畜禽品种的主要手段，在新品种选育方面，2010—2015年利用本品种的选育提高和采用杂交方式培育了专门化肉牛品种3个；采用开放与闭锁相结合技术路线，培育出猪新品种和配套系8个；利用杂交育种的方法对我国多点、多品种杂交配合力测定结果分析，筛选出适宜不同地区的7个杂交配套模式。

转基因育种作为传统育种的补充和发展，能够解决一些瓶颈问题，为育种提供新思路。肉牛转基因研究进展主要集中在fat-1基因、MSTN基因、FABP4/3基因等基因功能研究以及转基因研究，以便在此基础上获得转基因抗病牛；通过原核注射的转基因技术，将IGF1诱导表达载体导入猪的基因组，构建诱导型转IGF1基因猪，增加猪的瘦肉产量；建立了国际领先的绵羊慢病毒载体高效转基因技术和规模化转基因技术平台，建立了一批转基因羊产业化基地。利用组学技术和候选基因筛选法定位找到了与马耐力、毛色和抗病等性状相关的基因。

研究成果“仔猪断奶前腹泻抗病基因育种技术的创建及应用”“猪产肉性状相关重要基因发掘、分子标记开发及其育种应用”分别荣获国家技术发明奖二等奖；“鲁农Ⅰ号猪配套系、鲁烟白猪新品种培育与应用”“北京鸭新品种培育与养殖技术研究应用”“南阳牛种质创新与夏南牛新品种培育及其产业化”“巴美肉羊新品种培育及关键技术研究与示范”“大恒肉鸡培育与育种技术体系建立及应用”“农大3号小型蛋鸡配套系培育与应用”“荣昌猪品种资源保护与开发利用”，分别荣获国家科学技术进步奖二等奖。

2. 动物繁殖学

在动物生殖生理方面，重点研究了家畜生殖内分泌、动物妊娠识别和胚胎附植、配子发生与胚胎发育，并取得了较好进展。揭示了C型钠肽（CNP）调控小鼠和牛卵母细胞减数分裂的机制，并进一步建立了牛卵母细胞同步化成熟体系，攻克了牛体外胚胎生产的技术瓶颈；发现褪黑素能够促进早期胚胎发育；探索出促卵泡素（FSH）通过抑制卵泡颗粒细胞线粒体凋亡进而阻止优势卵泡闭锁的机制；另外在促性腺激素释放激素（GnRH）免疫去势和抑制素（Inhibin）免疫提高母牛胚胎数量和质量方面取得新的进展。在妊娠识别方面，发现干扰素－τ（IFN－τ）不仅作用于子宫内膜，还能直接调控卵巢功能，促进黄体发育。

在繁殖技术领域，研究完善了人工授精、性别控制、胚胎移植和同期排卵定时输精等技术。在人工授精方面，推动了猪子宫深部低剂量输精、奶牛定时输精技术的产业应用。在性别控制方面，发明了“异种精子推流”技术，成倍提高了精子分离效率；发现AA-2G可抗氧化应激和冷冻损伤，使牛分离精子冷冻解冻存活时间延长到24h，率先在全球实现奶牛性别控制技术产业化。在胚胎冷冻方面，建立了玻璃化冷冻－管内解冻技术程序，简化了冷冻胚胎移植程序。在转基因与克隆方面，将克隆结合先进的基因编辑技术，在基因功能研究、动物新品种培育、功能性重组蛋白生产等方面取得了很多优秀成果。在干细胞领域，建立了牛和猪iPS细胞系，并成功培育出4头iPS克隆猪。

在繁殖障碍与繁殖管理方面，着重探索了猪和奶牛繁殖障碍成因，针对性的解决方案提高了母畜繁殖效率。针对目前胎衣不下、产后子宫炎和子宫内膜炎是最严重的奶牛繁殖障碍疾病，严重影响奶牛繁殖生产性能和健康的热应激，制订了相应的技术措施，缓解了奶牛繁殖障碍。采用工程细胞株生产的FSH，有效克服了后备母猪不发情和经产母猪产后乏情。

研究成果“牛和猪体细胞克隆研究及应用”获得国家科学技术进步奖二等奖。

3. 动物营养与饲料科学

在猪营养方面，以肠道健康为出发点，通过营养手段优化消化道微生物与机体代谢的互作、调控机体内源性抗菌免疫肽的表达，以维护肠道屏障，改善免疫功能，从而保障动物健康；从肉质形成的分子机理、营养和环境对其调控的机制角度，揭示了我国地方猪肉风味前体物形成的特点和我国地方猪肉质优良性状形成的分子基础。

在生物饲料添加剂方面，酶制剂研究的进步有效突破了受发达国家多年的垄断制约困境，并进一步研发了针对我国养殖动物品种和饲料原料组成特点的高效酶制剂产品，在其应用技术方面建立了较完善的评价技术体系；分离鉴定了一批具有我国资源特色的饲用生物活性肽，并初步构建了其在微生物中的高效表达系统；挖掘出了较丰富的功能性寡糖和多糖资源，并建立了较系统的作用机理理论基础。

在家禽营养与饲料科学研究方面，获得了大量肉鸭、蛋鸭、鹅等水禽氨基酸、维生素、矿物元素营养需要参数，相关数据达300项以上；得到了快大型白羽肉鸡和黄羽肉鸡营养需要和饲料添加剂适宜添加量等参数100多个，测定肉鸡常规和非常规饲料原料有效能值、氨基酸利用率、有效磷等可利用养分参数2000多个，起草了农业行业标准和构建了饲料原料数据库。

研究成果“仔猪肠道健康调控关键技术及其在饲料产业化中的应用”“母猪系统营养技术与应用”“仔猪健康养殖营养饲料调控技术及应用”“肉鸡健康养殖的营养调控与饲料高效利用技术”“优质乳生产的奶牛营养调控与规范化饲养关键技术及应用”“奶

牛饲料高效利用及精准饲养技术创建与应用”“饲料用酶技术体系创新及重点产品创制”“畜禽饲料中大豆蛋白源抗营养因子研究与应用”，分别荣获国家科学技术进步奖二等奖。

4. 家畜环境卫生学与家畜生态学

家畜环境卫生学与家畜生态学在动物福利与健康生产、家畜的环境应激与防寒防暑技术、粪便处理模式工艺与公益政策、农牧结合物质循环及其经济性、家畜放牧行为与放牧生态、重金属和药品残留与生态等方面的科学研究与技术推广取得长足进展。

在牛舍环境控制技术方面，依据牛临界温度低、不惧寒冷的生物学特征，南方继承传统“牛棚”舍型，侧重防暑，加入“冷风管”“冷风机”或“头部喷淋”与“接力风机”组合降温等现代蒸发冷却降温元素。北方重点关注犊牛保温，利用犊牛岛改善卫生环境。哈尔滨以北地区，犊牛岛隔热并置于保持空气清新塑料大棚中，利用双重小气候，解决寒温带促犊牛生长问题。推广机械清粪减小劳动强度，改善舍内空气质量。

在鸡舍环境控制技术方面，规模化养鸡环境控制关键技术发挥巨大作用。融合环境工程、动物福利和生物信息与自动化技术，从总体设计到具体细节都富于实用性和科学性。在纵向隧道通风之风速大、通风无死角特性的基础上，逐步解决温度骤降等问题，而且为批量化工业生产建立检测系统，湿帘－风机冷却系统现已经在全国普及。

在粪便沼气处理清洁发展机制方法学和技术开发与应用方面，建立了户用沼气 CDM 项目减排量核算的计算公式和户用沼气 CDM 的监测方法。该方法学的建立使开发量大、分散的户用沼气 CDM 项目成为可能，对定量核算农村沼气减排贡献并获得经济补偿具有重要意义。该方法学的提出丰富了农业温室气体研究的理论和方法，并被联合国清洁发展机制专家委员会批准为农户 / 小规模农场的农业活动甲烷回收方法学，成为定量核算和监测户用沼气温室气体减排效果的国际通用方法。

与世界动物伦理潮流相呼应，家畜生理学、家畜行为学、环境卫生学、环境工程学专家学者都开展了动物福利研究。我国动物福利研究起步虽晚，但进展较快。

（二）重大科技成果

2010—2015 年，畜牧学科共有 18 项重大科技成果获得国家科学技术奖励，其中获得国家技术发明奖二等奖 2 项、国家科学技术进步奖二等奖 16 项。按照技术领域划分，其中动物遗传育种学领域 9 项、动物营养学与饲料科学领域 8 项、动物繁殖学领域 1 项。

1. 获得国家技术发明奖的成果

2010—2015 年，畜牧学科共有 2 项重大科技成果获得国家技术发明奖二等奖，这两项成果均来自动物遗传育种学领域（见表 2）。有关获奖成果的完成人及完成单位请参阅本卷报告附录 1“国家技术发明奖畜牧学科获奖成果目录”。

表 2　2010—2015 年度国家技术发明奖畜牧学科获奖成果

序号	成 果 名 称	年度	等级	第一完成人
1	仔猪断奶前腹泻抗病基因育种技术的创建及应用	2011	2	黄路生
2	猪产肉性状相关重要基因发掘、分子标记开发及其育种应用	2012	2	李　奎

资料来源：科技部。

江西农业大学黄路生院士主持的“仔猪断奶前腹泻抗病基因育种技术的创建及应用”获 2011 年度国家技术发明奖二等奖。该项研究成果针对养猪生产中常见疾病断奶前仔猪腹泻，从 2002 年起进行研究，历时 6 年，在断奶前仔猪腹泻抗病基因育种研究方面取得了一系列重要发现，并取得了重大技术发明。通过全基因组连锁定位分析、目的区域的断点重组分析和远缘群体的高通量 SNPs 标记关联性分析，在国际上首次确定了 MUC13 为决定断奶前仔猪腹泻易感性的肠毒素大肠杆菌（ETEC）F4ac 受体基因。ETECF4ac 是引发断奶前仔猪腹泻的最主要致病菌；通过对来自全国 10 个省（市）15 个中外猪种的 292 头代表性个体及白色杜洛克 × 二花脸资源群体的 1315 个体的屠宰测定验证，发现了对 ETECF4ac 易感和抗性个体鉴别准确率大于 97% 的关键突变位点。由此，首次在国际上发明了高精准度的、具有完全自主知识产权且广泛适用于杜洛克猪、长白猪和大白猪三个主要商业猪种的断奶前仔猪腹泻抗病育种新技术。该项研究成果申请国际发明专利 1 项，国家发明专利 4 项，获国家授权发明专利 2 项。中国科学技术信息研究所检索查新中心的科技查新结果表明，项目组获授权的发明专利技术为国内外首创。项目组还在动物遗传育种领域有影响的国际性学术期刊发表直接相关的 SCI 论文 10 篇（国际同行他引 44 次），其中 1 篇为国际专业杂志封面文章；培养博士 3 人，硕士 15 人，1 篇博士论文获全国优秀百篇博士论文提名。该项研究成果得到了国内外同行的高度关注和认可，项目组成员先后 7 次应邀在全国性学术会议作大会特邀报告。2010 年 6 月 27 日，江西省科技厅组织由 7 名院士参加的 14 名国内同行知名专家对其进行了科技成果鉴定，鉴定委员会一致认为本项研究成果具有系统性和重要原创性，实现了我国种猪遗传改良研究的重大突破，居同领域国际领先水平。2008—2011 年，项目组利用所发明的专利技术，通过国家生猪现代产业技术体系平台进行了大面积推广应用。结合常规育种，系统地在我国 20 个生猪主产省（市）35 家重点种猪场的 84 个核心育种群 14396 个体中开展了抗 F4ac 仔猪腹泻病的专门化新品系选育。经过 3 年的选育改良，受试种群中的杜洛克猪、大白猪、长白猪易感个体的比例分别下降 20%、25.1% 和 25.4%，显著提高了这些核心育种群的断奶前仔猪腹泻抗性，仔猪腹泻发病率显著下降，由此直接增产优质祖代种猪 5524 头、父母代猪 114880 头、商品猪 1029010 头。经中国农业科学院农业经济与发展研究所核算，新增纯收益 4.39 亿元，在规定的 10 年经济效益计算年限内，可为社会创造 25.60 亿元的经济效益。该项研究成果实现了我国种猪抗病育种技术的重大自主创新，推动了我国种猪业的行业科技进步。该项研究成果还曾获得 2010 年度江西省技术发明奖一等奖。

中国农业科学院北京畜牧兽医研究所李奎研究员主持的“猪产肉性状相关重要基因发掘、分子标记开发及其育种应用”获2012年度国家技术发明奖二等奖。该项研究成果针对产肉性状基因发掘困难和可用标记缺乏等制约因素，创建了基因资源高效发掘及分子标记开发利用技术体系并开展育种应用。通过创建高效基因资源发掘技术体系，实现了大规模发现猪产肉性状相关基因。首次提出了基于比较发育遗传学和比较转录组学发掘猪产肉性状基因资源的研究策略，创建FineQTL、DigiCGA、MiRFinder、M-GLGI等方法，建立了以高通量技术为基础的高效基因资源发掘技术体系。首次系统绘制中外猪品种28个发育时间点的骨骼肌基因和非编码RNA图谱，发现了产肉性状候选基因2036个，其中567个为首次报道；发现非编码RNA 775个，其中255个为首次报道，鉴定了50个产肉性状新基因的功能。开发出10个新的产肉性状基因标记，构建了猪分子标记辅助育种体系。改良并运用DHPLC、Sequenom和限制性酶切等技术，建立快速、准确的基因分型方法。新开发出10个适用性广、高效简便、成本低廉的产肉性状基因标记。在建立单基因标记辅助选择BLUP育种模型的基础上，发展、应用多重标记－性状回归分析等方法，构建遗传效应优化的多基因育种模型进行遗传评估，选择有利基因型个体开展选种选配，建立了标记辅助育种体系。开展快长、薄膘、肉质优种猪选育，取得了显著社会经济效益。选育出生长快、瘦肉率高、肉质优的“鄂青一号”，2005年获国家商标注册、已成为湖北省自创品牌猪。2009—2011年共推广选育的优质猪249.3万头，推广量逐年增加。该项研究成果获得10项发明专利和1项软件著作权。在*Genome Biology*、*Cell Research*等国际著名刊物发表SCI论文54篇（IF ＞ 3的9篇，最高IF为7.17），被引522次，其中他引390次；CNKI数据库收录20篇，被引158次，其中他引152次。论文被权威专著*The Genetics of the Pig*多次引用。DigiCGA以独立一章入编国际著名“分子生物学技术系列丛书”，MiRFinder被引入台湾成功大学研究生课程。

2. 获得国家科学技术进步奖的成果

2010—2015年，畜牧学科共有16项重大科技成果获得国家科学技术进步奖二等奖（见表3）。有关获奖成果的完成人及完成单位请参阅本卷报告附录2“国家科学技术进步奖畜牧学科获奖成果目录”。

表3　2010—2015年度国家科学技术进步奖畜牧学学科获奖成果

序号	成果名称	年度	等级	第一完成人
1	鲁农Ⅰ号猪配套系、鲁烟白猪新品种培育与应用	2010	二	武　英
2	北京鸭新品种培育与养殖技术研究应用	2013	二	侯水生
3	南阳牛种质创新与夏南牛新品种培育及其产业化	2013	二	白跃宇
4	巴美肉羊新品种培育及关键技术研究与示范	2013	二	荣威恒
5	大恒肉鸡培育与育种技术体系建立及应用	2014	二	蒋小松

续表

序号	成 果 名 称	年度	等级	第一完成人
6	农大 3 号小型蛋鸡配套系培育与应用	2015	二	杨 宁
7	荣昌猪品种资源保护与开发利用	2015	二	刘作华
8	牛和猪体细胞克隆研究及应用	2010	二	李 宁
9	母猪系统营养技术与应用	2010	二	陈代文
10	仔猪肠道健康调控关键技术及其在饲料产业化中的应用	2010	二	印遇龙
11	仔猪健康养殖营养饲料调控技术及应用	2011	二	张宏福
12	肉鸡健康养殖的营养调控与饲料高效利用技术	2011	二	呙于明
13	优质乳生产的奶牛营养调控与规范化饲养关键技术及应用	2012	二	王加启
14	奶牛饲料高效利用及精准饲养技术创建与应用	2014	二	李胜利
15	饲料用酶技术体系创新及重点产品创制	2014	二	姚 斌
16	畜禽饲料中大豆蛋白源抗营养因子研究与应用	2015	二	谯仕彦

资料来源：科技部。

山东省农业科学院畜牧兽医研究所武英研究员主持的“鲁农Ⅰ号猪配套系、鲁烟白猪新品种培育与应用”获 2010 年度国家科学技术进步奖二等奖。该项研究成果以烟台黑猪、引进的长白猪和施格猪为育种素材，采用世代选育方法，培育了新品种鲁烟白猪，并在 2007 年通过了农业部的审定。研究采用世代选育方法为主，结合分子标记辅助育种技术，以莱芜猪为素材选育 6 个世代培育了 ZML 专门化母系；以大约克猪和杜洛克猪为素材各选育 5 个世代培育出专门化父系 ZFY 和 ZFD。通过配合力测定与筛选、配套组装与示范，历经 10 余年培育出了鲁农Ⅰ号猪配套系并在 2007 年通过了农业部的审定。该项研究培育的猪种遗传稳定，具有高繁殖力、耐粗饲、抗病、生长快、肉质优等优势，适宜黄淮海及华北区条件下和中小型规模饲养。在配套技术方面，开展营养水平、生长发育规律、母猪年生产力、种质特性及清除抗生素配方等技术研究。利用分子标记技术淘汰了父系猪群氟烷基因阳性个体，消除影响肉品质的遗传因素。对母系猪高繁殖力、肉质及抗病基因进行多态性及遗传变异分析，依据表型相关分析结果留种选配。该项研究成果为地方猪种资源的保护、利用提供了技术支撑，推动了生猪标准化生产的科技进步。项目通过边培育边推广应用，建立了相应的繁育体系，推广母猪 130.16 万头、种公猪 3.2 万余头、精液 30 万头份，获社会经济效益 42.4 亿元。该项研究成果还曾获得 2009 年度山东省科技进步奖一等奖。

中国农业科学院北京畜牧兽医研究所侯水生研究员主持的“北京鸭新品种培育与养殖技术研究应用”获 2013 年度国家科学技术进步奖二等奖。为了满足我国肉鸭消费市场的需求，项目培育出瘦肉型南口 1 号北京鸭配套系 Z 型北京鸭配套系、烤鸭专用型 2 个北京鸭配套系。烤鸭型新品种占北京烤鸭市场达 90%；瘦肉型新品种的生长速度、饲料报酬、瘦肉率等指标达到或优于主导国内市场的外国品种，彻底打破了国外品种的垄断。该项研究成果创建了利用多元回归模型准确估测北京鸭活体不可度量性状的技术；建立了北京鸭体重、饲料效率、胸肉率、繁殖率、皮脂率等性状的选种技术；首次将剩余饲料采食量 RFI 用于北京鸭育种；创立了超声波活体快速测定北京鸭胸肉厚度，估测北京鸭胸肉重与胸肉率的数学模型［$Y=M+a\ (x_1 \times x_2 \times x_3)$］，育种效率提高 5 倍以上。研究发现北京鸭肝脏调控能量与蛋白质代谢的基因与蛋白质表达差异；获得了 20 个可用于选择北京鸭生长、脂肪沉积、繁殖性状的候选基因；发现 5 对微卫星标记可用于鸭的亲子鉴定，误差小于 1×10^{-3}；将分子标记技术用于确定北京鸭各品系的遗传距离、杂交配套组合，提高了杂交优势。经过持续 30 年的定向培育，形成了 23 个特点鲜明的北京鸭专门化品系；培育了极具市场竞争力的高瘦肉率与高饲料效率的 Z 型北京鸭和烤鸭专用型南口 1 号北京鸭两个新品种，均获国家畜禽新品种证书。与传统北京鸭比较，两个新品种的饲养期均缩短了 21 天，而体重分别增加 466 克和 836 克；料重比分别降低 35.4% ~ 40.5% 和 29.1% ~ 34.7%。经过持续研究 13 年，获得了不同生理阶段肉鸭和种鸭的能量、蛋白质、钙磷、6 种必需氨基酸、8 种维生素等的需要量数据及理想氨基酸模型；制定了我国第一部科学性与实用性兼备的《肉鸭饲养标准》（NY/T 2122—2012）；创建了肉鸭高效网上饲养技术，转变了饲养方式，节约饲料、水、耕地和人力；发明了提高填鸭效率的“填鸭机”。该项研究成果申请国家发明专利 2 件，获国家发明专利 1 件。北京鸭新品种于 2012 年转让给国内两家大型企业，转让收益超过 4000 万元，并建立了“产、学、研”联合育种模式，促进了北京鸭育种、养殖技术进步；2010—2013 年推广种鸭 313.6 万只，出栏肉鸭 1978 万只，直接效益 1.88 亿元，新增利润 1.06 亿元；累计出栏肉鸭 4.75 亿只，节省饲料 166.7 万吨，价值 41.1 亿元。5334 个农户每户增收 11.5 万元，总计增收 6.13 亿元。

河南省畜禽改良站白跃宇研究员主持的“南阳牛种质创新与夏南牛新品种培育及其产业化”获 2013 年度国家科学技术进步奖二等奖。针对我国没有专用肉用牛品种，本地黄牛品种肉质好、抗逆性强但产肉量低，引进肉牛品种生长快但抗逆性较差，均不能满足肉牛产业化发展和国内消费的需求这一现状，项目经过 21 年联合攻关，培育出夏南牛新品种和南阳牛肉用新品系。该项研究成果创建了群选群育联合育种体系，实行群选群育和开放式核心群育种相结合，采取不同育种阶段同步进行、交叉互补的策略，建立肉牛杂交育种和综合选种体系。研究确定了南阳牛（62.5%）和夏洛来（37.5%）优良基因的理想聚合，育成了生长快、肉质优、抗性强的夏南牛，育肥公牛平均日增重 1.65kg，高于日本和牛；屠宰率 60.13%，眼肌面积、嫩度超过国外品种肉牛平均水平，通过了农业部新品种审定，并列入“十一五”主推畜禽品种。建立了两系选育结合基因标记育种法，育成了我国第一个地方黄牛品系——南阳牛肉用新品系，在国内率先探索以两个重要性状分两系单选，选育出了具有独特体型特征的体长系和胸粗系 2 个系，然后合并利用的黄牛两系育种法。为进一步加速肉用性状选育进程，建立起本地黄牛 MOET 核心群结合分子标记的繁育体系，首创 mini 胶板两步法快速电泳染色 PCR-SSCP 新技术，创立了黄牛肉用性能分子育种技术体系。鉴定了53个与肉用性能显著相关的SNP位点，其中23个是国际上首次发现的分子标记。研发了22个基因诊断试剂盒并得到有效利用。育成的南阳牛肉用新品系，日增重、优质肉切块率、大理石评分达到国外品种牛平均水平。创新了保留良种黄牛基因的三元轮回杂交体系，建立了不同生态区肉牛杂交制种和生产模式。首次探索利用良种黄牛参与三元轮回杂交，实现杂交育种和商品肉牛生产有机结合，攻克了肉牛制种中由于本地黄牛基因比例下降导致适应性降低的技术难题，保护发掘并充分利用了南阳牛的优异基因。筛选出了适宜于平原、丘陵、山区推广应用的杂交制种和生产模式。18月龄三元轮回杂交牛体重高于三元杂交牛3.72%，而抗逆性明显改善。研发了与新品种（系）相配套的肉牛生产及产品加工体系，完善了肉牛产业链。研制了秸秆高效处理及秸秆养牛补饲技术，构建了优质牛肉生产的技术体系，优化了牛肉的标准化分割工艺，制定了6项标准。发明了6种牛肉制品发酵菌（剂）并提交国家菌种中心，开发出11种发酵牛肉和风干牛肉。建立了发酵肉质量控制技术体系，缩短生产周期15% ~ 40%。夏南牛新品种（系）及配套技术已推广至22个省。据中国农业科学院农业经济与发展研究所测算，在项目计算期内年均经济效益11.9亿元，累计新增收益95.3亿元。获发明专利15件、实用新型专利8件，国家商标注册2项，制定国家标准4项、行业标准2项。发表论文232篇，出版专著8部。获省部级一等奖7项、二等奖6项。

内蒙古自治区农牧业科学院荣威恒研究员主持的“巴美肉羊新品种培育及关键技术研究与示范”获2013年度国家科学技术进步奖二等奖。该项研究采用传统育种方法和现代生物技术相结合的选育技术模式，以德国肉用美利奴为父本、蒙古细杂羊为母本级进杂交，两代以上横交固定和选育提高，最终形成了遗传性能稳定、体形外貌一致、生产性能较高、适应性强的“巴美肉羊”新品种。“巴美肉羊”成年公羊平均体重121.2千克、母羊平均体重80.5千克；育成公羊平均体重71.20千克、母羊平均体重50.80千克；公母羔羊初生重平均分别为4.70和4.32千克。创新并集成了繁殖调控技术，建立了繁殖调控技术模式，由平均年繁殖率151.7%提高至最高可达225%，实行两年三产、带羔母羊配种；改进输精方法，情期受胎率达到95%；通过分子标记早期选种和MOET技术相结合，使育种进程加快3 ~ 5年。通过建立MOET核心群扩繁技术，核心群种羊扩繁速度提高5 ~ 6倍。项目还对“巴美肉羊”进行了肉品质分析及杂交效果的筛选研究。该项成果累计培育巴美肉羊种羊65814只，新增产值32.9亿元，新增利润6.2亿元。在8个省区推广巴美肉羊33330只，生产杂交肉羔羊279.86万只，总产值22.38亿元。每只杂交羔羊平均增重4千克，为养殖户增收5.59亿元。发表论文15篇，出版肉羊养殖技术科普书籍1部。制定地方标准1项和巴美肉羊养殖技术规程1套。农业部和内蒙古农牧业厅将“巴美肉羊”列为全国主推品种。

四川省畜牧科学研究院蒋小松研究员主持的“大恒肉鸡培育与育种技术体系建立及应用”获2014年国家科技进步奖二等奖。我国丰富的地方鸡种遗传资源和巨大市场潜力，使优质肉鸡业成为最具中国特色、有效促进农民增收的重要产业。地方鸡品种生产效率低，需要建立现代遗传育种技术体系并培育出生产效率高、肉质风味优的新品种。该项研究历经 26 年的“产学研”联合攻关，利用地方鸡种遗传资源及优质性状基因，开展 18 个品系选育，育成外貌一致、特色鲜明、性能稳定的新品系 5 个并通过省级审定，培育出大恒 699 肉鸡配套系并通过农业部审定。与地方鸡种相比，10 周龄体重高出 88%，节省饲料 23%。新品种集成了地方鸡种的外观和肉质风味，大幅度提高了生产效率，有效解决了快速提高地方鸡种生长性能、改良肉鸡母系繁殖性状和使肉质风味性状及生产效率性状在遗传上结合的难题。探明了中国地方鸡种的母系起源、抗逆性和适应性的分子机理；弄清了旧院黑鸡等 8 个地方鸡种生产性状表型和独特性状遗传特性；获得了与繁殖、生长、肉质等主要经济性状高度关联的候选基因 20 个。创建了家禽育种规划技术体系，建立了用于联合与非联合肉鸡生产系统经济评价的确定性模型，推导出了两种情况下肉鸡育种重要性状的经济价值；创建了应用基因流方法推导生产性状和繁殖性状的累积贴现表达值（cde）的系统设计方案；建立了繁殖性状遗传选择的纯种与杂种联合选择方法（CCPS）；构建了肉质指数并作为独立的目标性状纳入育种规划。创立了分子遗传与数量遗传相结合的育种技术体系，系统研究了大恒肉鸡主要经济性状分子标记；将分子标记技术用于肉质性状辅助选择、确定各品系遗传距离和获得杂种优势；创建双性状多基因聚合技术并培育出高肌苷酸和高肌内脂肪新品系。构建了优质肉鸡饲养管理技术体系，建立了累积生长与生产效益耦合模型等新品种养殖配套技术体系；创建了氮素循环的耕地肉鸡承载能力评估模型；设计了标准化鸡舍建设工艺方案。应用配套技术使产蛋量、饲料报酬、全期成活率分别提高 9.03%、8.76% 和 4.57%，用药成本降低 23.48%。获农业部畜禽新品种（配套系）证书 1 个，获省畜禽新品种（配套系）证书的新品系 5 个；授权发明专利 9 件、授权实用新型专利 6 项；制定养殖技术标准 10 项；发表论文 187 篇，SCI 论文 46 篇，SCI 他引 170 次，专著 8 部。该项研究成果在全国 18 个省市推广，2010—2013 年累积推广父母代种鸡 280.22 万套，累计生产商品肉鸡 37997.83 万只，推广新品种和配套养殖技术获经济效益 52.62 亿元。该项研究的阶段性成果曾获四川省科技进步奖一等奖。

中国农业大学杨宁教授主持的“农大 3 号小型蛋鸡配套系培育与应用”获 2015 年度国家科学技术进步奖二等奖。项目以“节粮”和“优质”为主要育种目标，采用创新的育种技术，培育出“农大 3 号”小型节粮蛋鸡配套系，并以该配套系为基础，建立标准化饲养技术体系和优质鸡蛋加工技术，推动了蛋鸡全产业链技术体系的发展。培育出世界上第一个矮小型蛋鸡配套系——“农大 3 号”，具有节粮、高产和优质等突出优点，解决了饲料转化率改良的育种难题，商品代蛋鸡饲养日年产蛋数达 306 个，料蛋比 1.99∶1，产蛋期成活率 95.4%。利用 PCR-RFLP 分子育种技术，在“农大 3 号”小型蛋鸡育种核心群中彻底剔除了鱼腥味敏感等位基因，形成了无鱼腥味遗传背景的蛋鸡，改善了鸡蛋风味。开发出具有我国自主知识产权的禽白血病病毒检测试剂盒，获得了新兽药注册证书；创新了禽白血病、鸡白痢的净化技术方案，形成了相应的净化技术规程；通过对疾病监测和垂直传播疾病净化技术的改进，提高了雏鸡质量和蛋鸡成活率。建立以“农大 3 号”蛋鸡为核心的全产业链技术体系，形成了特色的标准化养殖技术，通过生产全过程质量控制体系，建立优质鸡蛋品牌。“农大 3 号”蛋鸡从 2011 年起连续 4 年入选农业部主导品种，商品代累计推广到全国 28 个省市，饲养量达 6.3 亿只。“农大 3 号”节粮小型蛋鸡耗料少，节能减排效果明显，具有显著的经济、生态和社会效益。该成果获得国家畜禽新品种证书 1 个，新兽药注册证书 1 个，国家授权发明专利 7 件，实用新型专利 5 件，计算机软件著作权 7 件，出版专著 3 部，发表学术论文 82 篇，其中 SCI 收录 36 篇。

重庆市畜牧科学院刘作华研究员主持的“荣昌猪品种资源保护与开发利用”获 2015 年度国家科学技术进步奖二等奖。该项研究从解决我国地方猪种质资源保护与利用存在的共性和关键问题入手，以优良地方猪种荣昌猪为素材，围绕资源保护、基因挖掘、品种培育、配套技术研发等开展基础与应用技术研究，培育优良品种，生产优质猪肉。首次对荣昌猪品种资源进行了系统的普查与评价，建立了荣昌猪肉质特性数据库和风味指纹图谱。创新了地方猪保种模式，构建了我国首个地方猪开放式动态三级保护体系，建成了我国地方猪种质资源库。发掘了荣昌猪优势和特色性状基因。构建了荣昌猪 BAC 文库，克隆了荣昌猪优势 / 特色性状基因 13 个，建立育种价值的分子标记 4 个；国际上首次报道了参与猪肌内脂肪特异性沉积的 CLIC5A 与 MAT 2β 基因，为猪的肉质改良及高品质猪肉生产奠定了理论基础；构建了猪整个发育阶段的 microRNA 图谱，将 microRNA 前体序列由 172 条增至 867 条，为猪表观遗传研究提供了基础数据。以保持荣昌猪肉质特性、提高生产效率为目标，建立了常规育种、分子生物学和信息技术相结合的育种技术新体系。以荣昌猪为基础培育出高肌内脂肪专门化品系、烤乳猪专门化品系和国家审定品种“渝荣 I 号猪配套系”。研发出荣昌猪、荣昌猪专门化品系、渝荣 I 号猪配套系标准化生产关键技术。制订了荣昌猪国家标准；研究提出了主要营养需要量推荐参数；构建了生物安全控制技术体系；提出了猪肉产品加工新工艺；开发新产品 42 个。2008 年起，“渝荣 I 号猪配套系”被农业部列为主推品种在全国推广。本项研究已有 3 项成果转让，累计转让金额 1590 万元。该项目破解了地方猪资源保护与利用难题，项目的实施形成了稳定高效的地方猪保护利用基础前沿研究、共性技术研发、重大产品开发的纵向联合协同创新模式，提升了科技创新能力和产业技术服务能力。

中国农业大学李宁院士主持的“牛和猪体细胞克隆研究及应用”获 2010 年度国家科学技术进步奖二等奖。动物体细胞克隆是 20 世纪末诞生的一种动物繁殖前沿高技术，对当今生命科学、生物技术和人类社会的影响远远超过了任何一种传统繁殖技术。该技术可以低成本、短时间、高效率、大规模地复制遗传组成完全一致的动物个体，在生产优秀农业动物和拯救濒危动物品种资源等方面已显示了强大的作用。该项研究围绕体细胞克隆牛和猪的生产技术，全面系统地进行了研究和创新，显著提高了克隆牛和克隆猪的生产效率，并应用于高产奶牛、优秀种公牛、优秀种公猪、优秀地方品种牛和猪等的生产和拯救。该项研究取得了一系列具有国际前沿水准的创新性成果。建立了具有自主知识产权的体细胞克隆牛生产技术平台，产犊率达到 15.8%，远超过只有 10% 的国际平均水平；建立了具有自主知识产权的体细胞克隆猪生产技术平台，效率达到国际先进水平；培育出世界上首例体细胞克隆红系冀南黄牛，并应用于牦牛和羚牛的异种克隆，为我国优良家畜品种和珍稀物种的保护创造了一种新方法；成功克隆出世界首例哥廷根医用小型猪和小香猪，丰富了我国医用小型猪遗传资源，为我国培育符合国际标准的医用小型猪新品种奠定了基础；获得了世界上优秀荷斯坦种公牛之一“龙”（1999年加拿大政府赠送朱镕基总理的礼物）的克隆后代，其精液各项指标与“龙”非常接近，克隆种公牛精液已经推广应用。至2010年，仅“大隆”1头公牛就已经推广18000支冷冻精液，母牛怀孕率与非克隆种公牛人工授精怀孕率完全相同；为优秀种公牛保种和扩繁开创了一条新的途径；获得了世界首例以冷冻卵母细胞为胞质供体的体细胞克隆牛，否定了“冷冻卵母细胞不能作为克隆胞质供体”的学术假说，也为克隆牛工厂化制备提供了卵母细胞的有效保障；克隆形成了世界上最大的克隆种奶牛和克隆种猪群体。利用具有自主知识产权的平台，共生产优秀克隆高产奶牛313头，其中种公牛13头，优秀种公猪68头，种母猪34头；对克隆胚胎发育进行了系统分子生物学研究，在国际上首次发现中心粒数量和位置异常是导致克隆胚胎早期发育失败的主要原因之一。牛和猪体细胞克隆技术平台的建立和完善将对我国动物细胞学、胚胎学、繁殖学、育种学、遗传学及濒危动物保种等多个学科领域带来重要的影响，已在北京、天津、山东、河北、广东等地种畜场推广应用，近三年产生的直接经济效益累计达9200万元，间接经济效益更为显著。该项目应用潜力巨大，经中国农业科学院农业经济与发展研究所测算，体细胞克隆优秀种牛平均每年能为社会增加26.1亿元经济效益；体细胞克隆种猪平均每年能增加4.88亿元经济效益。该成果的推广应用加快了我国优秀种奶牛和种猪的良种化进程，并将提高我国奶牛业和养猪业的生产效益，也将为我国牛和猪地方品种资源保护起到重要作用。该研究成果发表学术论文41篇，其中在国际高水平期刊收录的SCI论文38篇，获得国家发明2件，还曾先后获得2005年度北京市科学技术奖一等奖和2008年神农中华农业科技奖一等奖。

中国科学院亚热带农业生态研究所印遇龙研究员主持的“仔猪肠道健康调控关键技术及其在饲料产业化中的应用”获2010年度国家科学技术进步奖二等奖。该项研究成果针对我国当前养猪业重大难题之一的仔猪肠道健康问题，开发出仔猪肠道健康调控关键技术。探明了影响仔猪肠道健康相关的重要分子生物学机理。采用基因组学、蛋白质组学和代谢组学技术，发现N-乙酰谷氨酸合成酶表达下降导致肠道精氨酸内源合成不足是造成肠黏膜萎缩的主要原因，断奶应激显著改变肠道代谢功能关键基因和蛋白的表达，日龄和断奶都是改变仔猪肠道菌群结构的主要诱因。首次建立了预测仔猪肠黏膜发育和关键性功能基因mRNA表达量随日龄变化的数学模型，克隆了与仔猪肠道养分吸收转运相关的基因13个，揭示了仔猪肠道健康调控的关键作用机制。发现精氨酸家族类物质（精氨酸、N-氨甲酰谷氨酸、α-酮戊二酸、谷氨酰胺二肽）通过Arg-NO-HSP70、PPARγ mTOR、肠道血管内皮生长因子和TLR4等信号途径调控肠道抗氧化和黏膜免疫功能，促进肠黏膜蛋白合成和血管生长，缓解断奶仔猪肠道损伤；植物提取物等活性物质通过改善肠道微生态，促进肠道健康。不同碳水化合物通过其消化利用的特异性、非淀粉多糖酶通过加速肠道中 NSP 水解影响仔猪肠道健康和生长性能，建立了仔猪肠道健康调控关键技术。建立了精氨酸家族类物质调控技术，添加 0.8% 精氨酸、0.08%N- 氨甲酰谷氨酸、0.1% ~ 0.2% 谷氨酰胺二肽、1% α - 酮戊二酸等改善肠道吸收功能、抗氧化能力和黏膜免疫功能；以植物提取物、合生素和甘露聚糖酶等专利技术为主的调控技术，优化了肠道微生物区系，提高了营养物质的消化率。开发了仔猪碳水化合物和脂肪的高效利用技术，提高了生产性能。通过技术集成利用，提高了仔猪日增重 12% ~ 20%，改善饲料利用率 10% ~ 15%，降低腹泻率 25% ~ 35%。开发出调控仔猪肠道健康的关键性产品——新型饲料添加剂和系列化乳仔猪饲料产品，进行了大规模产业化生产。通过该项研究成果的应用，培养了 2 个美国 Nasdaq 上市企业，包括 5 个国内上市公司在内的大型骨干企业。自 2004 年以来，已在全国 16 个省市 49 家企业直接应用，并推广到 30 多个省市以及 13 个国家和地区；2007—2010 年累计推广乳猪料 300.01 万吨，新增利润 24.28 亿元，新增税收 8.01 亿元，产生效益 367.61 亿元。该项研究成果获授权发明专利 8 件，实用新型专利 2 件，在 Genbank 注册基因序列 13 个；主编或参编专著 5 部，发表论文 181 篇，其中发表在 *J Nutr Biochem*（IF 4.3）、*Amino Acids*（IF 4.2）、*J Nutr*（IF 3.7）和 *Br J Nutr*（IF2.8）等期刊上的 SCI 收录 40 篇，ISTP 收录 10 篇。该项研究成果还曾获得 2009 年度湖南省科技进步奖一等奖。

四川农业大学陈代文教授主持的“母猪系统营养技术与应用”获 2010 年度国家科学技术进步奖二等奖。与国际先进水平相比，我国母猪终身提供的肉产量比国际先进水平低 40%。该项研究针对母猪发情受胎率和泌乳力低、使用寿命短、终身肉产量低等问题，研究了我国优良地方母猪的合理利用模式及引进母猪的繁殖生理特点和营养需求规律，构建了以终身提供优质瘦肉量为目标的母猪繁殖力评价新体系；创建了优良地方母猪的合理利用模式，研制了含梅山猪血缘母猪的营养需求参数和配套饲养技术；揭示了引进品种母猪后备期、妊娠期和泌乳期的繁殖营养生理规律及其机制，构建了提高母猪发情受胎率、改善胚胎存活和增强泌乳能力的营养技术体系；揭示了营养与肉质的互作规律，建立了提高母猪终身优质瘦肉提供量的营养调控技术；首创母猪系统营养理论，构建了母猪系统营养参数和配套技术，参与制定中国“猪饲养标准”1 套，制定地方饲料安全标准 3 套；研制出了系列母猪饲料新产品，培育了饲料和猪肉产品知名品牌；揭示了母猪系统营养的综合效应：应用母猪系统营养技术，合理利用梅山猪可显著提高母猪繁殖性能和终身优质肉产量，年提供断奶仔猪数可达 24 头以上，终身提供瘦肉可达 3500kg 以上，肉质显著优于引进猪；引进母猪年提供断奶仔猪数可达 22 头，终身（按 8 胎计）多提供断奶仔猪 20 头以上，出栏万头肉猪的母猪饲养量由 600 头减少到 450 头，母猪耗料量降低 25%，有机物排泄降低 30%，母猪终身提供瘦肉由 3500kg 增加到 4050kg，每千克瘦肉增重耗料由 7.2kg 降低到 6.4kg，生产效益比国内总体水平提高 20% 以上。发表论文 226 篇，其中 SCI 论文 42 篇，累计影响因子达 78.35，引用次数 95 次，出版教材专著 19 部，培养了博士和硕士共101人，晋升教授8人，副教授10人。申请国家专利19项，其中授权发明专利1项，授权实用新型专利3项，构建母猪饲养配套技术6套。研制功能性添加剂预混料新产品9个，复合预混料新产品10个，浓缩料和全价料新产品3个。成果推广应用取得了显著的经济社会效益。该成果已在10余个生猪主产省市及大中型企业推广应用，2000—2009年直接推广面达500万头母猪，生产饲料2438万吨，累计生产5亿头优质肉猪；培育了饲料及猪肉知名品牌4个，直接经济效益115亿元。阶段研究成果曾获省级科技奖励一等奖2项、二等奖1项、三等奖4项。

中国农业科学院北京畜牧兽医研究所张宏福主持的“仔猪健康养殖营养饲料调控技术及应用”获2011年度国家科学技术进步奖二等奖。该项研究针对我国养猪业由传统向现代养殖快速发展对乳仔猪饲料配制技术国产化的重大技术需求，在国家及地方科技攻关、自然基金、国际合作等14个课题的支持下，从系统调研仔猪饲养和饲喂模式、不同日龄断奶饲养体制生理应激及其成因、饲料原料营养特性和抗营养作用的减灭、对养分营养需求、肠道健康及微生态平衡特性着手，采用生理生化学、组织及免疫学、营养学、微生物生态及工程学、饲料加工、精细化工等多学科结合，历时15年集成攻关和推广应用，研制出具有自主知识产权、保障乳仔猪健康养殖和高效生产的新饲料添加剂2个、预混合饲料系列产品3个、浓缩饲料系列产品2个、配合饲料系列产品2个。示范规模猪场仔猪60日龄体重达23.5 ~ 25.5kg，6 ~ 20kg阶段料重比达（1.36：1）~（1.55：1），育成仔猪提高1.2 ~ 1.5头/窝。该项研究成果已累计推广生产乳仔猪配合饲料931.2万吨，预混料68多万吨，添加剂3.5万吨，销售收入达435亿元，利税达60多亿元，养猪户产生间接经济效益205.1亿元。据部分用户2008—2011年统计数据显示，该成果新增产值195亿元，新增利税26亿元，农户经济效益197.2亿多元。该项研究发表论文80篇，出版著作2部；获授权专利5件，制订国家标准1项；获新饲料添加剂证书2个、国家及省级重点科技新产品5个。部分成果曾获省部级科技进步奖4项。

中国农业大学呙于明教授主持的“肉鸡健康养殖的营养调控与饲料高效利用技术”获2011年度国家科学技术进步奖二等奖。该项成果围绕肉鸡全肠道系统（微生物和肠组织）发育及其调控、应激代谢病机制及其调控、免疫抗病力和鸡肉品质性状发育的饲料营养调控技术及饲料高效利用与氮、磷和微量元素锌、锰、铜等减排技术等进行了研究，确定了肉鸡全肠道菌群的演替规律，并分离到可调控其消化道菌群的特殊功能微生物；采取单菌液体深层高密度发酵工艺，使芽孢杆菌发酵液的菌浓度升高；通过后处理工艺中对乳酸菌和芽孢杆菌的微胶囊包被和对酵母菌进行膜浓缩集菌、沸腾造粒包衣干燥等技术措施，使益生菌存活率高和抗逆性强。明确了饲料添加剂锌、丁酸钠、寡糖、溶菌酶和益生菌调节肉鸡肠道结构和功能的作用效果、机理及其适宜剂量，揭示了ω-3和ω-6多烯酸、共轭亚油酸、有机和无机锌、蛋氨酸营养代谢与免疫反应之间的关系，确定了获得最佳免疫机能的肉鸡日粮蛋氨酸和Zn的适宜供给水平，确定了对不同免疫机能状态下调节肉鸡免疫机能的不同油脂和脂肪酸的应用技术。运用酶解和化学方法处理酵母细胞壁同时获得高纯度、高得率的 β–1，3/1，6– 葡聚糖和甘露寡聚糖的制备技术，确定了其具有调节肉鸡免疫机能的适宜分子量范围及在日粮中的适宜剂量。集成出根据季节在日粮中添加益生菌、益生元、酶制剂、植物提取物、溶菌酶和霉菌毒素吸附剂配伍组合与饮水中添加酸化剂相结合的肉鸡无抗饲料饲养技术。发现染料木黄酮预防肉鸡腹水综合征的作用及适宜剂量，L– 肉碱和辅酶 Q 均可有效增强肉鸡线粒体功能从而降低肉鸡对腹水猝死综合征发生的敏感性以及死亡率，确定了在日粮中的适宜剂量。明确了丁酸梭菌改善鸡肉肉质的作用以及应用技术和改善鸡肉肉质稳定性的维生素 E 和镁营养技术；揭示了镁的抗氧化作用及其提高过氧化氢酶基因表达的分子机理。营养富集鸡肉生产技术可使胸肌硒含量达到 1.0mg/kg 和 n–3 多不饱和脂肪酸组成比例提高到 13.13%。按可消化氨基酸平衡与酶制剂应用结合配制低蛋白肉鸡日粮的技术可降低 N、P 排放的幅度分别达到 20% 和 27% 以上；应用有机与无机微量元素组合，降低 Zn、Mn 排放幅度达到 30% 以上，降低 Cu 排放 17%。发表论文 138 篇（SCI 收录 42 篇），专著 4 部；获得授权发明专利 13 件；研发鉴定新饲料产品 4 个；起草制定 8 项国家和行业标准与规范。自 2006 年开始成果应用到肉鸡养殖及饲料行业，至 2011 年已生产 1900 余万吨肉鸡配合饲料，饲养肉鸡 39 亿余只，累计增收 18.96 亿余元人民币，其中，饲料生产增收 4.67 亿元，肉鸡养殖增收 14.29 亿元，取得了显著的经济效益。培养研究生 78 名、国家杰出青年基金获得者和“新世纪百千万人才工程”国家级人才各 1 名，2009 年教育部创新团队 1 个；培训人员 2.8 万余人次；培育了“六和牌”中国名牌、“大用”“象丰”“赛优”和“优农”“永达”等多个肉鸡饲料知名品牌以及“大用”和“永达”等鸡肉知名品牌。该项成果还曾获得 2010 年度教育部科技进步奖一等奖。

中国农业科学院北京畜牧兽医研究所王加启研究员主持的“优质乳生产的奶牛营养调控与规范化饲养关键技术及应用”获 2012 年度国家科学技术进步奖二等奖。该项研究以优质乳生产为主线，根据我国饲料资源和奶牛养殖实际情况，围绕奶牛生产优质乳的营养调控技术和规范化饲养技术开展了系统研究及应用，揭示了我国奶牛生产实际中乳脂肪和乳蛋白偏低的内在机理，创建了以粗饲料组合优化和蛋白质饲料高效利用为核心提高乳脂率和乳蛋白率的奶牛营养调控关键技术，使生鲜乳的乳脂肪和乳蛋白含量显著提高，分别达到 3.5% 和 3.1%，解决了乳脂肪、乳蛋白偏低制约奶牛生产优质乳的技术难题；揭示了奶牛合成共轭亚油酸和活性乳蛋白的调控机理，创建了提高生鲜乳共轭亚油酸（CLA）、免疫球蛋白 IgG 和乳铁蛋白 Lf 含量调控技术，使生鲜乳中 CLA、IgG 和 Lf 含量显著提高，实现了富含活性脂肪酸和活性蛋白的乳制品产业化生产；揭示了奶牛围产期、泌乳高峰期、热应激时期牛奶品质下降的机制，研发了针对这 3 个关键时期的系列营养调控技术和专用饲料产品，建立了奶牛生产优质乳规范化饲养技术，制定了优质乳生产全过程控制的《良好农业规范奶牛控制点与符合性规范》（GAP）等国家和地方标准 11 项，规范了奶牛养殖过程管理。成果的核心技术已作为全国奶牛科技入户示范工程和中国奶业协会的主推技术得到应用，已在全国 20 多个市（县）培训奶农 20 余万人次，提升了奶牛养殖水平和从业人员素质，提高了牛奶品质、饲料转化效率，增加了养殖户收益；开发的“CLA 牛奶”等系列乳制品丰富了市场特色乳制品的供给，至 2014 年已在 190 多万头奶牛中推广应用。

中国农业大学李胜利教授主持的“奶牛饲料高效利用及精准饲养技术创建与应用”获 2014 年度国家科学技术进步奖二等奖。奶业是我国畜牧业发展速度最快的产业。但我国奶牛养殖水平落后，具体表现为“三低一高”，即单产低、乳蛋白率低、饲料利用率低，分别相当于奶业发达国家的 50%、90%、75%，甲烷、氮、磷环境排放量高，比奶业发达国家高 12% ~ 38%。针对制约我国奶业发展的关键技术瓶颈，项目历经 19 年的研究推广，创建了中国奶牛营养需要和饲养标准，揭示了关键营养素对奶牛营养代谢调控作用及其机理，建立了中国奶牛精准饲养技术体系，提出了氮、磷及甲烷减排的技术方案。建立了我国首套大型呼吸测热室，首次将 SF6 示踪技术用于奶牛呼吸测热，解决了我国奶牛能量代谢研究的设施瓶颈问题，提出了奶牛能量单位（NND）。建立了我国奶牛小肠可消化蛋白质体系和赖氨酸、蛋氨酸平衡模型，使我国成为世界上 9 个建立新蛋白质营养体系的先进国家之一。开展了 13 类 485 种 20000 多个饲料样品的营养价值评定工作，建立了中国奶牛饲料营养价值数据库；出版了《奶牛营养需要和饲料成分》（1987 版、2000 版和 2007 版），是国内奶牛场实现科学饲料配方的技术基础。揭示了关键营养素对奶牛营养代谢调控作用及其机理，建立了中国奶牛精准饲养技术体系。提出了能蛋平衡理论，揭示了小肽吸收机理，建立了乳腺氨基酸需要量和代谢模式，构建了提高奶牛饲料转化效率和乳蛋白率的关键技术。研制推广了我国首套具有自主知识产权的奶牛数字化精细养殖系统和日粮配方软件平台；制定了以全混合日粮评定、生产性能测定与日粮调控等 56 项关键指标为核心的奶牛精准饲养评价体系。开发了 11 种奶牛饲料添加剂及过瘤胃饲料新产品。建立了奶牛甲烷排放估测模型，提出了氮、磷及甲烷减排的技术方案。创建了我国奶牛甲烷排放量估测模型，研究推广了降低甲烷排放技术方案 4 套，可实现降低甲烷排放量 26.7% ~ 31.1%。在奶牛磷需要量研究上取得重大理论创新，提出了新的奶牛磷需要量参数，较原参数下降 35%，实现磷减排 4.9 万吨。建立的技术方案可提高日粮氮泌乳转化效率 50% 以上，氮减排 13.1 万吨。该项研究成果获得专利 20 项，其中发明专利 9 项、软件著作权 6 项、制定行业和地方标准 5 项；出版专著 15 部，发表论文 387 篇（SCI 收录 33 篇）；培养博士 24 名，硕士 135 名。2011—2014 年，核心技术作为全国畜牧总站和国家奶牛产业技术体系主推技术广泛应用，累计培训 1.7 万人，示范奶牛 507 万头次，为北京三元绿荷、天津嘉立荷等奶牛养殖企业提供了技术支撑，培育了“归原”和“缘天然”两个有机奶知名品牌；新增产值 45.4 亿元，新增利润 7.0 亿元。该成果对提高我国奶牛单产水平、乳蛋白率、饲料转化率及降低甲烷、氮、磷环境排放量起到了积极的促进作用。部分成果曾获得河北省科技进步奖一等奖、山东省科技进步奖一等奖和中华农业科技进步奖一等奖。

中国农业科学院饲料研究所姚斌研究员主持的“饲料用酶技术体系创新及重点产品

创制”获 2014 年度国家科学技术进步奖二等奖。我国养殖规模居世界首位，但饲料粮短缺、养殖环境污染及动物产品安全等问题制约着我国养殖业的健康可持续发展。饲料用酶是一类应用效果极为显著的新型绿色饲料添加剂，可显著提高饲料利用效率、降低氮磷等有机物排放及减少药物性添加剂的使用，从而节约饲料粮、保障环境和动物产品安全，是从养殖业源头——饲料层面解决上述问题的有效途径。欧美发达国家于 20 世纪 90 年代开始推广应用饲料用酶并进入中国市场，但其特殊的性能要求及高昂的成本等瓶颈问题始终未能有效解决，极大限制了其普及应用。该项研究建立了完整的酶基础研究和产品开发自主技术体系，系统地解决了饲料用酶性能、成本、知识产权和可持续研发等产业化应用的瓶颈问题，打破了国际大公司的垄断，并使我国饲料用酶迅速发展成为具有国际竞争力、效益显著的新兴产业。该项研究成果创立了高效的基因资源挖掘技术体系，在国际酶基因资源的激烈争夺上占据制高点。克隆到具有高比活、耐高温、嗜酸、抗蛋白酶等特性的饲料用酶新基因 184 个，该项目中的 5 种饲料用酶基因在 GenBank 数据库中的注册数占全球近五年总数的 28.9%。酶的构效机理和高效表达机制研究取得突破，构建了高效的酶分子改良和表达技术体系，解决了酶难以满足饲料高温制粒要求、易被胃酸和消化道蛋白酶降解以及产业化生产成本高等瓶颈问题。国际上首次获得了集高比活性、耐高温、嗜酸、抗蛋白酶为一体的综合性能优越、全面满足养殖业需求的酶蛋白，并构建了表达水平达 10 ~ 50g/L 级的高效表达技术体系，居国际领先地位。植酸酶的研发始终处于国际领先水平，产品占据国内市场 90% 以上，且相关技术和产品已向美国等发达国家输出。由首次实现规模化生产的单一植酸酶发展为完整的系列产品，广泛应用于畜禽和水产养殖领域，且技术水平持续提升，如耐 90℃高温的植酸酶技术水平达 6.4 万 IU/mL 发酵液，引领了研发方向。饲料用酶的整体技术水平居国际前列，促进了系列饲料用酶的研发与迅速的普及应用。创制的木聚糖酶、β－葡聚糖酶、甘露聚糖酶、α－半乳糖苷酶等主要饲料用酶的产业化生产水平分别达到 22 万、9 万、7 万、4000IU/mL 发酵液，较同类技术高 3 倍以上。2011—2014 年该项目单位产生直接经济效益（利税）5.50 亿元。项目期内累计生产销售单酶及复合酶产品 20.6 万吨，在全国 31 省区上千家饲料及养殖企业推广应用，并出口欧美等 20 余个国家。产品已应用于全国 80% 以上的猪、鸡、水产等动物饲料，间接经济效益 546.53 亿元，并节约粮食 5000 万吨、磷资源 1000 万吨，减少养殖业磷氮等有机物排放 1300 万吨。成果获授权专利 66 项，其中发明专利 56 项（包括授权 PCT 专利 2 项），占国内饲料用酶基因专利的 69%。发表 SCI 论文 113 篇，SCI 他引 578 次。参与制定国家和行业标准 9 项。向 20 多家优势酶制剂企业转让成果技术和专利，包括美国企业。

中国农业大学谯仕彦教授主持的“畜禽饲料中大豆蛋白源抗营养因子研究与应用”获 2015 年度国家科学技术进步奖二等奖。我国畜禽饲料中最主要的蛋白质来源于大豆及其加工产品，占 65% 以上。20 世纪 80 年代，大豆蛋白源在饲料中的使用率不足 30%，仔猪对大豆蛋白的消化率不足 70%，主要制约因素是大豆中的抗营养因子（ANFs）。尽管美国、阿根廷、巴西、日本等国家和欧盟在该领域中做过很多研究，但长期以来仍然存在着大豆 ANFs 对畜禽的危害机理不清、检测手段缺乏、钝化降解技术单一等关键性技术难题。该项研究历时 32 年，取得了一系列的研究成果，其中多项技术研究已经达到世界领先地位，推动了我国在本领域的科技进步与发展。国内外首次系统揭示了饲料中主要大豆 ANFs 对畜禽的危害作用，解决了大豆 ANFs 作用机理长期不明的难题。阐明了胰蛋白酶抑制因子通过抑制胰蛋白酶活性负反馈调节胰腺分泌功能、凝集素诱发多胺依赖的小肠和胰腺增生的危害机制，提出了大豆抗原蛋白引起的迟发型过敏反应是仔猪断奶综合征原发性原因的新观点并阐明了致敏机制，为大豆蛋白源在畜禽饲料中的技术研究和高效利用奠定了理论基础。国内外首次创建了大豆 ANFs 检测技术体系，解决了大豆 ANFs 快速准确检测的关键技术难题。分离鉴定到大豆球蛋白酸性亚基和 β－大豆伴球蛋白亚基，创制出大豆球蛋白、β－伴大豆球蛋白和胰蛋白酶抑制因子单克隆抗体 ELISA 检测试剂盒，开发出寡糖、异黄酮等小分子大豆 ANFs 仪器同步检测技术，为饲料中大豆蛋白源的高效利用提供了技术依据。开发了常压湿热、高压湿热、干法挤压膨化、湿法挤压膨化、膨胀、酶降解、微生物降解等大豆 ANFs 钝化降解系列新技术、新工艺和新方法，解决了低抗营养性优质大豆产品的生产工艺关键技术难题，推动了大豆制油工艺的技术改进和功能性蛋白饲料的研究与发展。确定了大豆 ANFs 对不同种属和生理阶段动物的抗营养阈值，建立了大豆资源饲用价值数据库，构建了高效利用技术体系。应用该体系使大豆蛋白消化率从不足 70% 提高至近 90%，实现了大豆蛋白源在畜禽饲料中的高效产业化利用。创制出双胞胎等乳仔猪配合饲料产品，国内市场占有量达 30% 以上，使乳仔猪腹泻率下降 20% ～ 30%，成活率提高 20% ～ 25%，打破了外资企业对乳仔猪饲料的市场垄断。项目在全国 29 个省市自治区 7000 多个饲料企业进行了推广和应用，推广应用面超过 65%，2011—2014 年年平均饲料产量达 1.35 亿吨，新增产值 300 亿元，新增利税 30.3 亿元，年节约豆粕用量 150 万吨以上，减少氮排放 7.8 万吨以上，创造了显著的社会经济和生态效益。发表论文 141 篇，其中 SCI 收录 71 篇，他引 683 次，出版专著 1 部。获国家授权发明专利 18 项，新型实用专利 23 项，获省部级科技奖励一等奖 2 项，制定企业标准 5 项。获国家和省级重点新产品 5 项。累计培训技术人员 2.7 万人次，培养博士 30 人、硕士 52 人。该项研究使动物营养和饲料加工深度结合，推动了饲料产业和大豆深加工等相关领域的技术进步。

3. 获得批准的畜禽新品种和配套系

2010—2015 年共有 53 个培育的畜禽新品种、配套系通过了国家畜禽遗传资源委员会的审定，由农业部发布公告。在公告的 53 个畜禽新品种、配套系中，其中新品种 17 个，配套系 36 个；按照畜种分，猪 8 个、牛 3 个、山羊 3 个、绵羊 3 个、蛋鸡 7 个、肉鸡 19 个、水禽 3 个、兔 5 个、鹌鹑和水貂各 1 个（见表 4）。

表 4　2010—2015 年度审定通过的畜禽新品种和配套系

序号	类别	数量	名　　称
1	猪	8	松辽黑猪、苏淮猪、湘村黑猪、苏姜猪、晋汾白猪、天府肉猪配套系、龙宝 1 号猪配套系、川藏黑猪配套系
2	牛	3	辽育白牛、蜀宣花牛、云岭牛
3	山羊	3	柴达木绒山羊、晋岚绒山羊、简州大耳羊
4	绵羊	3	昭乌达肉羊、察哈尔羊、苏博美利奴羊
5	蛋鸡	7	新杨白壳蛋鸡配套系、新杨褐壳蛋鸡配套系、新杨黑羽蛋鸡配套系、大午粉 1 号蛋鸡配套系、京粉 2 号蛋鸡配套系、苏禽绿壳蛋鸡配套系、粤禽皇 5 号蛋鸡配套系
6	肉鸡	19	弘香鸡配套系、南海黄麻鸡 1 号配套系、大恒 699 肉鸡配套系、金钱麻鸡 1 号配套系、新广铁脚麻鸡配套系、新广黄鸡 K996 配套系、岭南黄鸡 3 号配套系、凤翔青脚麻鸡配套系、凤翔乌鸡配套系、五星黄鸡配套系、金种麻黄鸡配套系、振宁黄鸡配套系、潭牛鸡配套系、三高青脚黄鸡 3 号配套系、天露黄鸡配套系、天露黑鸡配套系、光大梅黄 1 号肉鸡配套系、桂凤二号肉鸡配套系、天农麻鸡配套系
7	鸭	2	苏邮 1 号蛋鸭配套系、国绍 I 号蛋鸭配套系
8	鹅	1	天府肉鹅配套系
9	鹌鹑	1	神丹 1 号鹌鹑配套系
10	兔	5	浙系长毛兔、皖系长毛兔、康大 1 号肉兔配套系、康大 2 号肉兔配套系、康大 3 号肉兔配套系
11	貂	1	明华黑色水貂

资料来源：农业部、国家畜禽遗传资源委员会。

这些新品种、配套系采用具有地域特点的种质资源作为育种素材之一，采用常规育种和分子生物学技术相结合，改良了动物生产经济性能，满足了消费多样化的市场需求，促进了我国优良种畜的自主培育和育种技术的升级，丰富了我国畜禽品种资源。在这些新品种、配套系中有 27 个是由大学和科研院所主持或参加培育的。关于新品种、配套系的培育单位和审定年度等详细情况可参阅本卷报告附录 3“畜禽新品种和配套系名录”。

（三）研究平台建设

1. 重点实验室建设

畜牧学科的重点实验室是按照学科领域开展高水平科学研究、集聚和培养优秀科技人才、进行高水平学术交流合作、科研装备先进的重要基地，是大学和科研院所学科建设的重要内涵，是国家科技创新体系的重要组成部分。其主要任务是聚焦国家战略需求和畜牧业发展需求，针对畜牧学科发展前沿和畜牧业的重要科技领域及方向开展创新性研究，提升大学和科研院所的创新能力，推动学科建设发展。重点实验室分为国家重点实验室和部级重点实验室，实行“开放、流动、联合、竞争”的运行机制，并进行定期评估、动态调整。

截至2015年年底，科学技术部公布的畜牧学科（包括含畜牧学科领域的）国家重点实验室共4个（包括含畜牧学科领域的2个），其中动物遗传育种与繁殖学领域3个、动物营养学领域1个，分布在3所大学和2所科研院所（见表5）。动物营养学国家重点实验室、农业生物技术国家重点实验室在2011年的评估中评为良好类；亚热带农业生物资源保护与利用国家重点实验室和畜禽育种国家重点实验室分别于2014年和2015年通过验收。2014年，科学技术部、江西省人民政府批准依托江西农业大学建设省部共建猪遗传改良与养殖技术国家重点实验室。

表5　畜牧学科科技部国家重点实验室

序号	实验室名称	依托单位
1	动物营养学国家重点实验室	中国农业科学院北京畜牧兽医研究所 中国农业大学
2	畜禽育种国家重点实验室	广东省农业科学院畜牧研究所
3	农业生物技术国家重点实验室	中国农业大学
4	亚热带农业生物资源保护与利用国家重点实验室	广西大学 华南农业大学

资料来源：科技部。

注：序号3、4的国家重点实验室研究方向含动物遗传育种与繁殖。

截至2015年年底，教育部公布的畜牧学科重点实验室2个，动物遗传育种与繁殖学、动物营养学领域各1个（见表6）。

表6　畜牧学科教育部重点实验室

序号	实验室名称	依托单位
1	动物分子营养学教育部重点实验室	浙江大学
2	农业动物遗传育种与繁殖教育部重点实验室	华中农业大学

资料来源：教育部。

2010年，农业部颁布了《农业部重点实验室发展规划（2010—2015年）》（农科教发〔2010〕4号）和《农业部重点实验室管理办法》（农科教发〔2010〕5号），2011年公布了农业部重点实验室名单（农科教发〔2011〕8号）。农业部重点实验室以“学科群”为组建单元，按照综合性重点实验室、专业性（区域性）重点实验室、农业科学观测实验站三个层次建设，目标是形成布局合理、任务明确、协作紧密、运转高效的重点实验室体系，促进基地、人才、项目相配套，推进国家农业科技创新体系建设进程。

农业部畜牧学科重点实验室体系包括动物遗传育种与繁殖学科群和动物营养与饲料学学科群，其中有 2 个综合性重点实验室、22 个专业性（区域性）重点实验室、16 个农业科学观测实验站。重点实验室分布在 11 所大学、7 所科研院所和 1 个企业，观测实验站分布在 6 所大学、5 所科研院所和 4 个企业（见表 7）。按照分支学科领域，动物遗传育种与繁殖学 12 个，动物营养与饲料学 10 个（其中 1 个属于动物遗传育种与繁殖学科群），动物生理生化领域 2 个（其中 1 个含营养研究方向）。

表 7　畜牧学科农业部重点实验室体系

学科群	类别	序号	实验室名称	依托单位
动物遗传育种与繁殖	★	1	农业部动物遗传育种与繁殖重点实验室	中国农业大学
	专业性/区域性	1	农业部畜禽遗传资源与种质创新重点实验室	中国农业科学院北京畜牧兽医研究所
		2	农业部动物生物技术重点实验室	西北农林科技大学
		3	农业部猪遗传育种重点实验室	华中农业大学
		4	农业部种猪生物技术重点实验室	江西农业大学
		5	农业部养猪科学重点实验室	重庆市畜牧科学院
		6	农业部奶牛遗传育种与繁殖重点实验室	北京奶牛中心
		7	农业部水牛遗传繁育技术重点实验室	广西壮族自治区水牛研究所
		8	农业部鸡遗传育种重点实验室	东北农业大学
		9	农业部鸡遗传育种与繁殖重点实验室	华南农业大学
		10	农业部草食家畜遗传育种与繁殖重点实验室	新疆维吾尔自治区畜牧科学院
		11	农业部草食家畜繁殖生物技术与育种重点实验室	内蒙古大学
		12	农业部特种经济动物遗传育种与繁殖重点实验室	中国农业科学院特产研究所
	观测实验站	1	农业部猪鸡遗传育种与繁殖科学观测实验站	广东温氏食品集团有限公司
		2	农业部牦牛遗传育种与繁殖科学观测实验站	青海省大通种牛场
		3	农业部奶牛遗传育种与繁殖科学观测实验站	上海光明荷斯坦牧业有限公司
		4	农业部蛋鸡遗传育种科学观测实验站	北京市华都峪口禽业有限责任公司
		5	农业部羊遗传育种与繁殖科学观测实验站	新疆农垦科学院畜牧兽医研究所
		6	农业部马属动物遗传育种与繁殖科学观测实验站	内蒙古农业大学
		7	农业部华北动物遗传资源与营养科学观测实验站	中国农业科学院北京畜牧兽医研究所

续表

学科群	类别	序号	实验室名称	依 托 单 位
动物营养与饲料学	★	1	农业部动物营养与饲料学重点实验室	中国农业科学院北京畜牧兽医研究所
	专业性/区域性	1	农业部动物生理生化重点实验室	南京农业大学
		2	农业部动物生化与营养重点实验室	河南农业大学
		3	农业部动物抗病营养与饲料重点实验室	四川农业大学
		4	农业部饲料安全与生物学效价重点实验室	中国农业大学
		5	农业部饲料生物技术重点实验室	中国农业科学院饲料研究所
		6	农业部水产动物营养与饲料重点实验室	中国海洋大学
		7	农业部牧草资源与利用重点实验室	中国农业科学院草原研究所
		8	农业部华东动物营养与饲料重点实验室	浙江大学
		9	农业部华南动物营养与饲料重点实验室	广东省农业科学院畜牧研究所
		10	农业部养猪科学重点实验室	重庆市畜牧科学院
	观测实验站	1	农业部饲料资源与加工科学观测实验站	武汉工业学院
		2	农业部水产动物营养与饲料科学观测实验站	中国水产科学研究院淡水渔业研究中心
		3	农业部草地生态环境科学观测实验站	中国农业大学
		4	农业部东北动物营养与饲料科学观测实验站	东北农业大学
		5	农业部华北动物遗传资源与营养科学观测实验站	中国农业科学院北京畜牧兽医研究所
		6	农业部西北草食动物营养与饲料科学观测实验站	新疆农业大学
		7	农业部华东动物营养与饲料科学观测实验站	青岛市畜牧兽医研究所
		8	农业部中南动物营养与饲料科学观测实验站	中国科学院亚热带农业生态研究所
		9	农业部华南动物营养与饲料科学观测实验站	华南农业大学

资料来源：农业部。

注：★为综合性重点实验室。

畜牧学科重点实验室基础条件好、研究实力强、学科优势突出，承担多项国家、省部重大科技计划项目，在 2010—2015 年获得的 18 项国家科学技术奖励中 14 项来自重点实验室，其中获国家授权发明专利 132 项、新型实用专利 43 项，发表 SCI 学术论文 509 篇。畜牧学科重点实验室紧密围绕学科领域的关键技术和共性技术开展研究，发挥了学科研究引领作用。

2. 工程研究中心建设

为了提高产业自主创新能力和核心竞争力，强化对国家重大战略任务、重点工程的技术支撑和保障，推进产学研合作和技术产业化转移，国家发展和改革委员会设立了国家工程实验室和国家工程研究中心建设项目，科学技术部设立了国家工程技术研究中心建设项目，教育部设立了工程研究中心建设项目，科研院所、高校是依托单位之一。国家工程实验室、国家工程研究中心、国家工程技术研究中心是国家创新体系的技术创新基地，教育部工程研究中心是“985”工程和“211”工程科技创新平台建设的重要组成部分。与重点实验室一样，它们同样是培养优秀科技人才和创新团队、进行学科研究和推进学科建设的重要平台。截至2015年年底，畜牧学科共有6个国家工程实验室或工程研究中心（见表8）。

表8 畜牧学科国家工程实验室和国家 / 教育部工程研究中心

<table>
<tr><th>序号</th><th>名　　称</th><th>依托单位</th><th>管理部门</th></tr>
<tr><td>1</td><td>畜禽育种国家工程实验室</td><td>中国农业大学</td><td rowspan="3">国家发展和改革委员会</td></tr>
<tr><td rowspan="2">2</td><td>生物饲料安全与污染防控国家工程实验室</td><td>浙江大学</td></tr>
<tr><td>生物饲料开发国家工程研究中心</td><td>中国农业科学院饲料研究所</td></tr>
<tr><td>3</td><td>国家家畜工程技术研究中心</td><td>华中农业大学
湖北省农业科学院</td><td rowspan="2">科学技术部</td></tr>
<tr><td>4</td><td>国家饲料工程技术研究中心</td><td>中国农业大学
中国农业科学院饲料研究所</td></tr>
<tr><td>5</td><td>动物抗病营养生物技术教育部工程研究中心</td><td>四川农业大学</td><td rowspan="2">教育部</td></tr>
<tr><td>6</td><td>农副产品蛋白质饲料资源教育部工程研究中心</td><td>武汉工业学院</td></tr>
</table>

资料来源：国家发展和改革委员会、科学技术部、教育部。

依托中国农业大学、中国农业科学院饲料研究所建设的“国家饲料工程技术研究中心”于2000年6月经科学技术部批复成立，2004年10月通过验收。其总体目标是在我国饲料工业行业建立一个具有集成组装国内外科研成果、消化吸收国内外先进技术、研究开发高新技术产品、培养高级技术与管理人才、传播辐射最新行业信息功能的国家级饲料工程技术研究中心。国家饲料工程技术研究中心设有生物工程实验室、发酵工程实验室、微生物选育实验室、质量标准研究室、制剂与蛋白纯化研究室、检测技术研究室等10个功能化实验室。新购置实验仪器设备1000余台（套）。按照“人才一流、技术一流、服务一流”的国家工程技术研究中心建设宗旨，针对我国饲料业行业特点和产业发展需求，创建了“流动与开放、竞争与培养、成果股权化”的人才运行机制。在这一机制的激励下，创建了一支从原始创新、引进创新、集成创新、中试转化到产业化放大与对接、人员培训、技术转移与服务在全链条的技术工程化人才队伍。在现有的419人的人才队伍中，依托单位编制人员157人，非依托单位编制人员262人，有中国工程院院士1人、国家杰出青年基金获得者3人，创新团队7个。经过15年的建设，国家饲料工程技术研究中心已成为我国饲料业基础研究的火车头和技术研发的引擎。在2007年、2011年国家工程技术研究中心运行评估中连获“优秀”。2010—2015年，该中心承担国家“973”计划项目2项、“863”计划项目3项，国家科技支撑计划项目5项，公益性行业（农业）科研专项3项，省部级项目12项，企业合作项目51项；转化和转移各类技术36项，合同金额 1.58 亿元；培训行业技术人员 12000 人次以上；发表研究论文 1200 余篇；制（修）订国家 / 行业标准 35 项，获发明专利 59 件，国际 PCT 专利 6 件；获国家科技进步奖二等奖 3 项，省部级科技奖励 6 项。2014 年完成高效复合微生态制剂制备中试项目，研究了中试生产规模下发酵工艺参数，建立了完整的中试液态深层发酵生产技术体系参数，建成了年产 2000 吨的中试生产线，使绿色生物饲料添加剂成为新的经济增长点。复合微生态制剂产品在汝州三源牧业猪场、郑州三泰饲料有限公司、北京华都集团等企业进行了千头仔猪与八万多只肉鸡的产品试验示范和配套技术应用，取得了良好效果。

依托中国农业大学建设的“畜禽育种国家工程实验室”于 2008 年 11 月经国家发展和改革委员会批复立项，2014 年 10 月以优秀成绩通过验收。畜禽育种国家工程实验室的建设目标和任务是围绕提高畜禽良种培育技术水平和良种扩繁效率，开展大规模分子检测及标记、动物胚胎工程规模化生产与高效体细胞克隆、转基因育种等关键技术的研发，构建我国动物遗传资源利用、育种和繁殖产业化技术平台，与国内畜禽育种龙头企业合作，加快畜禽良种培育新技术的产业化进程，提升国产品种的市场竞争能力。实验室面积为 3700 平方米，总投资 2945 万元，其中国家拨款 900 万元。实验室瞄准畜禽育种领域的重大技术需求，建成了动物遗传基因资源挖掘、分子标记辅助育种、胚胎工程和体细胞克隆、转基因育种及育种规划与遗传评估 5 个技术平台。建设期间，实验室承担各类科技项目 220 项，总经费达 2.48 亿元；获得了省部级以上科技成果奖励 16 项；获得国家授权发明专利 62 件及实用新型专利 13 件；完成了 17 项畜禽基因挖掘、标记选择、性别控制等方面技术的工程化和产业化；制订了 9 项国家标准；发表论文 585 篇，其中 SCI 收录论文 375 篇；撰写专著 35 本；培养博士 182 名，硕士 190 名。实验室取得一系列先进的标志性成果，中国荷斯坦奶牛基因组选择平台取得重大技术突破，应用于国家奶牛良种项目；培育了 4 个蛋鸡新品种（配套系）；全国种猪联合育种网络平台被应用于全国种猪遗传评定；精子分离技术的开发和大规模产业应用使我国成为全球最大奶牛性控精液生产和应用大国。实验室与国内相关科研单位和行业骨干企业建立了紧密的产学研用协同创新机制，形成了技术创新和技术服务的有效模式，在核心关键技术创新、技术辐射和推广应用等方面发挥了重要示范和带动作用。通过建立国家工程实验室良性发展的运行机制，促使实验室更好地为国家和行业服务。

依托华中农业大学和湖北省农业科学院建设的“国家家畜工程技术研究中心”经科学技术部批复立项，于 1996 年组建，2000 年 10 月通过验收。该中心的任务是开展猪主要经济性状的遗传规律与育种研究、猪分子生物学、猪抗病育种、瘦肉型猪规模化养殖技术体系研究与产业化示范等。在国家工程技术研究中心运行评估中连续获得“良好”。2010—2014 年牵头完成“猪产肉性状相关重要基因发掘、分子标记开发及其育种应用”，创建了高效基因资源发掘技术体系，实现了大规模发现猪产肉性状相关基因，构建了猪分子标记辅助育种体系。快长、薄膘、肉质优种猪选育成果在我国 25 个种猪场应用，选育出生长快、瘦肉率高的“鄂青一号”，取得了显著社会经济效益，项目获得 2012 年度国家技术发明奖二等奖。开展适度规模标准化养殖“161”模式研发与示范，即每户农户建一栋不少于100平方米的猪舍，饲养6头种母猪，年出栏100头优质商品猪，从猪舍选址、猪舍建筑、品种选择、饲养管理、废弃物处理等方面提出技术规范，指导农民进行生猪标准化养殖。2013年在来凤县、咸丰县以“技术+公司+基地+农户”形式扶持建立生猪标准化养殖合作社5个，建立标准化生产示范户1000户，年示范出栏10万头，促进了农民增收和农村经济发展。2014年完成优质猪育种技术创新及其新品系选育利用，构建了完善的优质猪新型育种技术体系，培育出湖北省首个具有自主知识产权、肉质优良、繁殖力高的优质猪母本专门化新品系1个，优化筛选出三元杂优配套组合2个，项目成果获得2014年湖北省科技进步奖一等奖。面向全国20多个省、市、自治区推广优质种猪1.8万多头，促进了猪育种技术升级与行业科技进步。

（四）知名研究团队

1. 创新团队

2000年，国家自然科学基金委员会设立“创新研究群体科学基金”项目，支持优秀中青年科学家为学术带头人和研究骨干，共同围绕一个重要研究方向合作开展创新研究，以培养和造就在国际科学前沿占有一席之地的研究群体。

2004年，教育部启动“长江学者和创新团队发展计划”，有计划地在高等学校支持一批优秀创新团队，以形成优秀人才的团队效应，提升高等学校科技队伍的创新能力和竞争实力，推动重点学科和高水平大学建设。

2011年，农业部启动“农业科研杰出人才扶持培养计划”，计划2011—2020年，以打造创新团队为目标，选拔培养300名中青年农业科研杰出人才和建立300个农业科研创新团队，进一步加强我国高层次农业科研杰出人才及其创新团队建设，促进农业领域学科建设赶超国际先进水平。

2013年，科学技术部启动“创新人才推进计划”，旨在培养和造就一批具有世界水平的科学家、高水平的科技领军人才和工程师、优秀创新团队和创业人才，为提高自主创新能力、建设创新型国家提供有力的人才支撑。任务之一是到2020年，建设500个重点领域创新团队。依托国家重大科研项目、国家重点工程和重大建设项目，通过给予持续稳定支持，确保更好地完成国家重大科研和工程任务，保持和提升我国在若干重点领域的科技创新能力。

2001—2014年，国家自然科学基金委员会、教育部、农业部和科学技术部共批准畜牧学科24个创新团队，分布在6所大学和6所科研院所。按照分支学科领域，动物遗传育种与繁殖学13个，动物营养与饲料科学11个（见表9）。创新团队成为新的科学研究组织形式，承担国家重大科研课题，为学科发展提供了强有力的支撑。

表 9　畜牧学科创新团队名录（2001—2014）

领域	序号	创新团队名称	依托单位	学术带头人	批准部门	入选时间
动物遗传育种	1	畜禽基因组学与分子数量遗传学	中国农业大学	李　宁	国家自然科学基金委员会	2002
	2	肉牛、奶牛遗传改良与种质创新	西北农林科技大学	昝林森	教育部	2009
	3	畜禽分子育种技术	中国农业大学	杨　宁	教育部	2011
	4	种猪遗传改良	江西农业大学	任　军	教育部	2011
	5	地方鸡种质资源保护与利用	河南农业大学	康相涛	教育部	2012
	6	川猪遗传改良与安全生产	四川农业大学	李学伟	教育部	2013
	7	动物遗传育种	中国农业大学	杨　宁	农业部	2011
	8	种猪生物技术	江西农业大学	黄路生	农业部	2011
	9	猪基因资源与种质创新	中国农业科学院北京畜牧兽医研究所	李　奎	农业部	2012
	10	猪研究	黑龙江省农业科学院畜牧研究所	刘　娣	农业部	2012
	11	肉牛遗传改良与生物技术育种	西北农林科技大学	昝林森	农业部	2012
	12	绒毛用羊研究	新疆畜牧科学院畜牧研究所	田可川	农业部	2012
	13	鸡种质资源优异性状发掘创新利用	河南农业大学	康相涛	农业部	2012
动物营养与饲料科学	14	动物营养与饲料加工研究创新研究群体	中国农业大学	李德发	国家自然科学基金委员会	2001
	15	猪抗病营养的分子机制	四川农业大学	陈代文	教育部	2005
	16	家禽产品品质的营养调控理论与技术	中国农业大学	呙于明	教育部	2009
	17	动物消化系统发育与功能研究	浙江大学	彭金荣	教育部	2010
	18	鸡营养与饲料科技	中国农业大学	呙于明	农业部	2011
	19	动物营养与饲料研究	广东省农业科学院	蒋宗勇	农业部	2012
	20	动物抗病营养	四川农业大学	陈代文	农业部	2012
	21	猪健康养殖的营养调控	中国农业大学	谯仕彦	农业部	2012
	22	地方猪饲料营养	重庆市畜牧科学院	刘作华	农业部	2012
	23	饲料生物技术	中国农业科学院饲料研究所	姚　斌	农业部	2012
	24	猪营养	四川农业大学	吴　德	科技部	2013

资料来源：国家自然科学基金委员会、教育部、农业部、科技部。

2. 现代农业产业技术体系产业技术研发中心

为了增强农业科技自主创新能力，保障国家粮食安全、食品安全，实现农民增收和农业可持续发展，农业部、财政部于 2007 年启动现代农业产业技术体系建设。现代农业产业技术体系建设是按照优势农产品区域布局规划，依托具有创新优势的现有中央和地方科研力量，围绕产业发展需求，以农产品为单元，以产业为主线，使研发从产地到餐桌、从生产到消费、从试验到市场的各个环节紧密衔接、环环相扣。现代农业产业技术体系由产业技术研发中心和综合试验站两个层级构成。针对每一个农产品，设置一个国家产业技术研发中心和一个首席科学家岗位。每一个国家产业技术研发中心由若干功能研究室组成，每个功能研究室设一个研究室主任岗位和若干个研究岗位。根据每一个农产品的区域生态特征、市场特色等因素，在主产区设立若干综合试验站。现代农业产业技术体系建设每五年为一个实施周期，实行“开放、流动、协作、竞争”的运行机制。

2007 年启动首批 10 个农产品的现代农业产业技术体系建设试点工作，其中畜牧产业为生猪、奶牛。2011 年全面启动现代农业产业技术体系建设，确定了 50 个产业技术研发中心、233 个功能研究室，其中畜牧产业设 11 个产业技术研发中心，除了牧草和蜂之外，分别为生猪、奶牛、肉牛牦牛、肉羊、绒毛用羊、蛋鸡、肉鸡、水禽和兔，分布在 3 所大学、2 所科研院所；设 47 个功能研究室，分布在 14 所大学、14 所科研院所，共有 222 名岗位专家（见表 10）。

表 10 现代农业产业技术体系畜牧产业技术研发中心名录（2011—2015）

序号	研发中心名称	依托单位	首席科学家	功能研究室	依托单位	研究室主任
1	国家生猪产业技术研发中心	中山大学	陈瑶生	育种与繁殖	华南农业大学	李加琪
				疫病控制	中国农业大学	杨汉春
				营养与饲料	广东省农业科学院	蒋宗勇
				生产与环境控制	华中农业大学	雷明刚
				加工	南京农业大学	周光宏
				产业经济	中山大学	王　珺
2	国家奶牛产业技术研发中心	中国农业大学	李胜利	育种与繁殖	中国农业大学	张胜利
				疾病控制	中国农业科学院兰州畜牧与兽药研究所	杨志强
				营养与饲料	浙江大学	刘建新
				环境控制	中国农业科学院北京畜牧兽医研究所	王加启
				加工	内蒙古农业大学	张和平
				产业经济	中国社会科学院农村发展研究所	刘玉满

续表

序号	研发中心名称	依托单位	首席科学家	功能研究室	依托单位	研究室主任
3	国家肉牛牦牛产业技术研发中心	中国农业大学	曹兵海	遗传育种与繁殖	中国农业科学院北京畜牧兽医研究所	李俊雅
				疾病控制	华中农业大学	郭爱珍
				营养与饲料	四川农业大学	王之盛
				设施与环境控制	中国农业大学	刘继军
				加工	山东农业大学	罗　欣
				产业经济	吉林农业大学	张越杰
4	国家肉羊产业技术研发中心	内蒙古大学	旭日干	遗传育种与繁殖	内蒙古自治区农牧业科学院	荣威恒
				疾病防控	中国农业科学院兰州兽医研究所	刘湘涛
				营养与饲料	中国农业科学院饲料研究所	刁其玉
				加工	中国农业科学院农产品加工研究所	张德权
				环境与产业经济	中国农业大学	李秉龙
5	国家绒毛用羊产业技术研发中心	新疆维吾尔自治区畜牧科学院	田可川	遗传育种与繁殖	新疆农垦科学院	石国庆
				疾病防控	中国农业科学院兰州兽医研究所	才学鹏
				营养与饲料	中国农业大学	贾志海
				环境控制	吉林省农业科学院	张明新
				综合	中国农业大学	肖海峰
6	国家蛋鸡产业技术研发中心	中国农业大学	杨　宁	遗传与育种	中国农业大学	吴常信
				疾病控制	扬州大学	刘秀梵
				营养与饲料	中国农业科学院北京畜牧兽医研究所	佟建明
				生产与环境控制	中国农业大学	李保明
				蛋品加工与质量检测	华中农业大学	马美湖
				产业经济	中国农业科学院农业经济与发展研究所	秦　富
7	国家肉鸡产业技术研发中心	中国农业科学院北京畜牧兽医研究所	文　杰	遗传育种与繁殖	广东省农业科学院	舒鼎铭
				疾病控制	中国农业科学院哈尔滨兽医研究所	王笑梅
				营养与饲料	广东省农业科学院	周桂莲
				生产与环境控制	中国农业科学院北京畜牧兽医研究所	张宏福
				综合	南京农业大学	徐幸莲
8	国家水禽产业技术研发中心	中国农业科学院北京畜牧兽医研究所	侯水生	遗传育种与繁殖	浙江省农业科学院	卢立志
				疾病控制	中国农业大学	张大丙
				营养与饲料	青岛农业大学	王宝维
				环境控制与综合	华南农业大学	施振旦

续表

序号	研发中心名称	依托单位	首席科学家	功能研究室	依托单位	研究室主任
9	国家兔产业技术研发中心	中国农业大学	秦应和	遗传育种与繁殖	四川省草原科学研究院	刘汉中
				疾病防控	江苏省农业科学院	薛家宾
				营养与饲料	河北农业大学	谷子林
				综合	天津工业大学	张　毅

资料来源：农业部。

这些畜牧产业技术研发中心的依托单位都具备较好的研究基础条件和科研实力、较强的团队，功能研究室一般也选择在现有国家级和省部级的重点实验室、工程技术研究中心等科研基地。畜牧产业技术体系紧紧围绕“十二五”畜牧业发展需求，开展共性和关键技术的研究、集成、试验和示范，解决国家和地方的畜牧业技术急需解决的重要问题；收集、分析畜产品的产业及技术发展动态与信息，开展畜牧业政策研究，为政府有关部门决策提供咨询；组织相关学术活动，进行基层技术人员的培训。畜牧产业技术体系近 5 年开展了卓有成效的工作，产生了广泛的影响力，受到了行政主管部门和基层养殖场户的好评。

（五）学术交流活动

畜牧学界历来重视学术交流，具有悠久的传统和良好的氛围。学术交流是学科开展学术研究与传播的重要机制。通过学术交流活动，学者间沟通思想、发表意见、探讨观点、辩论争鸣、展示成果、分享经验、相互启迪、开阔视野，从而促进学科发展。学术交流的最终目的是激发学术创造力，推动学术创新。畜牧学科主要通过中国畜牧兽医学会及分会组织的学术会议和学术期刊开展全国性学术交流。

1. 畜牧学科学术团体

学术团体是以学科为基础，组成不同类别、不同层次的学术社群，是同行学者的科学共同体。学术交流是学术团体的主要职责。我国畜牧学科的学术团体按照行政区划划分，既有全国性的，也有地方性的；按照专业划分，则是在学会中设立分会。中国畜牧兽医学会成立于 1936 年 7 月，是近代我国较早成立的学术团体。按照分支学科和研究领域，中国畜牧兽医学会内设 13 个畜牧学科专业分会、3 个跨学科专业分会。根据学科发展的需要，在 2014 年、2015 年新设立了马学、养兔学和动物福利与健康养殖 3 个分会（见表 11）。

中国畜牧兽医学会成立 80 年来，团结广大畜牧科技工作者，积极搭建学术交流平台，主办出版综合性学术期刊《畜牧兽医学报》和畜牧学科学术期刊《中国畜牧杂志》《动物营养学报》和 *Journal of Animal Science and Biotechnology Animal Nutrition*，每年举办

表 11 畜牧学科全国性学术团体名录

序号	名　　称	成立时间	首任理事长	现任理事长
1	中国畜牧兽医学会	1936.7	蔡无忌	陈焕春
2	中国畜牧兽医学会动物遗传育种学分会	1983.1	吴仲贤	张　勤
3	中国畜牧兽医学会畜禽遗传标记学分会	1988.7	陈幼春	张细权
4	中国畜牧兽医学会动物繁殖学分会	1981.10	郑丕留	朱士恩
5	中国畜牧兽医学会动物营养学分会	1981.10	许振英	呙于明
6	中国畜牧兽医学会家畜生态学分会	1983.6	还振举	陈玉林
7	中国畜牧兽医学会家畜环境卫生学分会	1987.8	王庆镐	包　军
8	中国畜牧兽医学会家禽学分会	1980.10	邱祥聘	朱　庆
9	中国畜牧兽医学会养羊学分会	1984	傅寅生	张英杰
10	中国畜牧兽医学会养牛学分会	1988	冀一伦	李胜利
11	中国畜牧兽医学会养犬学分会	1989.12	王维成	徐建平
12	中国畜牧兽医学会养猪学分会	1991.1	陈润生	王立贤
13	中国畜牧兽医学会养兔学分会	2015.8	秦应和	秦应和
14	中国畜牧兽医学会马学分会	2014.8	韩国才	韩国才
15	中国畜牧兽医学会信息技术分会	2005.10	张　勤	熊本海
16	中国畜牧兽医学会畜牧兽医生物技术学分会	1991	卢景良	步志高
17	中国畜牧兽医学会动物福利与健康养殖分会	2015.9	柴同杰	柴同杰

资料来源：中国畜牧兽医学会。

截止时间：2015 年年底。

一次大型学术年会和 10 余个各类全国性学术会议，四年举办一次畜牧兽医青年科技工作者学术研讨会。每年资助 150 余名（畜牧和兽医学科）在读硕士、博士研究生免费参加学术年会交流，受到广大畜牧兽医科技工作者特别是青年学者的欢迎。从 2004 年开始，学会设立了“中国畜牧兽医学会奖”，奖励优秀论文及作者。中国畜牧兽医学会还举办或承办国际性的学术会议。通过举办形式多样的综合性、专业性、主题性的学术会议，加强了学术交流，活跃了学术气氛，聚集了畜牧学科的学者个体研究能力而形成了学科团体研究能力，促进了学科繁荣发展，在国内外产生了十分积极的影响。

2. 畜牧学科学术会议

学术会议是学者间“面”对“面”的学术交流。2010—2015 年中国畜牧兽医学会和畜牧学科分会共组织了 67 个全国性学术会议，其中国际学术会议 11 个，包括由中国畜牧兽医学会承办的第 11 届世界畜产大会。表 12 列出了按分支学科领域举办的学术活动简况，有关学术会议召开的详细情况参阅本卷报告附录 5“畜牧学科重大学术活动概览”。

表 12　畜牧学科重大学术活动简况（2010—2015）

序　号	学　科　领　域	举　办　数　量
1	综合性学术会议	13
2	动物遗传育种学	6
3	动物繁殖学	6
4	动物营养与饲料科学	13
5	家畜环境卫生学	3
6	家畜生态学	3
7	动物生产学	23
	合　计	67

资料来源：中国畜牧兽医学会。

通过举办全国性学术会议，使各地学者集中、快速了解学科学术信息和最新学术成果，促进了学科建设。尤其是举办国际学术会议，为业内了解国际学术前沿、衡量自身研究水平、与国外学者沟通交流搭建了平台。同时，向国际同行展示了我国学者所开展的工作，扩大了学科的国际影响力，并成为开展国际合作与交流的一条重要渠道。

由世界畜牧学会（World Association for Animal Production，WAAP）主办、中国畜牧兽医学会承办、中国农业大学和中国国际科技会议中心协办的第十一届世界畜产大会（11th World Conference on Animal Production，WCAP 2013）于 2013 年 10 月 15—20 日在北京召开。世界畜产大会每 5 年召开一次，在不同大洲不同国家举办。这是首次在中国举办。来自 58 个国家和地区的畜牧科学家和学者共计 1800 余人参加了大会。本次大会以“动物、人与环境的和谐发展”为主题，交流世界最新畜牧科研成果和技术，探讨畜牧业可持续发展等热点问题。大会学术日设动物遗传育种、动物营养、动物繁殖与生理、养牛生产体系、养羊生产体系、养猪生产体系、养禽生产体系、饲养环境与动物福利、其他畜牧生产和女科学家论坛 10 个专题分会场；产业日由本届畜产大会的赞助企业举办各类应用技术卫星会议。中国畜牧兽医学会 2013 年学术年会也同期举行。本次会议安排了 12 个大会报告、248 个分组报告，其中含 36 个特邀报告。会议共收录论文 694 篇，其中世界畜产大会收录并交流文献 420 篇，畜牧兽医年会收录文献 274 篇，53 名学者交流了自己的研究成果。本次大会范围之广、人员之多、层次之高，创近年来中国畜牧行业国际科技大会之最。

3. 畜牧学科学术期刊

学术期刊是学科交流的重要传播载体，是学者间不见“面”的交流。截至 2015 年年底，畜牧学学科在美国科学信息研究所（ISI）发布的《科学引文索引》（SCI）收录的学术期刊中只有 *Journal of Animal Science and Biotechnology*，在国内三大重要的科技期刊数据库《中文核心期刊要目总览》（第 7 版）（2014 版）、中国科学引文数据库（CSCD）、中国科技论文与引文数据库（CSTPCD）收录为国内核心期刊的共有 13 种（见表 13），详细情况见本卷报告附录 7“畜牧学科核心期刊目录”。

表 13 2014 年畜牧学科科技核心期刊收录简况

期刊数据库	收录期刊数量	开放获取核心期刊
科学引文索引（SCI）	1	1
中文核心期刊要目总览（第 7 版）	10	2
中国科学引文数据库核心库来源期刊（CSCD）	2	2
中国科技论文统计源期刊（中国科技核心期刊）	8	2
中国农业核心期刊	12	2

中国畜牧兽医学会主办的、畜牧学科学术期刊唯一被 SCI 收录的 *Journal of Animal Science and Biotechnology*，在由《中国学术期刊（光盘版）》电子杂志社、清华大学图书馆和中国学术文献国际评价研究中心发布的《2015 年中国学术期刊国际引证年报》中入选自然科学与工程技术类 2015 中国最具国际影响力学术期刊。该版年报统计了 15108 种期刊的国际影响力指数（CI）、他引总被引频次、国际他引影响因子等数据，遴选出排名位于前 5% 的科技期刊，根据专家意见最终确定中国最具影响力期刊名单。这表明 *Journal of Animal Science and Biotechnology* 已具备一定的国际影响力。

2015 年，中国畜牧兽医学会又创办了 *Animal Nutrition*，由印遇龙院士和澳大利亚 New England 大学 M. Choct 教授共同担任主编，44 位编委中国内、国外学者各占一半。*Animal Nutrition* 在爱思唯尔（Elsevier）的网络平台 www.sciencedirect.com 上发布，为开放获取期刊。我国是畜牧业生产大国和饲料生产大国，动物营养学科的研究活动非常活跃，一些学术成果达到世界先进水平。这一英文期刊的创办，将有利于促进我国动物营养与饲料科学研究进展和成果在世界范围内交流、传播，让世界同行了解我们，提高我国动物营养学科的国际影响力和科技话语权。

中国科学技术信息研究所出版的《中国科技期刊引证报告》是一种专门用于期刊引用分析研究的重要检索评价工具，其选用的是中国科技论文统计源期刊，即中国科技核心期刊。这些期刊是在经过严格的定量和定性分析的基础上选取的各个学科的重要科技期刊。《中国科技期刊引证报告》每年出版一次。表 14 列出了 2015 年版收录的畜牧学科科技核心期刊。

为了提高科技期刊的核心竞争力，中国科学技术协会于 2006 年启动实施精品科技期刊工程。《畜牧兽医学报》《动物营养学报》入选中国科学技术协会精品科技期刊。这两种期刊也是畜牧学科科技期刊中仅有的两个被国内三大期刊数据库以及中国农业核心期刊收录。

开放获取（Open Access，OA）期刊是以当代互联网电子媒介作为学术交流的新途径，近年来发展很快，已经成为期刊面向社会的一种潮流。畜牧学科核心期刊中只有 *Journal of Animal Science and Biotechnology*、《畜牧兽医学报》、《动物营养学报》3 种期刊是开放获取期刊。畜牧学科开放获取期刊数量与畜牧学科科技期刊总数量相比也很少。详细情况见本卷报告附录 8“畜牧学科开放获取期刊目录”。

表 14　畜牧学科科技期刊主要指标（2010—2014）

收录期刊	核心总被引频次数值					核心影响因子数值				
	2010	2011	2012	2013	2014	2010	2011	2012	2013	2014
畜牧兽医学报	1353	1302	1445	1395	1340	0.565	0.466	0.637	0.583	0.475
动物营养学报	653	914	1177	1346	1859	0.610	0.803	0.822	0.826	0.909
中国畜牧兽医	1227	1410	1492	1693	2049	0.365	0.416	0.411	0.416	0.452
家畜生态学报	383	396	400	455	535	0.306	0.309	0.285	0.280	0.318
畜牧与兽医	686	752	807	773	819	0.214	0.223	0.191	0.182	0.239
饲料研究	–	–	612	649	648	–	–	0.220	0.195	0.208
饲料工业	–	–	1210	1116	1255	–	–	0.267	0.235	0.246
粮食与饲料工业	–	–	–	910	945	–	–	–	0.356	0.356

数据来源：《中国科技期刊引证报告（核心版）》2011 年版，2012 年版，2013 年版，2014 年版，2015 年版。
注：无数值表明该年度未被收录。

4. 畜牧学科学术论文

学术论文是科技工作者研究活动的系统总结，是衡量学术创新的主要分析对象之一。随着畜牧学科建设与发展，学术论文发表数量逐年增加，质量也明显提高。中国畜牧兽医学会所属的动物遗传育种学分会、动物繁殖学分会、动物营养学分会、家畜环境卫生学分会和家畜生态学分会，推荐出 136 篇 2010—2015 年发表的代表性学术论文，其中 SCI 收录论文 109 篇，占 80%（见表 15）。论文篇目详见本卷报告附录 4“畜牧学科代表性学术论文目录”。

表 15　畜牧学科代表性学术论文简况（2010—2015）

序　号	学科领域	论文总数量	其中 SCI 论文数量
1	动物遗传育种学	37	32
2	动物繁殖学	29	24
3	动物营养与饲料科学	43	33
4	家畜环境卫生学与家畜生态学	27	20
	合　　计	136	109

资料来源：中国畜牧兽医学会

中国学者在畜牧学科相关领域有影响的国际性学术期刊发表的文章呈增长态势，特别是在国际公认的享有最高学术声誉的科技期刊上有了畜牧学科的论文。例如，中国农业大学夏国良团队关于小鼠卵泡壁层颗粒细胞源短肽 CNP 是卵母细胞减数分裂抑制核心因子，与卵丘细胞表面受体 NPR2 结合，实现了卵母细胞减数分裂阻滞，提高了卵母细胞受精及胚胎发育能力的研究成果发表在 2010 年的 *Science* 上。

热点论文往往反映了最新的科学发现和研究动向，即科学前沿性研究的动态。而论文的被引用次数一般作为关注度的量化测度。中国科学院亚热带农业生态研究所印遇龙团队发表在 *British Journal of Nutrition* 的合作论文“*Amino Acids and Immune Function*”被引频次为 110，成为 2007—2011 年中国农林科学领域热点论文排名榜首，另一篇“*Dietary Arginine Supplementation Increases mTOR Signaling Activity in Skeletal Muscle of Neonatal Pigs*”同期上榜，被引频次为 69，排名第 7。

这些论文的发表情况，从一个侧面反映出我国畜牧学科研究工作的国际影响力。中国科学技术信息研究所发布的 2015 年度“领跑者 5000——中国精品科技期刊顶尖学术论文”（简称 F5000）目录中，315 种中国精品科技期刊中总计入选 2223 篇，平均每种期刊入选 7.06 篇，其中《动物营养学报》入选 13 篇。这从另一个侧面反映出我国畜牧学科研究工作的国内影响力。但是，从畜牧学科整体上看，高被引论文、热点论文、CNS 论文和最具影响力期刊上发表的论文数量仍然偏少。在 2009—2013 年中国农学领域热点论文前十排名中无畜牧学科论文上榜。

三、畜牧学学科国内外研究进展比较

2010—2015 年，我国在动物遗传育种、动物繁殖、动物营养与饲料、家畜环境卫生学和家畜生态学领域的研究都取得了积极进展。在动物营养与饲料的部分领域，其研究已处于国际领先水平；动物遗传育种与繁殖在分子生物技术方面，有些领域已经与国外处于并行水平。但在畜牧学科整体水平上，与发达国家仍存在着一定差距，在一些领域还有较大差距，跟踪模仿研究多，原创性研究不足，核心技术竞争力还相对较弱。尽管我国已有一批优秀的学术带头人，但缺乏世界级的有影响力的学科领军人物。

（一）动物遗传育种

在动物遗传育种理论、方法和技术应用方面，欧美畜牧业发达国家均处于国际领先水平。在畜牧业发达国家，以联合育种、开放式核心群、BLUP 遗传评估为代表的常规育种技术体系日臻完善，基因组选择、转基因育种等分子育种技术研究也取得重要进展，有的已开始产业化应用。我国已完全掌握传统常规育种技术并应用到地方畜禽品种群体遗传改良和新品种（品系）培育工作中，现代分子生物育种技术近几年发展较快，有的已运用到育种实践中。但整体上还处于跟踪研究阶段。

1. 奶牛肉牛育种

2009 年，美国、加拿大等国开始将基因组选择技术应用于奶牛育种，我国则开始进行基因组选择理论和方法研究。目前，基因组选择技术已在奶牛业发达国家广泛应用。尽管起步晚，但我国在荷斯坦牛基因组选择技术平台构建、数量性状基因座定位、候选基因分析、全基因组关联分析、基因组重测序、转录组、RNA 干扰等方面取得了显著进展，部分研究水平处于国际先进，并率先在畜牧学科中实现了全基因组选择技术的大规模产业化应用。

肉牛育种则在西门塔尔牛基因组选择技术平台构建、全基因组关联分析、基因组重测序、转录组、RNA 干扰等方面取得了积极进展，部分研究水平处于国际先进。

2. 猪育种

在猪业发达国家，猪常规选育与分子标记辅助选择技术应用、猪重要经济性状遗传变异解析、全基因组选择技术与转基因育种研究都取得了显著进展，基于杜洛克猪的猪全基因组测序已经完成。美国开发了猪 SNP60 基因分型芯片覆盖猪的全基因组。国外猪育种公司已经应用基因组选择对繁殖性状、肉质性状和抗病性状进行选择。2014 年，丹麦应用全基因组选择比常规育种效率提高 10% ~ 25%，美国应用全基因组选择总体遗传进展加快了 35%。

在国内，仔猪断奶前腹泻抗病基因育种新技术实现了我国种猪抗病育种技术的重大自主创新，处于国际领先水平。在全基因组芯片研究方面，分离鉴定了一批与猪重要经济性状相关的功能基因。在转录组测序、候选基因鉴定、重测序方面也取得较多进展。在全基因选择方面基本是方法研究，应用研究较少。与国外相比，猪的分子育种技术研究应用还有较大的差距。

3. 蛋鸡肉鸡育种

2004 年，在多国科学家小组完成鸡的全基因组测序工作后，相继发现了数以百万计的 SNP 位点。一些世界著名的育种公司研制出针对蛋鸡品系的特异性 SNP 芯片，开展鸡的基因组选择，测定育种群的基因型并进行育种值估计，开展标记辅助选择与标记辅助性能预测的研究等。新的分子生物育种技术及分析方法在鸡育种研究中得到应用，肉鸡和蛋鸡越来越多的重要经济性状的分子机制被阐明，相应可被应用于分子育种实践的诊断方法和技术也被相继开发出来。

我国在鸡育种中也应用了分子育种技术并取得成果。利用 PCR-RFLP 分子育种技术，在农大 3 号小型蛋鸡育种核心群中彻底剔除了鱼腥味敏感等位基因，形成了无鱼腥味遗传背景的蛋鸡，改善了鸡蛋风味。但国内肉鸡和蛋鸡育种仍是以传统育种技术为主。

4. 绵羊山羊育种

国外应用分子生物育种技术开展绵羊、山羊育种研究取得了积极进展。通过全基因组关联分析技术筛选出多胎等性状主效基因。在绵羊基因组选择技术研究方面，新西兰位居世界前列。在转基因羊育种研究领域，美国、澳大利亚、新西兰、加拿大和英国等国家处于领先，一些大型动物育种公司积极开展转基因动物新品种培育研究。

在国内，开展了绵羊、山羊主要性状相关基因的研究，但绵羊、山羊基因组学研究相对滞后，利用该技术的群体改良才刚刚起步。在绵羊、山羊转基因新品种培育研究领域还处在建立基本的实验技术和方法阶段。由于国内起步较晚，基础研究体系尚未完全建立，技术大多是跟踪性研究。

5. 马育种

在马产业发达国家，马的品种培育（选育）已非役用化，并围绕赛马、仪仗马、马术马、观赏用马等不同品种功能设定选育目标。马的品种登记已制度化、标准化，种马鉴定及测试技术要求严格而科学。

由于国内农用运输业和农业机械化的发展，马的役用功能逐渐被取代，而我国又没有马赛，马术运动也仅限于专业体育项目的需要。有关马的育种研究几乎停滞。“十二五”期间，在国家科技支撑计划、国家自然科学基金、国家公益性行业（农业）科研专项等计划中设立有关马（驴）的研究项目，在种质资源保护、新品种培育、专项性能测定等方面取得积极进展。

（二）动物繁殖

2010 年以来，国家对动物繁殖学科十分重视，分别通过科技支撑计划、“863”计划及“973”计划对动物繁殖学科基础研究、技术开发及技术集成进行立项资助，推动了本学科的较快发展。但整体水平和影响力与发达国家相比仍存在较大差距。2013 年我国学者在胚胎生物技术领域发表 SCI 论文数排名世界第二、专利排名世界第一，但高水平论文和高质量专利数量则位列美国、欧盟及日本之后。发达国家在动物繁殖学科的基础研究和技术研发应用方面实力雄厚。经过长期跟踪研究和技术引进消化后，我国动物繁殖学科在基础研究和技术应用方面都取得显著进步。

1. 基础研究

在生殖内分泌、配子胚胎发育、妊娠调控等繁殖基础研究方面，欧美发达国家的研究系统而深入。通过对动物雌雄性别决定机制、精子理化及生化特性、SRY 基因序列的研究，利用 PCR 技术开发了胚胎雌雄性别鉴定技术；同时，利用 X、Y 精子中 DNA 含量差异和 DNA 染色发光原理，成功建立了 X、Y 精子分离技术，实现了家畜大规模生产的性别控制，推动了奶牛育种和良种扩繁。通过对精子生理特点、冷冻损伤机理等基础研究，人工授精技术实现了从大剂量常规人工授精到低剂量人工输精、精液从常温保存到低温和冷冻保存。通过对卵泡发育的激素调控机理和胚胎与子宫发育同步性的研究，建立了同期发情、超数排卵与胚胎移植、同期排卵和定时输精等技术。

与发达国家相比，我国动物繁殖的基础研究整体上相对薄弱，但在某些领域的研究取得了高水平的成果。例如，在 iPS 诱导方面提出决定细胞命运的“跷跷板模型”，为实现小分子诱导 iPS 奠定基础，使我国在 iPS 技术领域处于国际领先地位。对小鼠卵子成熟机制的研究发现 C 型尿钠肽（CNP）可抑制小鼠卵母细胞减数分裂，通过更进一步的研究，在此基础上建立了利用生理因子实现牛卵母细胞核质同步成熟的技术体系，居世界先进水平。

2. 技术开发

发达国家依靠其深厚的基础研究，不断开发新技术并应用到生产实际中。近年来，在配子与胚胎保存、体外胚胎生产、性别控制等动物配子资源利用技术方面不断推陈出新，形成了竞争优势。精子库、卵子库和胚胎库的建立，实现了优良畜禽种质资源的长期保存，使遗传种质利用不受时间和空间的限制。猪精液冷冻保存技术的突破，将冷冻猪精液大规模应用于跨区域联合育种。在胚胎移植与发情调控方面，开发了同期发情与胚胎移植、同期排卵与定时输精等发情调控技术及发情鉴定技术。在美国和加拿大，牛胚胎移植技术已成为繁殖种公牛的主导技术。欧美发达国家在冷冻保存技术方面的优势也使其产品在全球贸易市场中占有绝大部分份额。

我国动物繁殖技术开发整体水平与欧美发达国家相比还有一定的差距，但在某些领域达到世界前沿水平。如在牛、猪性别控制技术方面，我国通过异种精子推流、抗氧化损伤和膜保护等一系列技术创新，攻克了分离精子存活时间短的难题，牛精子分离后冷冻解冻存活时间达到 24 小时，使我国在全球率先实现了奶牛性别控制技术的大规模产业化应用。在猪精液冷冻保存、猪体细胞克隆技术应用方面也取得重要突破，并逐渐开始推广应用。

（三）动物营养与饲料

我国在动物营养与饲料学科一些领域的研究工作已经居于世界前列，例如水禽营养与饲料科学研究、白羽快大型肉鸡营养需要研究、调控猪机体内源性抗菌免疫肽的表达的营养研究、以营养手段优化猪消化道微生物与机体代谢的互作、从肉质形成的分子机理和营养及环境对猪调控的机制角度研究地方品种猪肉特点和分子基础、生物饲料添加剂的研发。但在营养需要量与饲养标准、饲料营养价值评定与饲料加工工艺、母体营养与表观遗传学、消化道微生物和肠道健康等其他方面，与发达国家仍然存在一定差距。

1. 营养需要量与饲养标准

在水禽营养与饲料科学研究方面，我国一直处于国际领先水平。获得了大量肉鸭、蛋鸭、鹅等水禽氨基酸、维生素、矿物元素营养需要参数，每年发表的 SCI 收录论文占总量的 90% 以上。

在肉鸡营养研究方面，白羽快大型肉鸡营养需要研究与发达国家基本处于并行水平。获得了快大型白羽肉鸡大量营养需要和饲料添加剂适宜添加量等参数，建立了“肉鸡饲料原料数据库”；获得了中国地方品种黄羽肉鸡大量营养需要等参数，建立了“黄羽肉鸡常用配合饲料原料的 ENIV 值数据库”和“黄羽肉鸡饲养标准”。

经过多年的研究，我国已初步形成了猪、肉鸡、蛋鸡、肉羊等营养需要量研究体系，但与发达国家的精细化营养和标准化养殖体系相比，还存在着明显的差距。当前，我国猪饲养标准已滞后养殖需求，家禽营养相关基础数据仍显不足，在营养配方的科学化与精准化方面还需做大量的研究工作。

2. 饲料营养价值评定与饲料加工工艺

在饲料营养价值变异性分析方面，发达国家正在建立有关饲料有效养分的动态数据库，以减小饲料有效养分波动对成品饲料的影响。我国的饲料营养价值评定工作较粗放，缺乏针对不同区域、不同季节、不同饲料原料、不同饲养模式特点的动物营养供给量和饲料配制技术研究。

在饲料加工工艺方面，饲料加工工艺学与动物营养学结合的研究较发达国家差距较大，饲料加工工艺是饲料生产重要环节之一，饲料加工的不当处理会影响动物对营养物质的消化利用，目前的研究状况难以满足饲料工业发展的需求。

3. 饲料及添加剂

在饲料资源开发方面，我国现有饲料资源和饲料增值转化技术与发达国家差距较大。饲料用粮供给紧张，蛋白饲料、能量饲料和牧草需要进口，粮食和油料加工副产物的有效转化率较低。发达国家不仅拥有相对丰富的粮食和牧草资源，同时还重视非常规饲料资源的开发，各类饼粕等副产品资源的深度开发和综合利用研究起点高、技术领先。

在饲料添加剂方面，特别是生物饲料添加剂，我国的研究大部分接近国际同类先进水平，部分达到了国际领先水平。自主开发了高效酶制剂产品并建立了较完善的评价技术体系，打破了外国的垄断。在饲用生物活性肽、功能性寡糖等方面的研发工作也取得突破性进展。但现有的研究主要局限于一些表型指标，需要借助现代分子生物学、蛋白组学、代谢组学等前沿技术研究添加剂产品的作用和代谢机制、提升生产效率的理论和技术、生物活性成分的稳定性及产品后处理加工技术等关键科学问题。产品应用效果的稳定性和标准化评估技术体系也需要加大研发力度、不断完善。

4. 母体营养与表观遗传学

表观遗传学研究有助于解释携带相同核苷酸序列的细胞或有机体在不同营养物暴露下产生不同反应的现象，饲粮营养素可以通过影响 DNA 甲基化和组蛋白修饰及相关酶的活性来调节基因表达。国外已开展主要母体营养对子代影响的研究，包括研究母体妊娠期不同营养素饲喂或添加水平对胎儿生长、免疫及相关基因表达的影响，而我国在该方面的研究尚处于起步阶段。

5. 消化道微生物和肠道健康

在猪营养方面，通过营养手段优化消化道微生物与机体代谢的互作、调控机体内源性抗菌免疫肽的表达，从肉质形成的分子机理、营养和环境对其调控的机制角度揭示我国地方猪肉风味前体物形成的特点和我国地方猪肉质优良性状形成的分子基础，这些研究一直处于国际领先水平。

随着微生物组学、代谢组学等技术的发展，消化道微生物在营养代谢中的作用及机制、肠道微生物对动物健康的影响及调节等已成为动物营养学的前沿领域。目前国内的研究大多集中在微生物菌群对摄入或内源性的大分子碳水化合物、蛋白质、脂肪酸等的代谢方面，并分析微生物与机体代谢互作产生的各种代谢物质。我国在畜禽消化道微生物多样性的相关研究方面积累了大量数据，但是从营养学角度，消化道微生物代谢的作用及其机制的研究还有待深入。

（四）家畜环境卫生与家畜生态

我国家畜环境卫生和家畜生态学科起步较晚，与发达国家相比，学科建设整体相对滞后，高校师资队伍单薄，仅少部分大学有研究团队，教学学时安排也较少，有的学校甚至没有专任教师而取消课程。但在我国动物科学较快发展的推动下，家畜环境卫生和家畜生态学科消化吸收国外研究成果，努力缩小差距，在一些领域取得了积极进展。

1. 家畜环境工程

20 世纪 80 年代，美国将环境生理学与畜舍环境工程学紧密结合，率先建立了完整的规模化、工厂化、集约化畜牧业；欧洲以英国为首，引领开展环境问题的研究。我国虽然起步晚，但起点高，借鉴欧美的成功模式和经验，设计了适合我国国情的规模化养殖场畜舍、设施设备和家畜环境控制专用机械，但是我国畜舍环境标准与工程设计规范还不完善，缺乏畜舍与环境控制工艺的示范，与发达国家的环境工程设计与设备的一体化、专业化、社会化以及技术应用差距明显。

2. 农牧结合与种养平衡

在我国几千年的农业发展中，农牧有机结合、畜禽排泄物资源化利用对于保护生态环境起到了重要的作用。但这种基于小农户生产的农牧结合模式随着畜禽养殖场专业化、规模化、工厂化而出现了分离。欧美发达国家对土地载畜量、农田施肥限制等均有相关规定，以家庭农场为生产单元的畜禽养殖，按照规定基于土地承载力确定养殖量，以确保有足够的土地用于消纳畜禽粪便。农场主十分重视种植业与畜牧业的紧密联系，根据其饲养规模所产生的粪便量安排种植规模，而作物秸秆等又被用于饲草或饲料，从而形成农场内部的物质循环、种养平衡，既防止环境污染又提高了土壤的肥力，减少了畜禽粪便处理成本。农业有关学科围绕农牧结合展开研究、进行技术推广。我国也应在传统的农牧结合理论与实践基础上，根据国情展开研究，降低畜禽粪便处理成本，以推进畜牧业可持续健康发展，防止水体和土壤的污染，保护农田和生态环境。

3. 家畜放牧行为与放牧生态

我国草地类型多样、家畜种类较多，关于家畜放牧采食行为的研究与国外相比，涉及内容比较丰富。但大多采用静态研究方法，主要以放牧采食家畜为研究主体；国外大多注重动态研究，以植物为研究主体，研究草地植物对采食的响应以及二者的交互作用对放牧生态系统功能的影响等。

我国畜牧业以舍饲为主，草地放牧管理模式比较粗放，放牧研究的内容、方向与国外相比有较大的差异。国内研究主要集中在放牧制度、放牧强度对植物群落特征及多样性的影响以及干旱、半干旱地区放牧条件下草地生产力的变化等；国外研究主要集中在草地植物对家畜的营养、草原生产力的形成机制、过牧衰减机理以及草地健康和可持续利用方面。其中，家畜排泄物对草地生态系统和温室气体的影响是目前国内外研究的热点。

4. 重金属、药物残留与生态

重金属污染对家畜毒性影响的机理研究是家畜生态学研究的新领域。我国在锰中毒对鸡的毒性影响的基础理论研究方面居于世界前列，在国际高水平 SCI 期刊发表了 8 篇论文；在药物残留对生态系统影响的有关主题研究上具有先进性。但在药物残留机理方面的研究较国外落后，国外在抗菌类药物残留、抗寄生虫类药物残留、激素残留以及 β－兴奋剂残留方面均已开展了基础理论研究。

5. 动物福利

我国关于动物行为与动物福利的研究与英国、荷兰等欧盟国家和日本相比，在研究力量、研究课题的深入程度、研究报告成果数量等方面差距很大。这些国家都有动物福利方面的法律和相关技术规范，动物福利的社会认知度较高。我国尚未进行动物福利立法，社会认知也与西方国家有很大不同。2015 年 9 月，中国畜牧兽医学会成立了动物福利与健康养殖分会，旨在进一步推动动物福利理论研究和实践。

四、畜牧学学科发展趋势与展望

（一）本学科发展新的战略需求

2016—2020 年是我国国民经济和社会发展第十三个五年规划实施时期，是全面建成小康社会、实现“两个一百年”奋斗目标的第一个百年奋斗目标的决胜阶段。农业是全面建成小康社会、实现现代化的基础，加快转变农业发展方式、大力推进农业现代化是坚持创新发展、着力提高发展质量和效益的重要部署。畜牧业现代化是农业现代化标志之一。畜产品供给与人民大众生活息息相关，“人民生活水平和质量普遍提高”是全面建成小康社会新的目标要求。建设现代畜牧业就是更好地为人民提供安全优质的畜产品，满足人民的需求，提高人民生活水平。同时，变革发展方式，推动传统畜牧业向现代畜牧业转变，在“向全球扩大市场开放”的形势下努力提高畜牧业的质量效益和国际竞争力。

推进畜牧业现代化，必须依靠科学技术，实施创新驱动发展战略。作为现代畜牧业技术支撑的学科，应以服务国家经济社会发展为导向，发挥科技创新的引领作用，促进产学研结合，满足国家战略需求。把握新技术发展趋势，加强学科布局的顶层设计和战略规划，凝练学科发展方向，提高基础研究水平，提升原始创新能力。营造浓厚的学术氛围，加强学科研究平台和学科人才队伍建设，加强跨学科间和国际学术交流合作，从以跟踪研究为主向跟踪和并行、领跑并存跨越。分支学科相互支撑协同创新，优势领域领跑国际学术前沿，提高学科的国际影响力，力争将本学科建设成为国际一流学科。

在动物遗传育种领域，基因组学、转录物组学、蛋白质组学和代谢物组学等分子生物技术的快速发展，改进了传统动物遗传育种技术的不足甚至带来了革命性的变革。基因组育种将与传统遗传选育技术融合，推进动物育种选育技术的发展；应用分子生物技术和传统育种技术，进一步解析畜种重要经济性状遗传规律和形成机理，挖掘优势性状基因的潜力。动物育种随着信息科学的应用进入大数据时代，在育种大数据处理、基因组育种理论和转基因育种理论与实践应用研究方面有重大需求。

在动物繁殖领域，以促进产业发展为导向，围绕困扰动物养殖产业发展的繁殖学关键问题进行研究方向设置，根据研究方向关键问题的重要性、紧迫性，进行人才梯队建设和实验室、研究基地等平台能力建设；积极促进分子细胞生物学、生物信息学、网络科学、机电与传感技术等学科与动物繁殖学科的深度交叉与融合，通过多学科协作创造性地开展繁殖学科基础理论研究及技术创新研发，促进原创能力不断提升；针对产业发展的关键科学问题确定研发项目，组织优势团队进行集中攻关，全面贯彻落实创新驱动发展战略，整体提升我国动物繁殖学科的科技创新能力和技术水平，促进动物养殖产业健康高效发展。

在动物营养与饲料领域，将营养与动物优良生产性状遗传潜能及动物养殖环境相结合，围绕动物营养代谢过程、调控和最终生成产品这一主线，采用多学科交叉结合开展研究，从分子、细胞、组织器官和整体不同层次系统揭示畜禽健康、高效、优质、安全生产中营养代谢和调控的基本规律及机制；建立营养素安全、高效利用的理论和方法体系；系统揭示动物体内微生态环境，并通过营养调控、提高畜禽的免疫能力等从根本上拓展动物营养学研究的内涵和外延，为建立现代动物营养学新体系奠定理论和方法学基础。

在家畜环境卫生及生态领域，随着我国畜牧业转型升级的加快，生产规模、方式和结构将会发生较大变化，规模化、专业化、工厂化、集约化进一步发展，养殖产生的排泄物愈加集中。养殖排泄物因处置不当对土壤、水体、空气可能造成的污染，已成为制约畜牧业持续发展的重要因素。如何有效预防对环境造成的污染，如何根据国情因地制宜地实施农牧结合、种养平衡、无害化处理、资源化利用，降低处理成本，实现养殖业与种植业资源之间的循环利用与转化，迫切需要研究并拿出行之有效的技术措施。在市场全球化的大背景下，发达国家普遍实施的动物福利如何在我国实行，也是需要开展的研究课题。

（二）本学科发展的重点方向

“十三五”期间，畜牧学科应围绕国家经济社会发展、畜牧业产业发展和学科建设发展的战略需求，确定本学科发展的重点方向。

1. 动物遗传育种

动物遗传育种学科发展的重点方向主要集中在分子育种基础理论和实践应用研究、育种大数据分析处理、畜禽新品种（品系）培育等。包括构建育种大数据平台，建立来自于分子水平、个体水平和群体水平的育种相关数据的遗传学分析方法，解析奶牛、肉牛、家禽、猪和绒毛用羊等畜禽重要性状遗传规律和形成机理，提升基于经典数量遗传学基础的动物遗传育种基础理论研究水平，并为分子育种提供依据。

在猪遗传育种研究方面，开展国内外猪种遗传资源收集与保种、超低温冷冻保种、体细胞保存、胚胎分割保种和基因文库保种等研究；研究猪种质资源评价与创新利用、猪功能基因资源挖掘与鉴定、猪全基因组选择育种技术、猪品种培育与种质创新分子育种基础理论；针对不同的育种目标，进一步细化、标准化猪性能测定的方法和技术，同时加快个体与家系数据的遗传评估模型研究。

在奶牛遗传育种研究方面，重点研究基因组选择技术，利用覆盖全基因组的高密度标记进行奶牛个体的遗传评估，以提高遗传评估的准确性；利用现代基因组学等技术手段，解析奶牛重要经济性状的遗传机理；利用基因组序列数据进行动物个体遗传评估和复杂性状的遗传解析，进一步提高基因组选择的准确性和复杂性状遗传解析的效率。

在肉牛遗传育种研究方面，重点研究地方品种特色基因资源的挖掘、重要经济性状遗传机理解析、全基因选择技术新理论与新方法、转基因育种技术以及大数据处理技术等方面。利用全基因组关联分析、全基因组选择及第二代测序技术等手段和方法，全面解析肉牛重要经济性状遗传机理。

在羊遗传育种研究方面，研究培育在养殖效益上更优于兼用型品种（系）的多胎型新品种（系）绒毛用羊；研究具有我国独特的环境适应能力的地方优良羊品种资源，推进地方优良羊品种的选育和提高；研究建立在全国范围内不同类型杂交配套生产模式，为优质肥羔生产提供终端优质杂交亲本；研究建立绒毛用羊的全基因组选择群体。

在家禽遗传育种研究方面，利用全基因组技术研究挖掘蛋鸡重要经济性状。通过对蛋鸡的重要生产和品质性状进行表观遗传学研究，揭示蛋鸡重要表型的遗传学基础；通过在mRNA和蛋白质水平的全基因组检测，并结合生物信息学技术，全面分析基因表达和其网络调控蛋鸡重要性状的影响；研究鸡抗病的分子遗传学机理及其育种应用。

在马遗传育种研究方面，根据我国马产业发展现状，深入研究地方品种马的优势性状，加快新品种、新品系的培育速度，培育有自主知识产权的速度赛用马、耐力赛用马、马术用马、娱乐骑乘用马、仪仗礼仪用马和乳肉兼用马等专门化品系；完善和提高马冷冻精液制作、胚胎移植等关键技术。

2. 动物繁殖

动物繁殖学科发展的重点方向是从配子资源的高效利用、胚胎生产与移植、繁殖调控与妊娠识别、妊娠维持与繁殖管理、干细胞与体细胞重编程、基因编辑与生物反应器等新型繁殖技术方面展开研究。

动物繁殖学科基础研究内容主要包括配子发生、发育、成熟与衰老的调控机理，精子的基因表达及X、Y精子差异表达机理，动物发情周期的激素调控及生理、行为变化规律，精卵识别及胚胎发育与着床的调控机理，体细胞重编程及干细胞增殖分化机理，配子与胚胎低温生物学保存机理。

动物繁殖学科应用研究内容主要包括高效发情调控与鉴定技术，配子、胚胎高效生产、利用与保存技术，人工输精及性别控制技术，高效妊娠调控与诊断技术，高效安全的体细胞重编程技术，高效基因编辑及生物反应器研发技术。

动物繁殖学科技术集成与推广内容主要包括X/Y精子分离及低剂量输精技术，奶牛OPU、体外受精及胚胎移植技术，同期排卵、定时输精技术，羊、马属动物的精液保存，人工授精和胚胎移植，集成营养、环境、繁殖与疫病等因素的繁殖障碍综合防控技术，濒危动物繁殖与保种技术，特种经济动物、实验动物繁殖技术。

动物繁殖学科的研究方向主要集中在初情期启动的调控机制，探明下丘脑—垂体—性腺轴在初情期前特征性的协调互作关系，挖掘新的初情期启动调节因子并阐明其作用机制；研究集约化养殖条件下动物发情行为学变化与生理标记，为繁殖行为监测及输精、妊娠维持等繁殖管理提供基础数据和理论依据；研究发情、妊娠、分娩的激素与营养调控，针对特定繁殖时期进行相应的激素与营养调控研究，为提高繁殖母畜的繁殖性能和增强其行为表现提供理论指导；研究配子发生、成熟与衰老的调控机理，为拓宽配子来源渠道、提高配子受胎率和胚胎质量提供理论基础；研究早期胚胎发育与植入的关键调控机制；研究干细胞增殖、分化机理，针对家畜早期胚胎及精原干细胞等维持分化潜能的机制展开研究。

3. 动物营养与饲料

动物营养与饲料学科的发展重点方向主要集中在营养与畜产品品质、营养素代谢调控及高效利用、营养素的表观遗传效应、肠道微生物—营养—宿主互作及其调节机制、营养与环境、营养—动物源性食品—人类健康交叉整合研究等。

在营养与畜产品品质方面，研究营养素对与畜禽机体蛋白、脂肪（肌内脂肪）、肌红蛋白等沉积的相关基因表达的影响及调控机制；肉、乳、蛋品质形成规律及其调控机制；畜禽产品有害物质形成机理及控制途径；基于全基因组、转录组、蛋白组和代谢组水平，多层次解析营养物质代谢及调控肉、蛋和奶质性状的机制研究等。

在营养素代谢调控及高效利用方面，研究营养素感应受体及其介导的相关信号转导通路；营养素吸收、沉积与排放规律及调节机制；胃肠道微生物与营养素消化、吸收和代谢的相互关联及调节机制；日粮模式对营养素在动物体内消化吸收利用的影响及其机制；畜禽碳氮营养代谢组学模式识别系统的建立与优化；饲料加工过程中饲料组分变化及抗营养因子控制机制。

在营养素的表观遗传效应方面，研究营养素调控的表观遗传标记及其机理；影响畜禽营养代谢和生产性状的表观遗传学机制；营养素与畜禽表观遗传网络的互作及其机制；肠道微生物代谢物与畜禽表观遗传修饰的关联及机制；营养素调控畜禽免疫效应的表观遗传学机制；营养素调节畜禽繁殖性能的分子机制。

在肠道微生物—营养—宿主互作及其调节机制方面，研究营养素结构、畜禽生理状态与肠道微生态的互作及机制；肠道微生物及其代谢产物与畜禽表观遗传修饰的关联及机制；肠道微生物与机体整体代谢的关联及调节机制；肠道微生物及其代谢与肠上皮感应、宿主内分泌系统的互作及机制；肠道微生物介导的畜禽免疫系统发育与免疫调节功能及机制；畜禽胃肠道功能微生物组学研究。

在营养—动物源性食品—人类健康交叉整合研究方面，从饲料营养角度，以畜禽为载体，探讨不同动物源食品对人类健康的影响，从而反馈指导动物营养的研究。从人类健康角度，揭示营养与动物特定功能性状间的调控机制和途径，实现精确营养供给、靶向性状调控。通过饲料营养、食品营养和人类疾病研究的大交叉，以人类健康为出发点，反过来指导开展动物营养方面的深化和创新研究。

在营养与环境方面，研究已成为制约我国畜牧业可持续发展主要因素的畜禽氮、磷、甲烷等问题；研究其对畜禽环境的影响因素、因子间相互关系及作用机理等，通过营养调控和环境控制甲烷排放；研究畜禽温室气体、氮、磷等污染物的产生、排放与处理。

4. 家畜环境卫生与家畜生态

家畜环境卫生学科发展的重点方向主要集中在研究农牧结合模式、畜禽养殖排泄物减排关键技术、动物福利等。

在农牧结合方面，研究适宜的农牧结合种养平衡模式，实现农牧业生产中物质循环利用。研究畜禽养殖排泄物减排关键技术、排泄物的无害化处理和资源化利用技术、农牧结合量化配套技术、重金属与有害物质去除与固化消除技术，促进农牧结合，提升农牧结合物质循环利用产出的农畜产品经济效益。研究适宜我国的动物福利。

在畜禽养殖排泄物减排技术方面，研究针对不同区域的粪便处理利用需求，因地制宜地选择有效的技术类型，提高可操作性，降低成本，增加附加值，并确保资源化利用过程（全产业链）的安全性。研究粪便处理利用过程的臭气防控技术，研究粪便中抗生素、重金属等残留成分对环境的影响及其消除技术。

家畜生态学科发展的重点方向主要集中在研究放牧行为与放牧生态。结合北方牧区草地类型和主要放牧家畜种类，研究家畜放牧采食行为、草地生产力以及草地环境因子的方法与技术；在草地生态系统内，研究家畜—粪尿—土壤—植物系统物质动态循环规律，探索建立家畜—植物动态应答机制与参数；在较大（区域）空间尺度和家庭牧场尺度下，基于遥感技术、大数据、云计算和互联网等建立实用的家畜放牧管理模型及计算机信息管理系统。

（三）本学科的发展趋势

“十三五”期间，我国畜牧业将加快转型升级。分子生物学、信息科学的深入发展，给畜牧学科带来了全新的研究视野，新理论、新方法、新技术将不断丰富，推动畜牧学科的整体水平提升。

1. 分子生物技术交汇融合

现代分子生物技术与畜牧传统技术的交汇融合，正在从深度与广度上推进畜牧传统技术的进步。据预测，未来全球商品化生产的畜禽品种都将通过分子育种技术进行选育，实现快速育种和精细育种，提高繁殖速度和利用效率。

全基因组选择技术的应用，缩短了世代间隔，降低了育种成本，提高了育种效率。未来几年，该项技术的应用将从奶牛扩展到肉牛、猪、家禽等其他畜禽。肉牛全基因组研究的热点将围绕多品种多性状全基因组选择展开。通过优化、改进贝叶斯方法、利用最新的计算机并行处理技术和多核多处理器硬件技术等提高全基因组选择对育种值估计的精度。

绒毛用羊功能基因组研究将趋于多组学联合，解析绒毛用羊重要经济、抗逆性状的分子调控机制；随着绵山羊参考基因组的完成，将大规模应用 GWAS 筛选调控绒毛用羊重要经济、抗逆性状的 QTN，应用 GS 技术开展绒毛用羊新品种（系）培育工作。绒毛用羊转基因技术研究进一步深入。

依托分子标记、基因组编辑、全基因组选择等技术，启动猪的基因组选择技术、基因组编辑技术研究，制订包含 MAS-BLUP、GWAS 以及 GS 等技术手段的育种方案，筛选、定位、验证与生长性能、繁殖性能、肉质、抗病性、节粮性等重要经济性状关联的功能基因，加快猪良种自主培育进程。

通过各种组学方法及动物生理学、生物化学、微生物学、免疫学、遗传学、生物工程技术，系统地揭示动物机体内营养物质代谢规律、机理和营养物质间的互补、拮抗关系以及动物体内微生态环境等，通过系统营养调控，提高畜禽的免疫能力和饲料的利用率，减少对环境的污染，同时改善畜产品的品质和安全性。

2. 传统技术研究推陈出新

随着科学的进步，传统技术研究也在不断地深化而推陈出新。人工授精、MOET 等传统繁殖技术是动物繁殖生产的基本技术，随着对繁殖基础理论研究的不断深入，这些技术也在不断改进升级。

例如，人工授精技术，随着对受精本质认识的逐步深入和优秀种公牛精液生产能力要求的提高，输精剂量正在逐渐降低，并研发出了低剂量深部输精技术；配子胚胎冷冻保存技术则由传统的慢速冷冻发展为玻璃化冷冻，进而发展到现在的一步管内解冻法；冷冻细胞类型由精液、胚胎向卵母细胞扩展；畜种由牛向猪、羊、驴等畜种扩展；超数排卵更是从单次超排向高强度重复超排、从体内胚胎向体外胚胎发展。

除了对原有技术不断深化研究，还要根据生产需要不断研发新技术。例如，以普通公畜生产超级公畜精液的种公畜精原干细胞移植、种公畜体细胞核移植技术都已在研发，用以解决生产急需问题。

虽然分子生物学已经在育种领域应用，但目前培育新品种（品系）、进行群体遗传改良仍然是传统育种技术主导，如 2010—2015 年培育的 53 个畜禽新品种、配套系均是采用传统育种技术育成，但有不少技术创新点。未来几年，这些经典的技术仍将继续发挥作用，需要不断对其进行深化研究，改进技术缺陷，提高效率和效益。

尽管动物营养学科发展很快，但还有很多机理不甚明了。如反刍动物养分吸收转运的机理机制、禽蛋蛋白和蛋黄品质及相关性状的形成机制、营养素所涉及的代谢规律及其调节机制、营养与动物特定功能性状间调控机制和途径等，这些都需要深入研究、探索，提出新的思路、观点。

家畜环境卫生领域的很多技术已经成熟，但养殖环境的千差万别使得技术应用效果迥异。畜禽粪便处理技术很多，解决实际环境污染仍存在很多问题，需要从我国畜禽养殖的实际出发，因地制宜、对症研究。

3. *多学科交叉渗透融合*

畜牧学科所面临的问题愈来愈趋于复杂化，受到传统研究方法的限制，一些领域的研究及技术研发受到局限，多个学科的交叉融合可以解决问题、突破瓶颈，产生新的学科生长点，促进技术进步。

在动物繁殖领域，自20世纪中叶发现哺乳动物性别由性染色体决定，又经历了30年才建立了精子分离技术方法，期间经历了免疫、电泳、离心等若干种方法的尝试，最终在整合光电学、电磁学、计算机、机械等成果的基础上突破了X、Y基因表达差异思维的束缚，基于X、Y精子DNA含量差异，建立了今天产业化应用的精子分离技术，还有基于生物信息、机电传感、计算机等技术建立的奶牛自动发情鉴定技术，可见，多学科交叉融合成为动物繁殖学科新的技术途径。

动物营养学一直重点关注的是营养素本身，但今天更全面深入的研究需要以营养与遗传、环境互作，将营养与动物优良生产性状遗传潜能及动物养殖环境相结合，通过指导动物营养生产基于人类健康的畜产品，这就需要多学科结合开展研究。肠道微生物在营养代谢中的作用及机制、肠道微生物对动物健康的影响及调节等研究已成为动物营养学的前沿领域，它便是借助微生物组学、代谢组学等分子生物技术而进行的。

研究家畜放牧行为与放牧生态、草畜平衡的理论与技术、家畜－粪尿－土壤－植物系统物质动态循环规律，需要与草地生态系统研究相结合，建立实用的家畜放牧管理模型及计算机信息管理系统，同时还需要遥感技术、大数据、云计算和互联网技术的共同支撑。

在全球信息化快速发展的大背景下，大数据正引领新一轮科技创新。应充分利用我国畜牧业的数据规模优势，发掘和释放数据资源的潜在价值，利用最新生物信息学研究成果，建立畜牧学科的大数据处理平台，提升我国畜牧学科的竞争力。

—— 参考文献 ——

[1] 中国农业百科全书畜牧业卷编辑委员会．中国农业百科全书・畜牧业卷［M］．北京：农业出版社，1993．

[2] 游修龄．中国农业通史・原始社会卷［M］．北京：中国农业出版社，2008．

[3] 张波，樊志民．中国农业通史・战国秦汉卷［M］．北京：中国农业出版社，2007．

[4] 王利华．中国农业通史・魏晋南北朝卷［M］．北京：中国农业出版社，2009．

[5] 张沅，傅金銮．动物科学概论［M］．北京：中国农业大学出版社，2009．

[6] 国务院学位委员会，教育部．学位授予和人才培养学科目录（2011年）．2011．

[7] 国务院学位委员会，国家教育委员会．授予博士、硕士学位和培养研究生的学科、专业目录（1997年颁布）．1997．

[8] 国务院学位委员会，教育部．授予博士、硕士学位和培养研究生的学科、专业目录．1990．

[9] 国务院学位委员会，教育部．高等学校和科研机构授予博士和硕士学位的学科专业目录（试行草案）．1983．

[10] 中华人民共和国科学技术部 2000—2014 年度科技奖励 [EB/OL]. http://www.most.gov.cn/bstd/cx/kjjlcx/kjjl2000/.
[11] 李聪，孙东晓，姜力，等. 奶牛重要经济性状全基因组关联分析研究进展 [J]. 遗传，2012，34 (5): 545-550.
[12] 张哲，张勤，丁向东. 畜禽基因组选择研究进展 [J]. 2011，56 (25): 2655-2663.
[13] 刘明军，张雪梅，李文蓉，等. 绵羊转基因技术体系构建及研究进展 [J]. 中国农业科学，2014 (21): 4234-4245.
[14] 张媛媛，胡启蒙，王亮亮，等. 哺乳动物精子磷酸化蛋白质组学研究进展 [J]. 中国生物工程杂志，2012，32 (4): 76-82
[15] 孙丽萍，宋亚攀，瓮士乔，等. 奶牛“同期发情 - 定时输精”技术综述 [J]. 中国奶牛，2010 (7): 34-37.
[16] 桑国俊，余四九，贺奋义，等. 牛体外受精胚胎培养技术研究 [J]. 畜牧与兽医，2009，41 (3): 11-14.
[17] 邓亮，张翔，韩国才. 马胚胎附植及其分子调控研究进展 [J]. 中国畜牧兽医，2011 (3): 150-154.
[18] 张杨，周振勇，张金山，等. 肉牛遗传育种与繁殖技术应用现状 [J]. 中国草食动物科学，2014，34 (1): 54-59.
[19] 尹靖东，李德发. 猪肉质形成的分子机制与营养调控 [J]. 动物营养学报，2014，26 (10): 2979-2985.
[20] 呙于明，刘丹，张炳坤. 家禽肠道屏障功能及其营养调控 [J]. 动物营养学报，2014，26 (10): 3091-3100.
[21] 汪以真. 动物源抗菌肽的研究现状和展望 [J]. 动物营养学报，2014，26 (10): 2934-2941.
[22] 陈代文，毛湘冰，余冰，等. 猪抗病营养研究进展 [J]. 2014，26 (10): 2992-3002.
[23] 刁其玉. 微生物制剂在幼龄反刍动物营养与饲料中的应用 [J]. 动物营养学报，2014，26 (10): 3159-3167.
[24] 曹志军，史海涛，李德发，等. 中国反刍动物饲料营养价值评定研究进展 [J]. 草业科学，2015，24 (3): 1-19.
[25] 高秀华，吴学壮，张铁涛. 我国珍贵毛皮动物（貂、狐、貉）饲料营养研究进展 [J]. 动物营养学报，2014，26 (10): 3185-3190.
[26] 朱宁，马骥. 我国畜禽养殖场废弃物来源、处理方式及处理难度评估——以蛋鸡养殖场为例 [J]. 畜牧生态，2013，49 (24): 60-63.
[27] 中国科学技术信息研究所. 2012 年版中国科技期刊引证报告（核心版）. 北京：科学技术文献出版社，2012.
[28] 中国科学技术信息研究所. 2013 年版中国科技期刊引证报告（核心版）. 北京：科学技术文献出版社，2013.
[29] 中国科学技术信息研究所. 2015 年版中国科技期刊引证报告（核心版）. 北京：科学技术文献出版社，2015.

撰稿人：刘 琳

专题报告

动物遗传与育种学发展研究

一、引言

种业是国家的基础性、战略性产业，而动物遗传育种学科的发展正是种业产业的重要支撑。随着动物遗传理论和育种技术的不断进步与发展，当前动物育种已经逐渐进入分子水平时代。根据英、美等西方发达国家和联合国粮农组织的预测，21 世纪全球畜牧业 90% 畜禽品种将会逐步应用分子育种技术。分子育种几乎涉及遗传资源的保护和开发利用、选种选配、杂种优势预测、数量性状基因座（QTL）的检测与利用等育种的所有领域。伴随分子生物技术研究的升级，近年来，科研工作者围绕畜禽的遗传育种主要在常规育种技术、分子育种技术和基因组选择技术、转基因育种技术等方面进行了深入的研究和实践，在猪、奶牛、肉牛、家禽、羊、马等畜禽遗传改良和育种实践中取得了显著研究进展。

猪的育种已由最初的表型选育过渡到利用综合育种值选育，形成了相对完整的遗传理论和选育方案。近些年来，在猪重要经济性的遗传变异解析研究、猪常规选育与分子标记辅助选择（M-BLUP）技术应用、转基因育种与全基因组选择技术研究进展显著，随着高通量技术的快速发展，尤其是基于杜洛克猪的猪全基因组测序已经完成，得到了高质量的家猪基因组草图，为家猪重要性状基因分离和功能基因组研究提供了强有力的工具。

奶牛的常规育种技术诸如品种登记、DHI、遗传评估和后裔测定的实施，对于我国奶牛群体遗传改良发挥了重要作用并取得了显著成效。随着牛基因组学的发展，高密度 SNP 标记为育种值的精确估计提供了条件，2001 年 Meuwissen 和 Goddard 基于高密度 SNP 标记对影响目标性状的所有基因同时进行选择即全基因组选择策略。Schaeffer 的研究表明，基因组选择可提高奶牛选种准确性并缩短世代间隔，获得一个遗传标准差的改进所需的育种成本比常规育种（后裔测定）体系下降 27.8 倍。美国、加拿大等国自 2009 年起，逐渐将基因组选择技术应用于奶牛育种。我国自 2009 年起开始进行基因组选择理论和方法研究，并于 2012 年应用于奶牛育种体系。

在肉牛新品种选育方面，主要开展本品种的选育提高和采用杂交方式培育商业化肉牛品种，凭借良好的性能测定和数据收集系统、完整的后裔测定体系，应用以 BLUP 为主的遗传评估方法，不断加大选择强度，提高育种值估计准确度，显著提高了选种和育种效率，从而加快种群遗传进展。在本品种选育提高的同时，发达国家肉牛业通过品种间杂交来利用杂交优势，提高牛肉产量和产业经济效益，并在大规模杂交群体的基础上选择培育新品种；分子生物技术与常规育种技术结合逐步成为提高肉牛育种效率的有效方式，基因组选择在不久的将来会成为肉牛育种的主要方式之一。

家禽遗传育种学科的发展也取得显著进展，随着近些年我国对家禽品种创新工作的重视，家禽品种和配套系培育得到了空前的发展，使我国家禽产业逐步摆脱了长期依赖进口品种的局面，确保了我国家禽产业的种业安全和平稳发展，对我国家禽（白羽肉鸡除外）产业的可持续发展具有重要意义；在家禽遗传育种技术方面，鉴定了很多与家禽生产、抗病、品质性状相关的分子育种标记，并结合常规育种技术形成了高效的育种技术平台，促进了育种水平的提高，并已经应用商业育种中。

中国是养羊大国，全国存栏绵、山羊约 3.8 亿只，其中 70% 为绒毛用羊，绵羊毛产量约为 37 万吨（净毛），原绒产量超过 1.1 万吨，占世界原绒产量的 70%。2010 年以来，国家加大了对绒毛用羊产业科技的支持力度，绒毛用羊遗传育种取得一大批科技成果。2010—2015 年，完成了绵羊参考基因组组装，获得国家科学技术奖励 1 项（巴美肉羊新品种培育及关键技术研究与示范 J-203-2-04），审定通过了 3 个培育新品种和配套系（晋岚绒山羊、苏博美利奴羊、察哈尔羊）、1 个遗传资源（牙山黑绒山羊）。我国肉羊整体生产方式较落后，年出栏肉羊 1000 只以上的规模化程度不足 5%，肉羊的育种研究和种业体系建设起步较晚，商业化育种和产业化程度较低，遗传改良主要依靠国外引进品种与国内地方品种杂交。总体来讲，养羊生产既有巨大的发展空间，又面临严峻的挑战。

2013 年中国马匹存栏数量为 682.3 万匹，仅次于美国居世界第二位，同时驴存栏 715 万头，骡 295.5 万头，均居世界前列，而我国马产业的贡献率却相对较低。从 1977 年马匹存栏最高达 1144 万匹，随后逐年递减，减少的主要原因是马匹传统的役用功能逐渐被机械化、电器化取代，马匹使用的范围和空间不断萎缩。因受国际马术、赛马等影响，近年来我国马产业的发展也有了很大的回升，相关马科学研究和产业化项目得到了国家层面的认可和支持。现代马业的主要特点为体育娱乐性、社会性和国际性，马学的重点以提高马匹的竞技体育娱乐性为主要研究方向，在国际上是一门热门学科，养马的专业人才逐年增加，科研由原来基本停滞状态逐渐步入正轨，中国也正处在由传统马业向现代马业飞速转变的时期。据专家推测，马产业将是中国畜牧业未来最具潜力和最具发展空间的“朝阳产业”。

二、2010—2015 年本学科研究进展

（一）猪遗传育种研究进展

1. 猪全基因组测序完成，重要经济性状遗传变异解析速度明显加快

近几年，应用 de novo 测序、转录组测序（RNA-seq）以及全基因组重测序（NGS）等技术方法得到的数据，猪体型外貌、肉质、免疫、生长及繁殖等重要经济性状的遗传变异的解析速度比以前有了极大的提高。

在 de novo 测序方面，2009 年年底科学家完成了以杜洛克猪为主要模板的猪基因组 de novo 全基因组草图构建。研究人员发现，猪的基因组长度与人类相似，约为 2.6Gb，覆盖了杜洛克猪 98% 的基因组。此测序工作的完成为更快地开发与应用分子遗传信息进行分子育种提供了一个重要的基础。基于此基因组信息，大量 SNP 被鉴定，截至 2015 年 3 月，NCBI 猪 dbSNP 数据库中已有 5267 多万条 SNP 信息。在猪全基因组 de novo 测序完成之后，基于已有 SNP 数据，美国 Illumina 公司迅速开发了猪 SNP60 基因分型芯片，此芯片包含 62163 个 SNP 位点，覆盖猪的全基因组，整合了多种猪的基因差异，包括杜洛克猪、长白猪、皮特兰猪和大白猪等。借助此芯片，以全基因组关联分析为主要方式的猪育种素材种质特性的分子机理研究迅速开展，中国农业大学张勤教授课题组、中国农业科学院王立贤研究员课题组、江西农业大学黄路生教授课题组率先在国内开展了猪全基因组芯片方面的研究，分离鉴定了一批与猪重要经济性状相关的功能基因。中国农业大学张勤教授课题组利用 Illumina PorcineSNP60K 基因芯片对 681 头由大白猪、长白猪及松辽黑猪组成的群体进行了分析，共鉴定出 54 个与免疫相关的 SNP 位点；在对 381 头仔猪腹泻全基因组关联分析研究中，分别鉴定出与 F4ab 和 F4ac 相关位点 28 个和 18 个，并获得相关基因 HEG1 和 ITGB5 为抗仔猪腹泻候选基因；此外，此课题组还应用不同猪种及不同方法对猪全基因组拷贝数变异进行了多项研究，获得了猪全基因组拷贝数变异图谱。中国农业科学院王立贤团队应用此芯片，获得了一个包含 249 个 CNV 区域的猪全基因组拷贝数变异草图，找到 331 个与体尺性状显著的 SNPs 位点，发现 6 个（HMGA1 等）与猪胴体性状显著相关基因、5 个（ABCF1 等）影响猪免疫性状的候选基因、5 个（GAS7 等）与肉质性状相关的重要候选基因、2 个（LEMD3 和 WIF1）与耳面积大小相关基因；2 个（HMGA1 和 PPARD）与四肢骨长相关的基因。江西农大黄路生院士团队建立了白色杜洛克 × 二花脸 F2 资源家系，利用全基因组关联分析策略，鉴定获得影响猪耳面积 QTL 的因果基因（PPARD）和主效突变位点、肋骨数相关突变位点、116 个猪肉质性状相关突变位点等。

在转录组测序方面，华中农业大学曹建华等利用转录组高通量测序的方法，初步筛选出与肌内脂肪含量相关的 44 个 miRNAs 和 129 个差异表达基因，并结合全基因组关联分析研究，鉴定了 42 个与肌内脂肪相关的 SNP 位点（Cao 等，2014）。华中农业大学彭健等利用高通量的 RNA-Seq 技术筛选了猪脂肪沉积关键功能基因（Peng 等，2014）。同

样利用全基因组差异表达技术，吉林大学张嘉保课题组建了两个猪种背最长肌组织的差异基因表达谱，系统筛选了与猪肉质相关的差异表达基因，鉴定出 22 个与猪肉品质相关的候选基因。利用候选基因法，对猪重要经济性状的候选功能基因开展了基因结构、表达调控、变异、分子功能等方面的分析也取得了较多进展。

在重测序方面，2013 年国内四川农业大学李学伟课题组发表藏猪基因组研究文章，通过对藏猪、欧洲猪、野猪等的基因组比较研究，发现了 3000 多头全藏猪特有基因，特别是发现了 17 个与大肠杆菌感染抵抗相关的基因，这是家猪所没有的。之后，全国各大猪科研团队都开展了这方面研究。2015 年 1 月，江西农大黄路生院士团队在 *Nature Genetics* 上发表文章，对 11 个品种 69 头猪进行了平均深度为 25X 的全基因组重测序并进行了进化方面的分析，深入研究了在进化过程中基因的渗入，获得与了中国南北方猪不同温度适应性有关的位点。

2. 分子标记辅助育种技术逐渐成熟，育种技术得到升级

猪重要经济性状遗传变异的解析，为标记辅助选择育种提供了有效基础。分子标记与常规育种技术组装集成，可以保证品种培育中对优良基因的选择，提高选种的准确性，缩短育种时间，逐步成为提高猪育种效率的有效方式。

2007 年中国农业科学院北京畜牧兽医研究所李奎教授等研究了 H-FABP、HSL、LPL、CAST 基因多态性及其与生产性能的关系，结合常规选育技术，形成了肉质性状的分子育种技术体系。2009 年吉林大学张嘉保教授等研究了吉林主要猪种群体中 ESR、FSHβ、IGF-I、H-FABP 和 ob 等基因的遗传变异规律，筛选出了优良性状的分子标记和基因型，建立了快捷、可以直接应用于养猪生产和育种实践的繁殖、生长与肉质性状的基因诊断方法。2012 年湖南农业大学在优质瘦肉型猪的选育中，在杜洛克瘦肉型父系及部分大白公猪、长白公猪中采样进行了 Haln 基因检测与标记辅助选择，在瘦肉型母系大白、长白核心群公母猪群中采样进行 ESR 基因及 FSHβ 基因的检测与标记辅助选择，产仔数性状取得较好的遗传进展。2013 年华中农业大学构建了多标记辅助育种技术，利用分子标记对种猪进行基因型检测，选留有利基因型个体，将分子标记作为重要参数合并入综合选择指数，在建立单基因标记辅助选择 BLUP 育种模型基础上，发展和应用多元逐步回归、多基因合并分析及多重标记—性状回归分析等方法，构建了遗传效应优化的多基因育种模型。

3. 转基因育种与全基因组选择等新技术取得一定成果

转基因育种是分子育种的延伸，随着 RNA 干扰介导的基因敲除、基因打靶技术和转座子技术及全基因组编辑技术的不断发展，目前对于转基因的研究越来越多。“十一五”期间，国家启动了我国农业领域唯一的重大专项——转基因生物新品种培育重大专项，该专项从 2008 年开始立项，计划投入经费 240 亿元人民币（国家投入 120 亿元人民币），目标是用 15 年时间完成获得一批具有重要应用价值和自主知识产权的基因，培育一批抗病、抗逆、优质、高产、高效的重大转基因生物新品种，提高畜牧业转基因生物研究和产业化整体水平，为我国农业可持续发展提供强有力的科技支撑。畜牧领域涉及的畜种主要是牛（奶牛、肉牛、水牛）、猪和羊。

在猪育种领域，转基因技术应用还不是十分广泛，目前主要集中在 MSTN 与 IGF1 等基因功能研究以及转基因研究上。中国农业大学李宁教授团队经过 4 年努力建立了体细胞克隆猪、转基因克隆猪和基因敲除克隆猪生产技术平台，先后获得哥廷根医用小型猪、中国实验用小型猪、长白猪和大白猪品种的体细胞克隆猪共 28 头，16 头转人溶菌酶基因克隆猪和 1 头转人溶菌酶基因再克隆猪，4 头肌肉生长抑制素（MSTN）基因单位点敲除的克隆长白猪。湖北省农业科学院畜牧兽医研究所通过基因重组技术，构建四环素诱导的 IGF1 表达载体，通过原核注射的转基因技术将 IGF1 诱导表达载体导入猪的基因组，构建诱导型转 IGF1 基因猪，再应用在饲料中添加四环素，诱导 IGF1 基因表达，以在时空调控的情况下提高猪的瘦肉率，增加猪的瘦肉产量。

全基因组选择同样是分子标记育种的延伸。Meuwissen 等 2001 年提出全基因组选择构想后，在前几年应用上并未有太多突破。Akanno 等的研究显示，当全基因组选择的准确度在 0.38 ~ 0.66 时，分别能比常规育种效率提高 38% ~ 173%。正是因为全基因组选择有这么大的优势，随着高密度芯片的开发，2010 年后全基因组选择开始被快速应用。在育种企业中，Hypor 公司已经应用自己挑选的标记开始尝试在实际的猪商业育种中应用基因组选择对繁殖性状、肉质性状和抗病性状进行选择。TOPIGS 公司也已开展了部分工作，应用猪 60K 基因组芯片数据 IMPUTE 包含 40 多个 GWAS 显著位点的芯片数据，进行一步法全基因组育种。丹麦育种协会也在进行此方面工作，其目前重点在于利用全基因组选择来提高日增重、FCR、瘦肉率、提高猪肉品质（pH 和公猪膻味）。据丹麦育种协会 2014 年数据，在全群体中应用全基因组选择可以比常规育种效率提高 10% ~ 25%，目前正致力于将全基因组选择数据应用到杂交群体的研究。PIC 已开发了大规模的基因组评估及选择技术，并已经育种公司的环境下进行了应用。据 PIC 2014 年数据，应用全基因组选择，PIC 总体遗传进展加快了 35%，目前 PIC 也正致力于基于亲缘关系的一步法全基因组育种的研究与应用。

我国目前在全基因选择方面与国外有较大的差距。只有中国农业大学张勤教授团队与中国农业科学院北京畜牧兽医研究所李俊雅研究员团队在进行全基因组选择方法学方面的研究，编制了基因组选择 Bayes A、Bayes B、Bayes CPi 等相关计算机软件及基因组选择数据模拟软件 GPOPSIM 等。应用上的研究也相对较少，2012 年华中农业大学与温氏集团合作，率先构建 300 头的群体进行杜洛克猪的全基因组选择。2014 年中国农业科学院北京畜牧兽医研究所王立贤研究员团队开始进行猪饲料利用效率方面的全基因组选择研究的尝试。

4. 新品种 / 品系培育（2006—2014 年）

2006—2014 年，采用开放与闭锁相结合技术路线，BLUP 育种技术与分子育种技术、计算机信息技术等多种技术相结合，我国培育国家级猪新品种（系）11 个。

（1）鲁莱黑猪，2006 通过国家畜禽品种审定委员会审定。利用我国优良地方品种莱芜猪与国外生长性能高、繁殖性能好的大约克夏猪通过杂交建系、横交固定、定向培育而成。具备繁殖力高、耐粗饲、抗病力强、瘦肉率适中、肌内脂肪含量高、肉质好等特点。

（2）鲁烟白猪，2007 年经国家畜禽品种审定委员会审定。以烟台黑猪为母本、丹系长白猪为第一父本，施格猪为第二父本培育而成。具有繁殖性能好、生长速度快、适应性强、瘦肉率适中、肉质较好等特点，适合作为杂交母本推广应用。

（3）松辽黑猪，2009 年通过国家畜禽遗传资源委员会的审定。以东北民猪、丹麦兰德瑞斯猪（长白猪）和美国杜洛克猪作为育种素材培育而成。不仅具备外来品种猪生长快、饲料价格低以及瘦肉率高等特点，还具有地方猪适应性强、繁殖率高、肉质好、无应激等特性。

（4）豫南黑猪，2008 年通过国家畜禽遗传资源委员会的审定。以河南省地方品种淮南猪为育种材料，导入 62.5% 的杜洛克猪血统，通过杂交筛选、横交固定和不完全闭锁的群体继代选育。具有体质健壮、性情温顺、适应性强、耐粗饲、易饲养、抗病性好、耐寒冷特性。

（5）滇陆猪，由乌金猪、太湖猪两个中国优良地方猪种和长白猪、大约克两个国外著名猪种为原始育种素材，杂交合成理想型零世代后，横交固定，继代选育，历经 15 年 10 个世代扩群选育而成。具有产子多、肉质好、生长速度较快、母性强、耐粗抗逆、瘦肉率高等优良特性。

（6）苏淮猪，2011 年通过国家畜禽遗传资源委员会的审定。通过在新淮猪基础上导入大白猪血统，通过横交、多世代选育而成。具有体质强健、抗逆性与适应性强、生长速度快、母猪温顺、好饲养、发情明显的特点，适宜规模化猪场与农村散养户饲养。

（7）天府肉猪，2011 年通过国家畜禽遗传资源委员会的审定。以杜洛克、长白以及约克夏合成系（含梅山猪血缘）为基础组培育而成。在西南地区表现出较强的适应性，育肥期平均日增重达 850 克以上，肌内脂肪含量为 2.5% 左右，瘦肉率达到 63% 左右，具有瘦肉率适中和肌内脂肪含量适中的特点。

（8）湘村黑猪，2012 年通过国家畜禽遗传资源委员会的审定。以湖南地方品种桃源黑猪为母本、引进品种杜洛克猪为父本，经杂交合成和群体继代选育而培育的国家级新品种。具有体质健壮、抗逆性强、产仔多、母性好、哺育能力强、生长发育快、饲料利用效率高、胴体瘦肉率高、肉质品质优良等特性。

（9）苏姜猪，2013 年通过国家畜禽遗传资源委员会的审定。以姜曲海猪为母本，运用传统育种与现代分子遗传育种手段相结合的方法，导入杜洛克猪优良基因，选择理想个体进行横交固定，采用群体继代选育的方法，历经 10 余年培育的一个瘦肉型黑色母系品种。具有母猪发情明显、易配种、母性好以及商品猪耐粗饲、适应性强、肉质优良等特点。

（10）川藏黑猪，2014 年通过国家畜禽遗传资源委员会的审定。是以藏猪、梅山猪等地方猪种为核心育种素材，聚合地方猪种和引进猪种两类遗传资源的优势特色性状基因育成的具四川特色和自主知识产权的三系配套优质风味猪配套系。既具有肉质细嫩多汁、鲜香爽口、香味浓郁、回味悠长的突出特点，又兼备生长快、胴体瘦肉率高的优良特性，是生产优质猪肉的优良猪种。

（11）晋汾白猪，2014 年通过国家畜禽遗传资源委员会的审定。是以马身猪、二花脸猪和长白猪为亲本培育的品种，具有产仔多、生长快、肉质好、抗病力强、杂交优势明显的特点。

此外，还有一些配套系经过了国家畜禽遗传资源委员会的审定。如重庆畜科院完成的“渝荣 1 号猪配套系”（2007）、山东农科院完成的“鲁农 1 号猪配套系”（2008）、中国农业大学完成的“中育猪配套系”（2011）、广东温氏食品集团有限公司完成的瘦肉型四元杂交“华农温氏 I 号猪配套系”（2011）、湖南农业大学完成的“湘虹猪配套系”（2012）、河南农业大学选育的“高效优质猪配套系”（2013）等。

（二）奶牛遗传育种研究进展

1. 奶牛重要性状全基因组关联分析（GWAS）

中国农业大学研究团队针对中国荷斯坦牛产奶性状、体型性状和乳脂肪酸含量性状等开展了全基因组关联分析，鉴定了重要功能基因。

在产奶性状研究方面，基于参考群体中的 2093 头中国荷斯坦牛，采用高密度 BovineSNP50 BeadChip 芯片（Illumina，USA）进行了个体基因型检测，对芯片基因型的质量控制后剩余 1815 个个体和 40220 个 SNP 位点。质控分析后共得到了 39368 个有效 SNP 标记的基因型。使用基于家系传递不平衡（L1-TDT）与基于混合模型的回归分析（MMRA）两种统计分析方法对单标记与产奶性状进行了关联分析，分析结果采用 Bonferroni 校正。采用 TDT 方法，在中国荷斯坦奶牛群体内共检测到 62 个基因组水平显著 SNP（$P < 0.05$），位于奶牛第 5、11、14 和 20 号染色体上，分别为 10 个产奶量 SNPs、1 个乳脂量 SNPs、5 个乳蛋白量 SNPs、36 个乳脂率 SNPs 和 10 个蛋白率 SNPs。采用 MMRA 方法，在中国荷斯坦奶牛群体内共检测到 136 个基因组水平显著 SNP（$P < 0.05$），位于奶牛第 1、2、3、5、6、8、9、14、20、26 和 X 染色体上，分别为 18 个产奶量 SNPs、9 个乳脂量 SNPs、21 个乳蛋白量 SNPs、61 个乳脂率 SNPs 和 27 个蛋白率 SNPs。

利用中国荷斯坦牛参考群体中的 784 头母牛进行了乳脂肪酸性状全基因组关联分析，通过采集这些奶牛的 DHI 奶样并采用气相色谱法（Gas Chromatography，GC）测定得到了 22 个目标脂肪酸性状的表型值，包括 8 个（C8:0，C10:0，C12:0，C14:0，C16:0，C18:0，C20:0，C22:0）饱和脂肪酸（Saturated fatty acids，SFA）、3 个（C14:1，C16:1，C18:1）单不饱和脂肪酸（Monounsaturated fatty acids，MUFA）、5 个（C18:2n6c，C18:3n6，C18:3n3，C20:5n3，CLA）多不饱和脂肪酸（Polyunsaturated fatty acids，PUFA）、3 个（C14index，C16index，C18index）指数性状和 3 个（SFA，UFA，SFA/UFA）和类性状。同时采用 SAS9.1 的 GLM 过程对牛乳脂肪酸性状的遗传效应进行了分析，结果表明中国荷斯坦牛乳脂肪酸组分主要以 C16:0、C18:1n9c、C18:0 和 C14:0 为主，C16:0 含量为最

高达 32.65%，SFA∶UFA=1.7∶1；牛场和泌乳阶段效应对牛乳脂肪酸组分含量影响极显著（$P < 0.01$），公牛家系效应对主要脂肪酸组分影响显著（$P < 0.05$），胎次效应对牛乳脂肪酸组分影响较小。采用 Illumina 公司的 50K SNP 芯片（BovineSNP50 BeadChip）进行了个体基因型检测，对质控后 764 个个体和 40604 个 SNP 位点使用 Plink 软件 V1.07 的单位点检测方法对单标记与乳脂肪酸性状进行了关联分析，共检测得到 12 个性状的 125 个全基因组水平显著关联（$P < 0.05$），其中 83 个是唯一 SNPs，主要分布于 BTA5、10、14、17 和 26 上；10 个性状未检测到全基因组水平显著位点（$P < 0.05$）。根据 NCBI 和 Ensembl 数据库中牛基因组序列草图，推断显著 SNP 位点所在或最临近基因；参考 GeneCards 信息，对每个基因进行初步功能注释，最终确定了 11 个候选基因，其中 3 个（FASN、DGAT1 和 SCD1）为已报道，CPM、HTR1B、LIPJ、SORBS1、CHUK、NFKB2、STAT1 和 AGPAT3 这 8 个为本研究鉴定到的新的乳脂肪酸候选基因，可用于后续功能验证的开展。

利用 1314 头中国荷斯坦母牛体型及 50k 芯片数据，通过改进的 LASSO 方法进行了体型性状全基因组关联分析，寻找到 29 个体型性状显著相关的 SNP。最终发现 59 个基因组水平显著的 SNP 与 26 个体型性状显著相关，3 个性状未找到显著相关 SNP。有 5 个 SNP 位于已经报道的 QTL region 内，其中位于 12 号染色体距离 HTR2A 基因 261 kb 的 SNP 与棱角性显著相关，位于 29 号染色体距离 LOC782090 基因 81kb 的 SNP 与体高显著相关，位于 24 号染色体 ZNF521 基因附近的 SNP 与后肢侧视显著相关，位于 10 号染色体 PDIA6 基因附近的 SNP 与乳头长度显著相关，位于 25 号染色体 TMEM130 基因附近的 SNP 与体躯大小显著相关。一些与 SNP 相近的基因在体型性状的生长发育中起重要作用，例如距离 DARC 基因 7kb 的 SNP 同时影响容量和体深，该基因在体重的代谢调节中起重要作用。除此之外，我们发现 4 个 SNP 分别影响一对性状，其中 SNP Hapmap40339-BTA-117016 同时与容量和体深显著相关，SNPARS-BFGL-NGS-115067 同时与容量和大小显著相关，SNP ARS-BFGL-NGS-14022 同时与乳用特征和棱角性显著相关，SNP BTB-01238380 同时与乳用特征和前段显著相关。这四对性状之间的遗传相关分别为 0.51、0.77、0.86 和 0.35。

中国农业大学研究团队于 2010 年开展了中国荷斯坦牛 5 个产奶性状的全基因组关联分析，共检测到 105 个显著 SNP 位点；基于此，进一步采用生物信息学分析挖掘到了 26 个候选功能基因——EEF1D、PDE9A、DIP2A、KBTBD10、KCND3、FGGY、ITPR2、HERC3、PKD2、LPHN3、C14H8or33、CYHR1、VPS28、MAPK15、ZC3H3、GML、GPIHBP1、EIF2C2、TRAPPC9、COL22A1、KHDRBS3、PARP8、RICTOR、NIPBL、DGAT1 和 GHR，其中 DGAT1 和 GHR 基因为已知奶牛产奶性状的主效基因，其他 24 个为新候选基因。结合全基因组关联分析结果，挑选了重要候选功能基因 PTK2、UGDH、EEF1D、GPIHBP1、FASN 等多个基因进行产奶性状的功能基因验证。通过培养奶牛原代乳腺上皮细胞，利用 qPCR、双荧光素酶检测、SiRNA 干扰、基因过表达等多种技术手段深入挖掘候选基因对乳脂、乳蛋白性状的调控作用，研究结果显示 PTK2 基因内的一个错义突变（g.4061098T/G）参与调控了基因的表达，其中 TT 型个体在乳腺组织的表达水平显著高于 TG 型。PTK2 作为整连蛋白信号途径的介导者之一，可能在乳腺内皮细胞的增殖和分化过程中都起着重要作用，研究成果已经发表在 *PLoS ONE* 上，并已获得专利 1 项。对 UGDH 基因的 10 个 SNP 在 1417 头荷斯坦奶牛中进行遗传效应分析，发现两个单倍型（G–C–G）和（T–G）分别与乳蛋白率和乳脂率显著相关。通过体外功能验证，最终发现位于外显子 1 和外显子 11 上的 2 个 SNPs 影响 UGDH 基因的表达，从而影响奶牛的产奶性状。通过对 EEF1D 和 GPIHBP1 基因进行基因结构分析，采用 3'race 等技术分别发现并鉴定了 EEF1D 和 GPIHBP1 两种新的可变剪切体，并进行了乳腺组织表达分析。此外，牛乳腺上皮细胞干扰和过表达 GPIHBP1 基因会造成乳腺上皮细胞系中与乳蛋白相关的酪蛋白以及乳铁蛋白的表达水平呈现上调和下调趋势，与乳脂代谢相关的脂蛋白脂肪酶、极低密度脂蛋白受体等基因的表达也呈现相应的上下调，并达到显著水平。针对奶牛乳房炎性状，选择 CD4 和 STAT5b 两个候选基因进行分析，结果发现 CD4 基因内的一个 SNP 位点（g.13598C > T）与乳房炎性状显著相关。

2. 奶牛转录组研究

中国农业大学研究团队利用 Solexa 高通量测序技术，对具有极端高、低乳蛋白率和乳脂率的 4 头中国荷斯坦母牛的乳腺上皮组织进行了转录组测序，获得了高质量的测序数据，共得到 26.6 gigabases（Gb）的测序数据，与牛全基因组序列 UMD3.1.66 数据库比对共计得到 90.6% ~ 91.9% 的唯一比对高质量 reads 及对应的转录本和基因，其中包括已知的乳蛋白基因、产奶性状主效基因和候选功能基因，如 K–casein（CSN3）、β–casein（CSN2）、a–lactalbumin（LALBA）、β–lactoglobulin（BLG）、DGAT1、GHR、STAT5A、STAT5B、SCD。

利用 DEseq 和 Cuffdiff 方法，基于 4 头奶牛乳腺上皮组织的 RNA–seq 数据，共得到 31 个差异表达基因（$p < 0.05$，FDR $q < 0.05$），其中 28 个基因在高低组间表达下调，3 个基因为表达上调。从上述 31 个差异表达基因中，随机选取 10 个基因（SAA3、TRIB3、SESN2、CHAC1、SAA1、ATF3、ARID1B、PTHLH、ZC3H14、DDIT3）进行了定量 RTPCR 验证，结果证明 RNA–seq 结果具有较高的准确性，GO 分析和 IPA 分析发现其参与了乳腺上皮细胞增殖、蛋白质代谢、脂肪代谢及其调控通路。进一步综合 31 个差异表达基因与已报道的奶牛产奶性状 QTLs、GWAS 显著 SNPs 及基因功能注释等多层次信息，鉴定到 7 个候选基因——TRIB3、SAA（SAA1，SAA3，M–SAA3.2）、VEGFA、PTHLH 和 RPL23A。

浙江大学研究团队基于泌乳期（产犊后第 60 天）和非泌乳期（空怀期）的荷斯坦牛各 1 头，进行了不同泌乳阶段个体 RNA–seq 分析，通过采集乳腺组织分别构建 2 个 miRNA 文库，RNA 长度为 18 ~ 30nt，采用 Solexa 高通量测序技术进行测序，检测到 885 个 miRNA 前体，编码 921 个 miRNA，其中 884 个 miRNA 的序列唯一，两个文库都检测到 544 个 miRNA（61.5%）。为验证比较两种文库构建的 miRNA 表达模式，进一步采用自主设计的 microarry 表达芯片，在泌乳期乳腺中发现了 56 个 miRNA，较非泌乳期乳腺有显著差异（$P < 0.05$）。整合 miRNA 靶基因预测和网络分析的方法，构建了与泌乳相关的 miRNA 和推测的靶基因的网络互作图。而后基于细胞模型，验证了 6 个 miRNA（miR-125b、miR-141、miR-181a、miR-199b、miR-484、miR-500），进一步揭示了它们的可能的生物学功能。

中国农业大学研究团队针对产犊后第 10 天、70 天的荷斯坦母牛，选择具有极端产奶量、乳脂量、乳蛋白量表型值的两组母牛，采集牛奶样品进行 RNA-seq 分析，分别在 H10 和 L10、H70 和 L70、H10 和 H70、L10 和 L70 组间检测到 1232、81，429、178 个差异表达基因，通过 GO 和通路分析发现，差异表达基因参与乳腺发育与分化、免疫通路。其中 178（H10 vs L10）、4（H70 vs L70）、68（H10 vs H70）、22（L10 vs L70）个差异表达基因位于已知 QTL 显著区段内，为奶牛产奶性状的重要候选功能基因。

3. 牛基因组 SNP 系统生物信息挖掘和功能注释系统

运用 Perl 编程实现对 GenBank、EMBL、DDBJ 等相关生物信息数据库的自动访问及数据下载，构建牛基因组特定生物信息数据库以及基于该数据库的信息挖掘系统。通过该系统可以获得基因组任意位点 SNP 相关的系统生物信息（包括 DNA 水平、RNA 水平、蛋白水平以及基因调控网络相关信息）。本系统提供两种不同的信息注释方式，即在线注释和单机注释。

4. 奶牛基因组选择技术研究与应用

基因组选择的核心是利用覆盖整个基因组的高密度标记估计动物个体基因组育种值，在奶牛的实际育种中，全基因选择方法有非常大的优势，主要表现为：①可以对出生犊牛进行早期选择，大大降低世代间隔；②增加青年公牛的检测数量，提高选择强度；③可以提高低遗传力估计育种值的准确性，实现更加均衡的平衡育种；④可以降低选择过程中近交系数的增加程度，从而保持群体较大的遗传变异；⑤可以应用较少的数据资料达到较高的选择效果，加速奶牛育种不发达国家的遗传进展。可见，全基因组选择方法可以对奶牛育种产生更大的遗传进展。

中国农业大学研究团队结合奶牛育种工作的实际情况，系统研究了奶牛基因组选择理论和方法，构建了中国荷斯坦牛基因组选择技术平台，并于 2012 年在全国范围内进行了推广应用。主要研究内容包括：①创建了中国荷斯坦牛基因组选择参考群体，目前该群体由 7183 头母牛和 400 头验证公牛组成，其中母牛来自北京、上海等地区奶牛群体，分布在 50 个牛场，公牛来自北京、上海、山东等 22 个公牛站，所有牛只均具有完整清晰的系谱、质量较高的表型记录（中国奶业协会数据中心提供，包括产奶、健康、体型、繁殖 4 类 34 个性状）和高密度 SNP 芯片基因型数据，并且随着基因组选择的实施，该参考群体将不断扩大和完善。②提出了利用全基因组信息估计个体基因组育种值的一系列新方法，用 FORTRAN90 计算语言自主开发了基因组育种值计算程序包，包括本项目提出的 TA-BLUP、BayesTA、BayesTB 和 BayesTCp 以及 GBLUP、BayesA、BayesB、BayesCp 等计算程序。基于 LINUX 的 PBS 命令系统，通过多任务操作，同时进行多个性状的基因组育种值计算，可在短时间内完成计算。③建立了以集群为核心的高性能基因组育种值计算平台，自主开发的一系列软件具有SNP数据格式转换、缺失基因型填充、基因型质量控制、系谱校正、亲子鉴定等功能，可对海量的SNP芯片数据进行快速处理分析，提出了低密度芯片的设计及基因型填充策略。④提出了我国荷斯坦牛基因组选择实施方案，结合我国奶牛育种实际情况，提出了用于中国荷斯坦牛综合性能评价的基因组性能指数（Genomic China Performance Index，GCPI）用于青年公牛的基因组遗传评估，经此评估选出的优秀青年公牛可直接作为种公牛使用。*GCPI* 计算公式如下：

$$GCPI = 20\times\left[\begin{array}{l}30\times\dfrac{GEBV_{Milk}}{800}+15\times\dfrac{GEBV_{Fatpct}}{0.3}+25\times\dfrac{GEBV_{Propct}}{0.12}+5\times\dfrac{GEBV_{Type}}{5}\\10\times\dfrac{GEBV_{MS}}{5}+5\times\dfrac{GEBV_{FL}}{5}-10\times\dfrac{GEBV_{SCS}-3}{0.46}\end{array}\right]$$

式中：$GEBV_{Milk}$、$GEBV_{Fatpct}$、$GEBV_{Propct}$、$GEBV_{SCS}$、$GEBV_{Type}$、$GEBV_{MS}$、$GEBV_{FL}$ 分别为产奶量、乳脂率、乳蛋白率、体细胞评分、体型总分、乳房评分和肢蹄评分的合并基因组估计育种值。各性状的GEBV值由直接基因组育种值与常规系谱指数加权合并计算得出。

中国荷斯坦牛基因组选择技术平台于2012年1月通过教育部成果鉴定后，被农业部采用。自2012年起，连续三年对全国28个公牛站的1567头青年公牛进行基因组遗传评估，选择了724头优秀青年公牛参加国家奶牛良种补贴项目。

（三）肉牛遗传育种研究进展

1. 牛全基因组测序已经完成

基因组测序技术的快速发展，推动了家畜基因组学研究由单一基因（或蛋白质）的研究转向全面分析生物基因组功能的系统研究、由单基因鉴定转向规模化基因发现新阶段。结合转录组、蛋白质组及生物信息学分析，研究人员利用基因组测序技术能在短时间内获得大量与目的性状相关的功能基因。

2009年，科学家完成了以海福特为样品牛的牛基因组de novo测序。研究人员发现，牛至少有2.2万个基因，其中80%与人类共享。牛在遗传上与人类的相似性远远超过老鼠；此外还比较了海福特牛与荷尔斯坦牛、安格斯牛、泽西种乳牛、利木辛牛、挪威红牛和婆罗门牛的DNA差别，并对19种地理及生物学上完全不同的497头牛进行了研究。希望牛基因组测序工作的完成能够有助于培育出肉质更好或产奶量更多的新品种牛。

2014年千牛基因组计划的实施旨在为加速优良品种选育提供数据支持。一期获得了四个品种234头牛的全基因组数据。四个品种分别是两种奶牛（荷斯坦牛、娟珊牛）、一种奶肉兼用牛（Fleckvieh）和一种肉牛（安格斯牛），从中找到了2800多万个基因变异位点。另外，研究者也举例对几种复杂性状进行了全基因组相关性分析，如产奶量和卷毛性状并找到了相关位点。另外，水牛基因组计划研究也取得重要进展，2013年意大利和美国科学家公布了河流型水牛基因组序列；2014 年孟加拉 LalTeer 畜牧科技公司联合深圳华大基因研究院完成了水牛基因组图谱绘制。

2012 年，我国科学家自主完成了牦牛基因组序列图谱。在本研究中，科研人员采用全基因组鸟枪法策略，对样品分别构建从 200bp 到 20kb 不等的不同插入片段长度的文库，进行双末端测序，后采用自主研发的 SOAPdenovo 软件进行组装，构建出牦牛全基因组序列图谱，得到的基因组大小约为 2.66Gb。此外，研究人员还对牦牛心脏、肝脏、脑、胃和肺的部分样品进行了转录组测序。结合测序组装结果、基因预测模型以及序列同源信息，研究人员成功预测出 22282 个蛋白编码基因，同时在牦牛基因组中检测出 220 万个 SNP 位点。

此后研究人员将其与其他物种进行比较，进行基因家族分析，发现有 362 个基因家族是牦牛与普通牛之间共有而在人和犬中不存在的，另有 100 个基因家族是牦牛所特有的。更重要的是，与低海拔生活的牛基因组比较，研究人员发现了牦牛 3 个与高海拔低氧环境相适应的基因发生了适应性进化，这些变化有助于牦牛调整自身状况，应对低氧或缺氧的情况；另有 5 个发生了适应性进化的基因有助于牦牛从高原稀少的食物中充分获取能量。同时，还发现了一些与嗅觉、防御和免疫相关的基因也发生了重要选择性变异。这些新发现对高海拔地区动物的遗传适应性做出了很好的阐释。研究人员指出，这项研究不仅揭示了高海拔地区动物重要生理性状背后的遗传特征，也将有助于进一步揭示人类所出现的各种高原不适症，促进对缺氧相关疾病的认识、预防和治疗。

表 1　牛基因组 de novo 测序

中文名	时　间	基因组大小	作者及发表时间
牛	2009 年 4 月	2.87 Gb	Elsik CG 等，2009
牦牛	2012 年 7 月	2.60 Gb	Qiu Q 等，2012

2. 肉牛全基因组选择技术（GS）取得重要进展

自 2001 年 Meuwissen 和 Goddard 提出利用高密度 SNP 标记对影响目标性状的所有基因同时进行选择的策略，即全基因组选择方法以来，全球的科学家们围绕 GS 的算法、如何提高 GEBV 的估计准确度以及如何将其应用到具体的育种实践中来展开了多方面的探讨和研究，高密度 SNP 标记辅助育种正在成为畜禽种业关注的焦点。美国、加拿大、德国、荷兰、丹麦、瑞士、澳大利亚等数十个国家相继在奶牛、肉牛、猪、羊等畜禽中开展了基因组选择技术研究与应用。我国肉牛研究也紧跟国际前沿，2008 年中国农业科学院北京畜牧兽医研究所肉牛研究团队在内蒙古自治区锡林郭勒盟乌拉盖地区组建了西门塔尔肉牛参考群体，积极开展肉牛全基因组选择研究。重点取得以下进展：

（1）创建了西门塔尔牛基因组选择参考群体

从 2008 年开始，中国农业科学院北京畜牧兽医研究所牛遗传育种创新团队在内蒙古自治区锡林郭勒盟乌拉盖管理区组建西门塔尔牛基因组选择参考群体，经过持续扩群，目前该参考群体已经包括 2000 头基础母牛（西门塔尔杂交牛 F2 代以上）、27 头西门塔尔种公牛（纯肉用西门塔尔牛和乳肉兼用西门塔尔牛）。获得具有表型数据和基因型数据的后测公牛共有 1400 头牛高通量 SNP 数据，其中 1264 头青年公牛采用的是 IlluminaBovineHD（770K）芯片，其余 136 头青年公牛使用 IlluminaBovineSNP50（54K）芯片。两种芯片分别含有 777962 和 54001 个 SNPs。同时为了研究多品种全基因组选择方法，还在大连和陕西分别筹建了复州牛与和牛、安格斯与秦川牛资源群体。目前在大连雪龙集团有限公司组建基础母牛为 500 头的复州牛与和牛的杂交资源群体，测定 460 头后测牛的生产性能数据，并且随着基因组选择实施，该参考群体将不断扩大和完善。

（2）肉牛全基因组选择理论方法研究

基因组选择的理论核心就是利用基因组信息即覆盖全基因组范围内的 SNP，来估计个体的基因组育种值以提高选择的准确性。基于构建的西门塔尔牛资源群体，以提高基因组育种值估计准确性为准则，研究团队进行了以下基因组选择理论方法研究：①贝叶斯方法中自由度和尺度参数的优化研究。此研究在 Bayes B 和 Bayes Cπ 方法的基础上进行优化改进，依据层级贝叶斯定理，对效应方差服从尺度逆卡方分布中的自由度和尺度参数进行优化。它们需要在每次迭代中进行抽样，而不是预先设定的固定值，最终抽出符合实验群体的参数，以提高基因组育种值估计的准确性。针对以上 Bayes B 和 Bayes Cπ 的改进方法，分别命名为 Bayes BF 和 Bayes CπF，并获得相应的软件著作权。研究过程中模拟了不同群体规模（500，1000，2000）下不同 QTL 数目（5，50，200，500）和不同遗传力（0.1，0.3，0.5，0.8）情况下基因组育种值估计的准确性，发现 Bayes BF 相对于 Bayes B 准确性最高提高了 5.4%；Bayes CπF 和 Bayes Cπ 相对基因组育种值估计的准确性最高提高 3.5%。同时利用 1176 头西门塔尔真实数据集研究，利用交叉验证方法发现 Bayes BF 和 Bayes CπF 方法的准确性均高于相应的 Bayes B 和 Bayes Cπ 方法。②基于加性显性模型的基因组选择方法研究。研究基于包含显性效应的层级贝叶斯模型，假设加性效应和显性效应存在不同方式的相关性，提出两种子模型 Bayes AD1 和 Bayes AD2。Bayes AD1 假设加性效应和显性效应相互独立，Bayes AD2 假设显性系数和加性效应的绝对值相互独立。通过模拟数据比较它们估计的基因组育种值（BV）、显性离差（DV）和基因型值（GV）的准确性。对于全同胞群体的模拟数据集而言，固定全同胞数和 QTL 数目，对 BV 的估计中 Bayes AD2 准确性最高。随着加性方差比重升高，显性方差比重下降，Bayes AD2 的优势逐渐减小至消失；对 DV 的估计中，Bayes AD2 仍旧比 Bayes AD1 表现突出，随着显性方差比重下降，Bayes AD2 的准确性也降低，和 Bayes AD1 的差距减小。QTL 数目的增多使得估计 BV 的准确性下降，而显性离差估计的准确性却随之升高，QTL 不变，全同胞个体数的增加会提高育种值估计的准确性，并且全同胞数越多，Bayes AD2 比 Bayes AD1 的准确性越高。③高阶互作关联分析方法——Forward LASSO 算法的提出。针对海量 SNP 之间的互作效应难以检测的问题，提出了 Forward LASSO 算法，并且将该方法拓展到连续性状和离散性状的全基因组关联分析上，此结果发表在 *Briefings in Bioinformatics*。该方法基本思想是先应用 LASSO 方法进行主效基因的筛查，之后在模型中加入所有可能与主效基因发生互作效应的指示变量，从而进行二阶互作效应的检测；随后在二阶互作效应的基础上，加入所有可能的其他指示变量进行三阶互作效应的检测；最后，将检测到的所有显著位点放入同一模型之中进行无偏估计，最终得到显著的主效位点和显著的互作效应。该方法在很大程度上解决了无法检测的基因组范围内的互作效应，从而极大地丰富了多变量分析方法。这对未来探索真正意义上全基因组范围内基因间的互作效应具有研究和指导意义。④提出了区间全基因组关联分析方法（BLOCK-GWAS）。在全基因组关联分析方面，由于生物技术的发展，二、三代测序技术如火如荼地开展，所获得有关基因组数据量越来越大，导致了在 GWAS 分析中计算困难。传统单标记回归虽然可以找到部分潜在显著性区域，但往往由于质量控制过于严格筛掉有效标记或者因为苛刻的显著性水准，从而遗漏掉部分有意义的标记，为此提出了区间全基因组关联分析方法。首先将整个基因组划分为不同的单元，然后将单元内的单个标记效应进行加权构建 block；最后对构建的 block 区间进行检验，从而得出显著性区域。该方法很好地降低了数据的维度，用统计学的方法减少了需要检验的变量数目，从而提高检验的准确性。对于解决海量数据和稀有标记的基因定位有较好的效果。

（3）肉牛全基因组育种评估计算平台建设

结合我国肉牛育种的实际情况，建立了高质量的多品种资源群体，自主开发了“肉牛数量性状基因组选择 Bayes A 计算软件 V1.0”“肉牛数量性状基因组选择 Bayes B 计算软件 V1.0”“肉牛数量性状基因组选择 Bayes Cπ 计算软件 V1.0”“肉牛数量性状基因组选择 BayesLasso 计算软件 V1.0”“肉牛数量性状基因组选择 full-Bayes B 计算软件 V1.0”“肉牛数量性状基因组选择 full-BayesCπ 计算软件 V1.0”等一系列基因组选择软件，具有 SNP 数据格式转换、缺失基因型填充、基因型质量控制、系谱校正、亲子鉴定等功能，可对海量的 SNP 芯片数据进行快速处理分析。同时建立了基因组选择硬件平台（两台服务器）和构建了中国肉牛资源群体的生长发育性状、胴体性状和肉质性状的 SNP 效应图谱。

3. 基于全基因组关联分析研究

随着高通量测序技术的不断发展，采用全基因组关联分析方法进行基因定位已逐渐取代传统的连锁分析，成为众多学者所依赖的手段。然而，随着标记数目的逐渐增加，对统计模型的要求也进一步提升。首先，除了 SNP 标记以外，我们很少能够直接观察到基因组上的其他信息；而作为更具有整体生物学意义的单体型和拷贝数变异，可以很好地整合基因组信息，成为更好的生物学标记。此外，一般的关联分析仅仅采用简单回归分析，不能很好地适应和有效利用实验群体间的亲缘关系。再者，类似于全基因组选择，多性状的全基因组关联分析方法在统计效率上也明显优于单性状的关联分析，但如何对数据进行降维以及处理遗传相关仍然是当前统计学的难题。由于方法的限制，在模型中通常只能考虑主效位点的作用，对互作效应的影响大小和检测方法知之甚少。针对以上难题，开展了以下研究，并取得了阶段性的进展。

（1）全基因组单体型和拷贝数图谱的构建

对于全基因组单体型和拷贝数变异的分析最早开始于人类数据的遗传分析。通过这些大作用范围的标记，遗传学家已经定位到了众多影响人类疾病的基因信息。但在动植物遗传研究领域，对于基因组上单体型和拷贝数信息的报道却相对有限。尤其是肉牛基因组上的单体型和拷贝数变异信息，很少有研究利用高密度的SNP芯片来构建一张精密度很高的单体型和拷贝数变异区域的遗传图谱。鉴于此，吴洋等开展了相关研究。

首先计算SNP标记之间的连锁不平衡情况，即r^2值。根据r^2值的大小，将整条染色体划分为若干个单体型区域。然后利用EM算法，计算单体型的频率，从而完成全基因组单体型图谱的构建。为了检测肉牛全基因组的拷贝数变异，首先采用应用最为广泛的PennCNV软件和cnvPartition软件进行个体的拷贝数变异筛查。之后，利用拷贝数变异区域在人类遗传学中的定义，自行编写R脚本对个体出现重叠的区域进行合并，然后确定两个软件的公共区域进行后续的生物信息学分析和实验验证部分。图1即为构建的拷贝数变异图谱。

拷贝数变异区域和单体型图谱的构建无疑为后续的基因定位和全基因组选择提供了更为丰富的标记信息。利用这种标记有可能获得较单个SNP统计效力更高的显著区域，从而为后续的基因验证工作提供更为精确的信息。而将这两种信息标记应用于全基因组选择方面也可以间接地整合单个SNP的遗传效应，从而实现更为准确的基因组预测。

（2）基于单位点和单体型的全基因组关联分析

当前畜禽全基因组关联分析之中普遍采用的简单回归和逐步回归的分析方法，虽然这

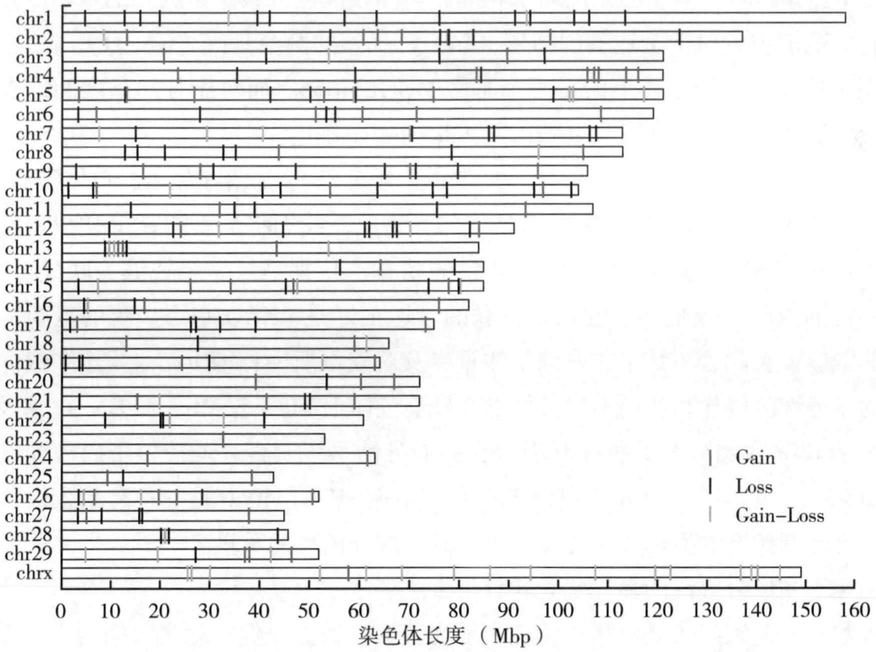

图1　西门塔尔牛拷贝数变异图谱

种方法方便快捷，但其统计效力十分有限。加之这种方法不能有效地控制假阳性率，间接造成结果可靠性的降低。此外，众多报道之中，研究者往往只是应用一种方法寻找相应经济性状的位点，很少同时应用两种方法验证结果的可靠性。对此，研究团队开展了同时基于单位点和单体型的全基因组关联分析。

针对西门塔尔牛资源群体，通过高密度芯片的基因型信息构建了群体亲缘关系的 kinship，这为我们部分实际系谱资料的缺失能够进行很好的补充。此外，我们对芯片数据进行了主成分分析，从分析结果中可以明显地探测到群体中广泛存在的群体分层。为了校正群体分层的影响，在统计模型中加入了前两个主成分信息。最后，利用混合模型的方法，在简单回归的基础上加入了 polygene 部分，得到的统计模型如下：

$$y^* = Xb_i + Qv + Zu + e$$

最终，通过基于单位点和单体型的混合模型的方法找到了影响肉质和体重相关性状的部分基因，并且两种方法找到的基因组区域的可重复性非常高。

在基于单标记的关联分析中，找到了 12 个和 7 个分别控制金钱键和甘油三酯两个数量性状的标记。对于金钱键，找到的 12 个显著 SNPs 都分布在非常近的物理范围内，在 8 号染色体上的 54.1 ~ 54.5Mb。这些 SNP 都分别临近或者位于 GNAQ 和 CEP78 这两个基因。此外，这些 SNP 总共占有 58.36 的遗传力。对于甘油三酯的关联分析，7 个显著的 SNP 也都落在 5 号染色体上的 96 ~ 97Mb，它们附近找到的相关基因是 GRIN2B 和 ATF7IP 且这 7 个 SNP 总共占据的遗传力为 32.96。

在对两个性状的单体型关联分析中，分别检测到 4 个和 5 个显著和金钱键以及甘油三酯相关的单体型区域。与单标记的结果相同，单体型关联分析结果找到的基因组区域也是落在相同的范围内。对于金钱键的结果，除了已找到的两个基因（GNAQ 和 CEP78），我们又发现了位于 8 号染色体上的另一个基因 MGC134066。而对于甘油三酯的结果，所有的 5 个单体型都落在两个基因 GRIN2B 和 ATF7IPA 范围内。

从两种方法共同定位的结果来看，大部分显著的 SNPs 都落在显著的单体型块范围内，这是由这些 SNPs 之间高度的连锁关系造成的。为此，我们将显著的 SNP 挑出，绘制了连锁图，得出这些 SNPs 基本都处于完全连锁的状态。特别是对于金钱键关联分析的结果，在 0.1Mb 范围内的区域是和该性状强关联的，这正好是 GNAQ 基因坐落的范围。这与安格斯牛的胴体重关联分析结果、非洲牛体重以及对安格斯牛日增重结果报道一致。这些研究报道的显著性区域都和我们类似，位于 8 号染色体上 51 ~ 55Mb。而 GNAQ 基因的功能恰巧是影响 GTP 代谢分解的重要基因，它影响骨骼系统发育，调控核蛋白传导以及蛋白激酶的负调控。此外，CEP78 蛋白位于中心体上而 MGC134066 是一种跨膜蛋白，这些基因都是有可能调控肉牛生长并因此影响体重或者部分肉块的重量。

（3）基于主成分方法的多性状关联分析方法

单性状的全基因组关联分析尽管应用最为普遍、快捷，但在缺失数据的应用方面却总是差强人意。而多性状全基因组关联分析恰恰可以很好地应用于缺失数据方面，同时，又能有效利用遗传相关，从而获得比单性状更为可靠的统计检测效力。然而，尽管多性状关联分析受到大家的诸多认同，但应用却十分有限，一方面是因为不能准确地计算出遗传相关，另一方面是由于其庞大的计算负担。鉴于此，团队开展了利用主成分分析方法的多性状全基因组关联分析研究。

首先应用 LASSO 算法对每个性状的基因组信息进行快速筛查，然后利用主成分分析方法对多性状的残差矩阵进行拆分，再利用得到的特征值向量对表型进行加权，从而得到一个充分考虑遗传相关的转化表型。最后通过 LASSO 方法对构建的主成分性状进行求解，并检验相关位点的显著性；并利用此方法研究了西门塔尔牛的 20 个胴体重相关性状的多性状全基因组关联分析，结果如表 2。基于主成分分析基础之上的多性状全基因组关联分析增加了多性状模型的求解方法，对未来多性状的求解和检验具有指导性的意义。

表 2　西门塔尔牛的 20 个胴体重相关性状的多性状全基因组关联分析

SPC	QTL No.	SNP	Chr.	Position	–log（p）	Effect	Heritability
First	1	BovineHD0700006504	7	23736205	6.11	0.03	0.01
	2	BovineHD1000023693	10	83167500	4.84	0.03	0.01
	3	BovineHD1500018258	15	63694848	3.69	–0.03	0.01
	4	BovineHD0700005046	7	17994045	3.02	0.10	0.06
	5	BovineHD0900003540	9	13538093	4.40	0.03	0.01
	6	BovineHD2200010203	22	35643205	3.78	0.02	0.00
	7	BovineHD2500007552	25	26940925	4.89	0.12	0.09
	8	BovineHD2700000367	27	1169118	3.67	0.06	0.02
Second	9	BovineHD0500004156	5	13861704	6.47	0.12	0.09
	10	BovineHD0600033075	6	116460483	3.62	–0.04	0.01
	11	BovineHD0700008057	7	28564386	4.33	–0.04	0.01
	12	BovineHD0900016838	9	61346136	4.90	–0.07	0.03
	13	BovineHD1300001192	13	4584757	3.68	0.15	0.13
	14	BovineHD1700021389	17	73171831	3.31	0.11	0.07

（4）基于 Pathway 的全基因组关联分析

随着研究的深入，人们逐渐发现 GWAS 检测到的显著性 SNP 位点只能解释小部分与表型相关的变异，大量的剩余遗传信息还没有被挖掘。此外，大多数复杂的数量遗传性状往往由微效多基因决定，单个 SNP 无法解释所有的表型变异。因此，需要提出新的统计策略来解决这种缺陷。在已有的众多策略中，基于通路的全基因组关联分析方法因可以同时评估处于同一生物学通路中多个 SNP 的共同作用，而不单单是分析单个 SNP 的效应而广泛受到人们的关注。一些基于通路的关联分析算法也相继被提出，然而传统的基于通路的全基因组分析方法仅仅简单地使用显著的 SNP 构建基因统计量，而忽视了小效应 SNP 的作用。

为了解决传统的基于通路分析的算法缺陷，研究提出了一种新的算法。这种算法包括两个步骤：①使用主成分分析的思想构建每个基因的主成分矩阵，然后根据主成分与表型的关联程度对其进行排序；②使用最大均值法构建每个基因的统计量，然后使用柯尔莫哥罗夫 – 斯米尔诺夫（Kolmogorov–Smirnov）检验通路的显著性。基于来自内蒙古自治区乌拉盖地区 807 头西门塔尔牛所包含的 770000 SNPs 数据，使用新的算法对宰前活重、眼肌面积两个重要的经济性状进行分析。结果表明，在对来自 KEGG 数据库的 263 条通路的分析研究中，伽马氨基丁酸通路（p=0.000876）和非酒精性脂肪性肝病疾病（NAFLD）通路（p=0.000058）分别与宰前活重和眼肌面积两个性状显著相关。通过对两条显著性通路的生物信息学分析发现，伽马氨基丁酸通路已经被证实与动物的采食量及体重增加过程相关。

研究中提出的基于通路的新算法首次剔除基因内部 SNP 之间的连锁作用，丰富了现有基于通路的全基因关联分析的算法。更重要的是，首次对肉牛进行了基于通路的全基因组关联分析，共发现两条与肉牛重要经济性状相关的显著性通路。

4. 转基因育种技术取得新突破

转基因育种，即通过转基因技术将外源基因导入动物受精卵内组成一个新的融合基因，使其在动物体内整合与表达，产生具有新遗传特性的动物。转基因技术育种可以避开物种间杂交不育的生殖隔离，在较短时期内培育出常规方法不能或难以育成的动物品种，从而加快动物改良进程，提高选择效率，改良机会增多，因而极具研究价值。

肉牛转基因研究进展主要集中在 fat–1 基因、MSTN 基因、FABP4/3 基因等基因功能研究以及转基因研究。目前已获得线虫来源和胡麻来源的人源化 fat–1 基因、FAD3B 基因的无筛选标记、无抗性基因的安全转基因载体 6 个，锌指敲除的 MSTN 载体 1 个，同源打靶 MSTN 载体 2 个；获得转基因表达载体 38 个；建成转基因小鼠模型 6 个。获得一批 fat–1 转基因牛、MSTN–/– + PEPCK 转基因牛、FST + PEPCK 转基因牛、MSTN–/– + fat–1 转基因牛，正在进一步完成安全性评价的中间试验和环境释放试验。首次获得了水牛诱导的多能干细胞，构建了一批转基因载体，获得了转 PRL 基因和 BST 基因的转基因水牛妊娠牛；获得转溶菌酶基因转基因牛 5 头、抗疯牛病转基因牛 1 头、Ipr–1 抗结核病转基因牛 4 头、hßd3 抗乳腺炎转基因牛 3 头、转溶葡萄球菌素抗乳腺炎转基因牛 3 头。

5. 国家肉牛遗传评估中心建设初见成效

肉牛遗传评估是肉牛育种的核心内容，肉牛遗传评估中心是肉牛繁育体系不可缺少的组成部分。在完善的育种技术体系中，遗传信息评定成为育种技术实施的核心和关键，为了实现科学、高效、准确的遗传评估，很多育种企业与科研单位和大学联合组建研究中心，共同进行软件开发和育种值的遗传评估，甚至以此为技术平台，借助先进的网络体系来收集数据，开展全国乃至几个国家的联合育种。从 2010 年开始，农业部委托中国农业科学院北京畜牧兽医研究所组建肉牛国家遗传评估中心。截至 2015 年 5 月，已收到来自全国各地 45 家种公牛站（公司）共 3575 头种公牛和全国 10 家肉牛核心育种场延边牛、西门塔尔牛、短角牛、槟榔江水牛、大通牦牛 5 个品种的核心母牛群的生产性能数据。具体肉牛品种和数量为：西门塔尔牛1830头、利木赞144头、夏洛来402头、安格斯190头、德国黄牛33头、和牛129头、金黄阿奎丹1头、劳莱恩3头、辽育白牛75头、鲁西牛8头、蒙贝利亚16头、摩拉水牛99头、南德温93头、南阳牛13头、皮埃蒙特6头、婆罗门3头、秦川牛7头、三河牛103头、夏南牛31头、延边牛40头、延黄牛36头、大通牦牛38头、牦牛50头、短角17头、海子水牛16头、郏县红牛31头、尼里水牛90头、褐牛41头、槟榔江牛16头、晋南牛4头、蜀宣花牛10头。同时2015年完成了国家肉牛遗传评估中心平台软件的开发以及国家肉牛遗传评估中心网站的建设，并配合农业部良种补贴项目，从2011年开始完成近8000头肉用（兼用）种公牛的育种值估计，利用估计育种值筛选了3810头种公牛入选2011—2015年国家畜牧良种补贴项目肉用种公牛名单。

6. 新品种 / 品系培育（2006—2014年）

2006—2014年，利用本品种的选育提高和采用杂交方式培育了5个专门化肉牛品种。

（1）夏南牛，主产区河南南阳，夏洛莱牛与南阳牛杂交选育的肉用品种，2007年通过品种审定，是我国培育的首个肉牛品种。毛色以浅黄、米黄为主；肉用体型较好，体躯长宽，肌肉丰满；性情温驯，易育肥，但耐寒、耐热性稍差。

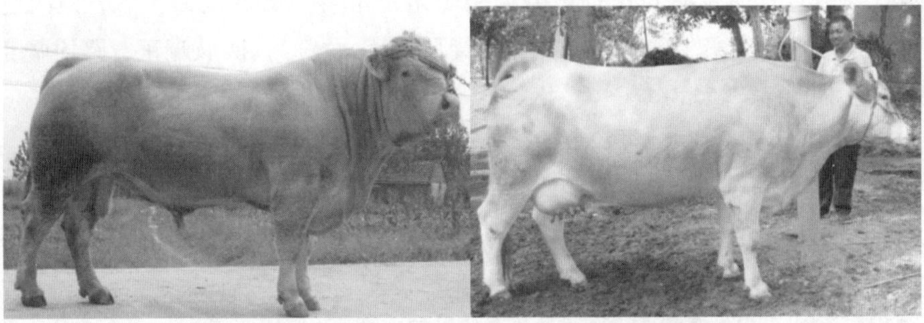

图2　夏南牛种公牛和种母牛（图片由李俊雅团队提供）

（2）延黄牛，主产区吉林延边，利木赞牛与延边黄牛经导入杂交选育的肉用品种，2008年通过品种审定。体型外貌与延边牛接近，体躯呈长方形，结构匀称，生长速度快，牛肉品质好；性情温顺，耐寒，耐粗饲，抗病力强。

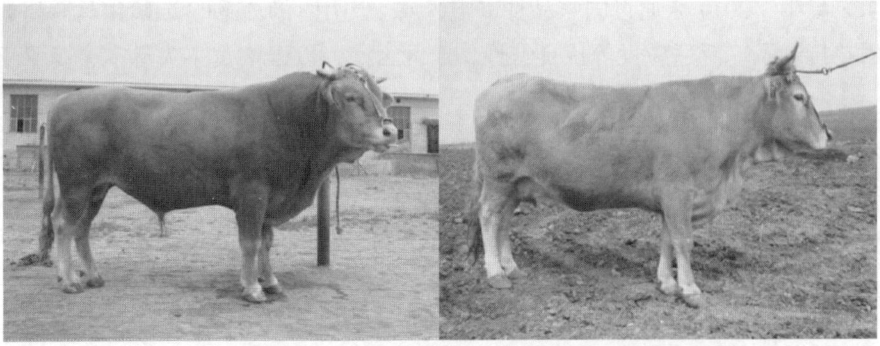

图3　延黄牛种公牛和种母牛（图片由李俊雅团队提供）

（3）辽育白牛，主产区辽宁，夏洛莱牛与辽宁本地黄牛高代杂交选育的肉用品种，2009 年通过品种审定。体型外貌与夏洛莱接近，被毛白色或草白色；体型大，体躯呈长方形，肌肉丰满，增重快，肉用性能好；性情温顺，耐粗饲，抗寒能力强。

图 4　辽育白牛种公牛和母牛（图片由辽宁繁育中心站提供）

（4）蜀宣花牛，原产地四川宣汉地区，以宣汉黄牛为母本、西门塔尔牛和荷斯坦牛为父本培育而成的乳肉兼用型新品种，2011 年通过品种审定。被毛为黄（红）白花，头部、尾梢、四肢为白色，体躯有花斑；角型为照阳角，角、蹄蜡黄色为主，鼻镜肉色或有斑点；体型中等，体躯深宽，颈肩结合良好，背腰平直，宽广，四肢端正，蹄质坚实，整体结构匀称，公牛略有肩峰。

图 5　蜀宣花牛种公牛和种母牛（图片由四川省畜牧科学院提供）

（5）云岭牛，2014 年通过国家品种审定，属于肉用牛新品种。云岭牛具有高繁殖、肉质好、耐热抗蜱及广泛适应性等优良特性，产区云南，以云南黄牛为母本、婆罗门牛和莫

图 6　云岭牛种公牛和种母牛群（图片由云南省草地动物科学研究院提供）

累灰牛为父本培育而成的适于南方热带、亚热带环境饲养的肉牛新品种，其肉品质大部分达到A3以上等级，是目前全世界生产优质高档牛肉——“雪花牛肉”为数不多的肉牛之一。

（四）家禽遗传育种研究进展

1. 我国家禽遗传育种学科研究已经处于世界先进水平

总体来说，我国家禽遗传育种学科处于世界先进水平。尤其是近些年，在我国政府的大力支持下，学科产出了很多世界瞩目的技术成果。我国在20世纪90年代初启动了水稻和人类基因组计划，在国家科技部、农业部、教育部和国家自然科学基金委以及省市等地方科技管理部门的支持下，安排了一些与畜禽基因组有关的研究项目。经过10多年的发展，取得了一些重大突破。①构建了国际上第1张鸡随机扩增DNA多态标记（RAPD）遗传图谱，该遗传图谱包含RAPD标记52个，覆盖了870 cM（厘摩）的遗传长度，是当时国际第1张也是最大的鸡RAPD遗传图谱。②精细定位了鸡性连锁矮小基因（dw），并在国际上首次克隆报道了该基因的DNA序列。该成果证实了生长激素受体基因位于鸡性染色体长臂上，性连锁矮小鸡生长激素受体基因编码受体蛋白胞内区的第10个外显子发生了1775个核苷酸的缺失突变，阐明了鸡性连锁矮小基因的分子遗传基础。③首次鉴定了鸡绿壳蛋性状的绿壳基因（O基因），阐明了鸡绿壳蛋性状形成的分子机制，即由SLCO1B3基因启动子区逆转录病毒EAV-HP插入引起，插入位点在chr1：67324641-67324642，该研究结果2011年获得专利授权。尤其重要的是，该基因已经被用于蛋鸡育种的实践工作中，并培育成果两个蛋鸡新品种，这在世界范围内也是首次。④我国首先利用全基因组关联技术对蛋鸡生产性能和品质性状进行了研究和分析。因此我国动物遗传育种领域技术水平可以与国际上最好的研究机构和企业相媲美。

2. 重要经济性状的分子遗传基础和利用获得了全面发展

在国家“十一五”“863”计划现代农业技术领域“农业动物分子与细胞工程育种”重点项目的支持下，我国鸡重要经济性状的分子遗传评估及综合利用技术得到了快速发展，挖掘了一些与产量、品质和抗病相关的关键基因以及功能突变位点或紧密连锁的分子标记。

在鸡QTL位点的挖掘上已经进行了大量的研究工作，主要集中于不同品种的重要性状QTL图谱的建立和分子遗传标记的鉴定。至今已进行QTL定位的性状有体重、肌肉生长与发育、腹脂、体形结构、对沙门菌和马立克氏病（MD）的抗性等，结果表明影响屠宰率和体重、生长速度、肉色、增重的QTL位点分别位于1号染色体、z染色体、2号染色体、4号染色体上。另外，在鸡的肉质性状遗传规律研究、鸡快慢羽基因、我国特有资源丝羽乌骨鸡“十全”特征性状遗传规律的研究、鸡蛋绿壳性状控制基因的鉴别、控制鸡抱巢性基因与变异的鉴别等方面都取得了可喜的进展。

高通量测序和全基因组关联分析技术的运用极大地促进了鸡主要经济性状主效基因挖掘和分子标记的鉴定。2004年12月，中科院北京基因组研究所在原鸡基因组和家鸡基因组多态性研究上绘成一张鸡的遗传差异图谱，发现了280多万个变异位点。2009年我国多家单位联合相继启动鸡全基因组关联分析研究，其中，中国农业大学、华南农业大学和东北农业大学 3 所高校对其拥有的资源群体进行了全基因组关联分析，筛选出一大批与生长发育、肉品质量和屠体性能等重要经济性状显著相关的 SNP 位点，构建了国际上使用 SNP 标记数最多、分辨率最高的鸡遗传图谱；并运用连锁分析和候选基因手段，确定了多个影响体重、脂肪等重要经济性状的数量性状基因座。

总之，通过近 20 年的发展，在鸡的分子育种上已经发现大量的影响鸡生长、肉质、屠体、繁殖和抗性性状的分子标记和候选基因，为进一步的分子标记辅助选育实践提供了理论依据。

3. 全基因组选择育种技术已经成为国内家禽育种学家研究的热点

全基因组选择是利用整个基因组的标记信息对个体育种值进行估计。在前期全基因组关联分析的基础上，进一步利用高密度的 SNP 标记进行动物机体全基因组序列扫描，并利用各种数理统计模型精确分析单个 SNP 的效应以及在基因组水平上的相互关系，这种方法克服了主要经济性状的单个 SNP 效应偏小的问题，选择的精确度和可靠性有了显著提高。目前，中国农业大学等部分高校和科研单位已成功开展了畜禽的全基因组选择研究和实践，涉及的品种包括奶牛、猪、鸡等。

4.“OMIC”组学技术在畜禽遗传育种上的研究和应用已崭露头角

“OMIC”组学由动物功能基因组学、结构基因组学、转录组学、蛋白组学、代谢组学以及表型组学等构成，主要研究对象是功能基因组学、生物信息学、比较基因组学、结构基因组学、蛋白质组学、整体生物学等。目前，我国研究还主要集中在鉴定分离与品质、遗传抗性、生长和繁殖等重要经济性状相关的新基因，多数研究还没有深入到对基因功能的验证和了解基因表达的调控网络。

5. 我国家禽抗病育种研究尚处于初级阶段，地方鸡种的优秀抗病性能为抗病育种提供了重要素材

与国外同类研究相比，我国鸡抗病育种研究尚处于初级阶段。然而，我国有优良的地方鸡种，很多地方鸡种在抗病性能上表现突出，为我国鸡抗病育种研究提供了得天独厚的条件。此外，我国在其他育种技术研究成绩显著，可以为我国鸡抗病育种研究提供更多的支持，有利于提高我国蛋鸡的抗病能力，提升品种的特点和竞争力。

6. 鸡转基因育种技术相对薄弱

自从 1982 年美国科学家 Palmiter 等通过转基因方法获得超级鼠之后，人们把目标转向家畜、家禽和鱼类的转基因研究，并获得了转基因猪、牛、羊、鸡、兔和鱼等。当前，国际上有关转基因动物的研究焦点聚集在三个方面：①转基因方法的研究；②利用转基因动物来研究动物基因的表达调控机制；③培育能生产非常规性畜产品的转基因家畜。利用转基因家畜可以生产非常规性畜产品，这将使畜牧业成为最具有高额利润的新型工业，引发畜牧业乃至人类医学新革命。我国政府也高度重视动物转基因育种的发展，“十一五”和“十二五”连续两次启动猪、牛、羊等家畜的“转基因生物新品种培育重大专项”。但至今鸡的转基因育种仍未列入专项计划，我国鸡的转基因育种也仅在国内少数研究机构和高校进行尝试性的初步研究，如复旦大学组建的上海复旦新杨生物科技有限责任公司专门开展转基因鸡技术研究，扬州大学开展了精原干细胞介导法培育转基因鸡技术的研究。目前，国内对于转基因鸡的研究主要处于技术探索阶段，距离国外转基因鸡技术水平和转基因育种的实施还有较大的差距。

（五）绒毛羊遗传育种研究进展

1. 重要经济性状遗传解析

近年来，随着基因组高通量测序等多种技术实现突破，基因组学、表型组学等“组学”及生物信息学得到迅猛发展，羊育种理论和技术也发生了重大变革。新一代测序技术、系统生物学技术、全基因组关联分析、全基因组选择等高新技术已成为羊新品种培育的新手段。

（1）绵、山羊参考基因组研究

由中国科学院昆明动物研究所、深圳华大基因研究院等单位合作分别对云南黑山羊、特克赛尔羊进行基因组测序、组装完成的首个绵山羊全基因组图谱，分别在 *Nature Biotechnology*、*Science* 杂志在线发表。绵、山羊参考基因组的完成，不仅有助于进一步研究反刍动物与非反刍动物之间的区别，而且将有助于绵山羊重要经济性状的分子调控机制研究和分子标记辅助育种技术在绵山羊新品种培育中的应用。

在山羊基因组研究中，通过比较基因组分析，研究人员发现山羊与牛的亲缘关系较近，二者大约在 2300 万年前分化。此外，山羊基因组中约有 44 个基因受到正选择，其中 7 个与免疫相关，这与在牛基因组中是一致的；另外还有 3 个与垂体功能相关的基因发生快速进化，这可能与产奶量、胚胎发育速度以及羊毛变化等相关。随后，研究人员进一步分析了山羊基因家族扩张与收缩情况，发现 3 个与味觉受体相关的基因亚家族发生扩张，而仅有 1 个亚家族收缩，推测这可能与山羊的觅食能力相关；同时还发现铁蛋白重链多肽 -1 基因（FTH1）扩张至人类的 7 倍、牛的 2 倍，并推测这可能与山羊强大的解毒及觅食能力相关，因为铁蛋白在铁离子螯合、解毒和贮存中发挥着重要作用。研究人员还对山羊的 MHC 进行了研究，发现山羊 MHC 位于 23 号染色体，由两个区域组成，大小分别为 2.25Mb 和 360kb，其中包含 160 个蛋白编码基因。山羊 MHC 的详细信息将对山羊的免疫和接种具有重要价值。通过一系列的分析，发现其中有 2 个角蛋白基因和 10 个角蛋白辅助蛋白基因在所有样本的初级毛囊和次级毛囊中存在基因表达差异，并可在次级毛囊中高度表达，这表明角蛋白及角蛋白辅助蛋白基因在羊绒纤维结构中起着重要作用。角蛋白辅助蛋白可分为三大类，即高硫角蛋白辅助蛋白、超高硫角蛋白辅助蛋白和高甘氨酸酪氨酸蛋白。在初级毛囊和次级毛囊中差异表达的都是超高硫角蛋白辅助蛋白基因，表明超高硫角蛋白辅助蛋白对羊绒的形成很重要。其他在次级毛囊中上调的基因还包括促进羊绒生长中期转化的纤维母细胞生长因子 21 基因，在 Wnt 通路中调节 β-catenin 功能、促进毛囊发育的酪蛋白激酶Ⅰε基因。次级毛囊中下调基因主要是两种氨基酸生物合成酶——天冬氨酰合成酶和磷酸丝氨酸转氨酶，二者分别在天冬酰胺和丝氨酸合成中发挥重要作用，因此这两种氨基酸在初级毛囊的发育中更具意义。其他下调基因还有缝隙连接 α-1 蛋白和桥粒芯蛋白，二者分别在毛囊细胞通信和毛囊形态发生中具有重要作用；异戊二烯基二磷酸 δ-异构酶和细胞视黄酸结合蛋白则与视黄酸合成相关，能够调节毛发生长和毛发循环。

在绵羊基因组研究中，完成了2只特塞尔绵羊的全基因测序工作，并对94个样本（取自40种不同组织）进行转录组测序。最终科研人员获得25197个注释基因，其中20921个是蛋白编码基因。此外，通过对绵羊、山羊、牛、牦牛、猪、骆驼、马、狗、鼠、负鼠以及人的蛋白序列进行比对，在这11种基因组序列之间发现了4850个单拷贝的同源基因。哺乳动物的表皮发育复合体（EDC）区域负责编码参与角质化组织表皮结构发育（如瘤胃、皮肤和毛发）相关的蛋白。研究人员在绵羊的EDC区域中首次鉴别到两种在反刍动物中发生特异蛋白结构改变，且仅在瘤胃中特异高表达的结构蛋白，其中一个是毛透明蛋白类似蛋白（TCHHL2），此蛋白是在皮肤中高表达的毛透明蛋白（TCHH）的同系物；另一个是小脯氨酸丰富蛋白Ⅱ家族（PRD-SPRRII）。这两个结构蛋白发挥瘤胃表面基板的作用，通过转谷氨酰胺酶介导交联瘤胃表达的角蛋白，从而构成瘤胃壁黏膜层的坚韧的角质化表面，参与瘤胃表层角蛋白角质化形成。

皮肤和羊毛的主要作用是在绵羊和外部环境之间形成一个天然屏障，减少体内水分和热量的散失，并阻止外部病原体进入。羊毛脂占据羊毛重量的10% ~ 25%，它是由皮脂腺分泌的。研究人员发现除了肝脏，反刍动物的皮肤也是重要的脂类代谢器官。绵羊皮肤的转录组数据表明MOGAT2和MOGAT3发生了高表达，这两个基因是甘油酯o-酰基转移酶（DGAT2/MOGAT）基因家族的成员，主要参与甘油二酯（DAG）和三酰甘油（TAG）的合成。在已知的几乎所有哺乳动物中，MOGAT2和MOGAT3是单拷贝基因，然而在反刍动物中，这两个基因发生了串联基因扩增，表明其正在进化新的功能。绵羊皮肤中MOGAT2和MOGAT3蛋白的出现表明甘油二酯合成代谢通路发生了明显的改变。另外，MOGAT代谢通路也绕过了1-酰基-溶血磷脂酸（LPA）和磷脂酸（PA）合成步骤。皮肤生成脂肪酶（LIPH）使PA转化成2-酰基LPA，从而控制毛囊的成长。在一些哺乳动物中LIPH突变导致了类似于羊绒的毛发的生长。因此，绵羊皮肤中MOGAT代谢通路降低了甘油三酯合成和磷脂酸合成、皮肤屏障脂质合成和囊泡发育调控的耦合，有利于羊毛的生长。

（2）重要经济性状遗传解析

在绒山羊研究中，随着山羊参考基因组的完成，国内重点在功能基因组方面应用RNA-seq、Small RNA-seq对绒山羊皮肤转录组进行组装，对参与毛囊周期性发育的mRNA、miRNA进行了筛选。Xu等采用Illumina/Solexa高通量测序技术对绒山羊皮肤转录组进行de novo组装，共获得57040个高质量contigs，发现在生长期和休止期存在7000个不同转录本，这些转录本主要参与信号转导、细胞外结构和细胞骨架的形成和ECM受体相互作用、黏着斑、间隙链接，说明这些基因主要参与毛囊生长阶段细胞与细胞、细毛与基质间的通信作用。Geng等比较了绒山羊毛囊发育的生长期、休止期和退行期3个不同阶段的差异基因，在生长期vs退行期共发现683个差异基因，在生长期vs休止期共发现530个差异基因，在休止期vs退行期共发现119个差异基因。差异基因中大量与细胞过程、细胞组成、结合、生物条件和代谢过程有关，并发现Wnt、Shh、TGF-β和Notch信号通路参与毛囊周期活动。Yuan等对陕北白绒山羊（Capra hircus）不同时期的皮肤毛囊进行测序，鉴定了399个保守的microRNA，其中326个microRNA在生长期、退行期和休止期都有表达，分别有3个、12个和11个microRNA在3个时期特异性表达；鉴定了172个候选的新microRNA，其中有36个在3个时期都有表达，分别有23个、29个和44个microRNA在3个时期特异性表达；通过GO注释和KEGG基因富集，23.08%的microRNA靶基因涉及了278种生物功能，其中5个主要功能途径（代谢途径、致癌途径、MAPK信号通路、内吞作用和粘着斑）可能与毛囊的周期性生长有关。Liu等以绒山羊（Capra hircus）生长期的皮肤毛囊为样品，通过测序鉴定了22个新的microRNA与316个保守microRNA；在保守microRNA中，68个microRNA已在microRBase中收录，其余248个microRNA在其他物种中比较保守，但在绒山羊中未见报道，推测可能对绒山羊皮肤和毛囊的发育具有重要作用。此外，研究表明山羊与绵羊共表达的microRNA在染色体上的定位也相同，并研究了miR-let7a、MiR-125b及其靶基因在绒山羊毛囊发育和周期性生长过程中的调控机制。“973”计划项目“我国重要家养动植物在人工选择下进化的遗传和基因组机制”正在开展绒山羊重测序、GWAS方面的研究，但尚未见有关报道。绒山羊候选基因研究方面主要集中在羊绒性状。

在细毛羊研究中，随着绵羊参考基因组的完成，重点在功能基因组方面研究应用基因芯片、Small RNA-seq、蛋白质对细毛羊皮肤转录组进行组装，对参与毛色、毛囊发育、周期性生长的mRNA、miRNA进行筛选。Yue等应用基于高通量测序的Digital Gene Expression Tag Profiling Analysis对2组不同羊毛纤维直径高山美利奴皮肤组织表达谱进行分析，共检测到40个差异表达的基因，其中上调基因9个、下调基因31个；通过进一步对表达谱天然反义转录本分析，发现在绵羊皮肤表达谱中30%以上的基因存在天然反转录本，正义—反义转录本间相关系数介于0.533 ~ 0.557；不同羊毛纤维直径间高山美利奴皮肤组织具有显著差异表达的反义转录本7个，且全部下调；对40个差异基因的反义转录本进行分析，发现在超细毛羊组中AQP8、Bos d2、SPRR基因存在具有显著差异的天然反转录本且全部下调。Liu等应用基因芯片、蛋白质组学技术全面筛查了敖汉细毛羊羊毛发育在不同部位、不同时期差异基因表达情况，分别检测了颈部和腹股沟部皮肤毛囊生长期和休止期基因的表达，并结合生物信息学的方法对差异表达基因进行统计和分析，在敖汉细毛羊羊毛生长期与休止期基因表达量的差异比较中，发现存在不同部位共表达的基因有83个，其中有68个基因表达上调，15个表达下调；差异倍数在5倍以上毛囊生长相关的差异表达基因有SPRR2A、OVAR-DQAl、ZOl、FSHR、LOC100037688、PTAFR、COL3Al、LOC494431，2倍以上差异表达基因为TGFB2、LOCI00125624、BAMBI、IGFBP2、MMP7、LEP、HSD11B1、BGN、GNLY、ACVR1B、TGFB1、L0C100137068；研究发现有一些基因与免疫相关，如TGF-β1、L0C554321、NFAT5等随着毛囊周期性变化而呈差异表达，说明在毛囊发育的不同时期，可能参与毛囊发育的调控。Liu等对藏绵羊（Ovis aries）生长期、退行期和休止期的皮肤毛囊组织进行测序，共发现成熟microRNA 244个，其中204个为保守microRNA，35个为新microRNA，5个被收录在microRBase中；进一步鉴定了3个时期6个差异表达microRNA（oarmi R.1 03.3P、oar-miR-1 48b.3P、oar.miR.320-3P、oar.miR.3 1.5P、oar.novel.1.5P和oar.novel.2.3P），发现microRNA可能通过调控MAPK和Wnt等通路中的靶基因来调控毛囊生长。王宁教授应用GWAS技术开展了细毛羊全基因组关联分析，研究发现YWHAZ、KRTCAP3、TSPEAR、PIK3R4、KIF16B、PTPN3、GPRC5A、DDX47、TCF9、TPTE2、EPHA5和NBEA基因的SNP与羊毛主要性状（弯曲、细度）显著相关。

2. 育种理论与技术

（1）育种理论与技术进展

在育种理论与技术方面，主要应用SSCP、RFLP、HRM和基因芯片技术对与细毛羊、绒山羊的毛（绒）纤维直径、弯曲和产毛（绒）相关的基因的SNP位点进行了研究，但还需进一步验证。艾买提·买买提等采用PCR-SSCP和DNA测序技术，检测了中国美利奴羊（新疆型）品种共计418个个体在角蛋白关联蛋白基因KAP6.1、KAP8.1、KAP8.2、KRTAP9-2、KAP16.4-1和KAP16.4-2等基因位点的遗传变异，分析了其遗传结构和遗传多态性。发现KAP6.1与KRTAP9-2基因型组合BBBBE型长度评分个体，ABAA型与ABAB型毛油汗评分和毛光泽评分个体，AABB、BBBB和AAAB型剪毛量个体和ABBB型弯曲数个体之间差异显著（$P < 0.05$）；KAP8.1与KAP8.2基因型组合AACC型与ABCC型鉴定时体重个体，ABAA、AABB、BBBB、BBAB、BBCC型弯曲评分个体，BBAA、ABAA、ABBB与ABAB型毛细度评分个体，AACC型体格大小个体，BBBB型剪毛量个体差异显著（$P < 0.05$）；KAP16.4-1与KAP16.4-2基因型组合聚合基因型AAAB型鉴定时体重个体，ABAA和ABCC型毛弯曲评分个体，ABAB型毛细度评分、毛油汗评分、毛光泽评分和弯曲数个体，ABCC型变异系数个体差异显著（$P < 0.05$）。田月珍等采用PCR.SSCP技术检测TXNIP和KRT26两个候选基因在中国美利奴羊（新疆型）群体中的SNP位点，分析该基因遗传多态性和其与羊毛细度的相关性。结果表明：TXNlP和KRT26基因均有AA、AB、BB三种基因型；TXNIP基因检测到2处突变，即52bp-/T、86bpG/T均为同义突变，其与羊毛细度差异不显著（$P > 0.05$）；KRT26基因出现5处碱基的突变，分别为83bp（G/C）、86bp（T/C）、112bp（C/T）、140bp（G/A）、247bp（C/T），前三处为同义突变，后2处发生了氨基酸的替代，即Val/Ile、Asn/Lys，其三种基因型个体之间的羊毛细度差异极显著（$P < 0.01$），因此，KRT26基因可以作为绵羊毛细度相关候选基因。王丽萍等以甘肃

高山细毛羊为研究对象，应用基因克隆、生物信息学、PCR–SSCP 和 HRM 技术分析 KRT–IF 31 基因的遗传效应及其与毛用性状的相关性，KRT–IF 31 基因 CDS 区 191 位发生 T–C 突变，产生一对等位基因 E、F，存在 EE、EF、FF 三种基因型；EF、FF 基因型细度差异显著，EE、EF 基因型细度离散差异显著，因此此位点可能与羊毛细度、细度离散有关。荣恩光等采用 PCR–RFLP 方法开展了 DLX3 基因 3′ UTR 区 4 个 SNPs 的多态性检测，通过卡方检验分析了 4 个 SNPs 在各品系绵羊中的等位基因频率，采用连锁不平衡分析构建了这 4 个 SNPs 的单倍型，最后将单位点和单倍型分别与绵羊羊毛品质和生长性状进行关联分析。结果表明：4 个 SNPs 在 5 个品系间的等位基因频率均存在极显著差异（$P<0.01$）；超细毛绵羊品系与其他 4 个品系间的基因型分布均存在极显著差异（$P<0.01$），2 个多胎品系与其他 3 个品系间的基因型分布同样存在极显著差异（$P<0.01$）；相关分析显示，这 4 个 SNPs 及其单倍型均对羊毛卷曲度有显著影响（$P<0.05$），而对其他羊毛性状及生长性状无显著影响（$P>0.05$）。

（2）转基因技术进展

2008 年启动了科技重大专项“转基因生物新品种培育”，为开展绒毛用羊转基因研究提供了发展机遇，国内多个实验室开展了相关工作。国内已广泛采用原核注射、体细胞核移植、病毒载体以及基因打靶、RNA 干扰（RNAi）等技术进行转基因羊制备，建立了国际领先的绵羊慢病毒载体高效转基因技术和规模化转基因技术体系，应用 ZFN、TALEN、CRISPR/Cas9 技术开展了绒毛用羊基因编辑研究，成功获得拟蜘蛛牵丝蛋白基因、FecB 基因、布氏杆菌病、ω–3 脂肪酸去饱和酶基因、Tβ4 基因、mAAT 基因的转基因羊，并开展了转基因羊安全评价研究。同时培育了一批转基因羊新品种研发企业，建立了一批转基因羊产业化基地，如北京兴绿原生物技术有限公司、上海滔滔生物工程有限公司、上海杰隆生物技术有限公司、杨凌科元克隆股份有限公司以及青岛森淼实业有限公司等，为转基因绵羊研究最终走向产业化奠定了基础。

3. 新品种 / 品系培育情况

1954 年，我国第一代细毛羊品种——新疆毛肉兼用细毛羊。

1985 年，中国美利奴羊（新疆型、新疆军垦型、科尔沁型、查干花型）通过国家畜禽遗传资源委员会审定。

2003 年，新吉细毛羊通过国家畜禽遗传资源委员会审定。

2000 年 7 月，云南半细毛羊通过国家品种委员会审定，成为我国第一个国家级的半细毛羊新品种。

2008 年，彭波半细毛羊通过了国家级审定，形成了“彭波半细毛羊”新品种。

2009 年 4 月，凉山半细毛羊通过国家畜禽遗传资源委员会羊专业委员会的审定。

2011 年 11 月，晋岚绒山羊通过国家畜禽品种遗传资源委员会认证。

2013 年 3 月 19 日，简州大耳羊通过国家畜禽品种遗传资源委员会认证。

2014 年 1 月 27 日，察哈尔羊通过国家畜禽品种遗传资源委员会认证。

2014 年 10 月 27 日，苏博美利奴羊通过国家畜禽遗传资源委员会审定。“苏博美利奴羊”是以超细型澳洲美利奴羊为父本，以中国美利奴羊、新吉细毛羊和敖汉细毛羊为母本，采用级进杂交方法，跨省区多单位联合育种，经 4 个世代的系统选育，培育的超细型细毛羊新品种。主产区主要分布在新疆、内蒙古和吉林等省区。同时，国内毛肉兼用细毛羊、绒肉兼用绒山羊、多胎细毛羊等兼用型新品种（系）的培育工作已逐步展开。

以澳大利亚、新西兰为代表的细毛羊生产强国在培育细型和超细型细毛羊的同时，大力开展选育具有易管理、耐粗饲、抗病性强、繁殖力高的毛肉兼用型美利奴新品种（系）。已培育成功少皱褶美利奴羊，可以减少蝇蛆病的发生率，降低了羊只的管理费用，同时具有很好的产毛性能。

（六）肉羊遗传育种研究进展

1. 肉羊重要经济性状研究进展

肉羊重要经济性状主要包括生长性状、繁殖性状和肉质性状等，近些年来我国利用不同的方法对这些性状开展了大量的遗传解析研究工作，并取得了如下阶段性成果。

（1）候选基因法

科学家利用候选基因法在绵、山羊中发现了一批与经济性状相关的遗传位点及基因。与生长性状相关的基因主要有：黑素皮质素受体家族的 MC4R 基因是影响中国美利奴羊、湖羊以及德国美利奴生产性状的 QTL 或与其有连锁；生长激素（GH）基因与滩羊和藏羊的体重、体尺和肉品质相关；POMC、β-lg 和湖羊生长性状相关；IGF-1 基因的表达及其 SNP 与凉山半细毛羊生长性状相关；β3- 肾上腺素能受体（ADRB3）和瘦素（Leptin）基因与甘肃高山细毛羊生长速度相关；FABP4、IGFBP3 和 SPP1 基因影响藏绵羊脂肪、生长和胴体性状；阿勒泰羊 Myf 5 基因与其早期生长发育相关；Leptin 基因与杜寒杂交羊生长发育性状相关；DLK1 基因与宁夏滩羊、得克塞尔和萨福克群体生长性状无关。同样在山羊中也发现许多基因与生长性状相关联：GHSR、GHRH-R、GHRL、RERG 及 STAT5A 基因影响贵州黑山羊和黔北麻羊生长性状；POU1F1 基因影响贵州黑山羊屠宰性状；FGFR-1 在贵州白山羊、贵州黑山羊和黔北麻羊中具有丰富多样性；南江黄羊的生长性能受 A-FABP 和 GH 基因的影响；Myf5 基因多态性与天府肉羊和成都麻羊的体重、管围相关；OPN、STAT5a 影响崂山奶山羊体尺性状，而 PrRP 和 PRNP 基因与西农萨能奶山羊的生产性状相关；Pit-1 基因对河西绒山羊、辽宁绒山羊和内蒙古绒山羊生长性能存在一定影响；MDFI 基因与海门山羊体尺性状关联；PRDM16 基因与徐淮山羊体长、胸围和体重性状关联；MSTN 基因是影响波尔山羊生长性状的主基因，GH 和 GHR 基因对其生长也有一定的影响；MyoG 基因对波尔山羊生长性状存在一定影响；SST 和 SSTR1 基因对山羊生长性状（体长、体高和胸围）影响显著；VEGF 基因与山羊体长和体高性状相关联，等等。

在繁殖性状的研究中，科学家发现 FecB 基因与小尾寒羊产羔数相关；GDF9 是小尾寒羊、甘肃肉羊高繁殖力候选基因；FecTT 对中国绵羊品种繁殖力无显著影响；HAS2、

ADPN 和 LHR 基因均不能作为绵羊高繁殖力的候选基因；绵羊 Leptin 基因序列的差异性可能是造成绵羊季节性发情的原因，并可作为常年发情绵羊品种选育的辅助标记。在山羊中，通过对西农萨能奶山羊、关中奶山羊以及波尔山羊的研究，推测 GnRH1 和 GDF9 基因可以作为山羊产仔率辅助选择的遗传标记；GDF 9 和 BMP15 基因多态性与贵州白山羊产羔数相关；但是 BMPR-IB、BMP15、GDF9 基因在福建省 4 个主要山羊品种中没有检测到导致多胎的突变位点；和绵羊情况类似，GnRHR 和 IGF1 基因也与山羊产羔数相关；表皮生长因子受体基因（EGFR）多态性与贵州白山羊和川东白山羊产羔数相关；TGF-β1 基因多态位点与波尔山羊和陕南白山羊产羔数显著相关；PRLR 基因的单核苷酸多态性与波尔山羊、关中山羊和天府肉羊品种产羔数显著相关；KITLG 基因与西农萨能奶山羊和关中山羊品种的高产羔率相关；PRLR 基因与海门山羊品种产羔数显著相关；此外还发现 INHA、KISS-1、GPR54 和 FSHB 基因与山羊产羔数相关。

肉用性状研究主要集中在绵羊上，黑皮素 4 受体（MC4R）基因上的 3 个突变位点与德美羊的生长和肉质性状显著相关；PPARGC1α 基因和苏尼特羊、巴美肉羊、小尾寒羊肉质性状相关；GH 基因多态性与甘南藏羊屠宰率和剪切力显著相关；脂联素基因（apM1）和藏羊胴体及肉质性状的主效 QTL 紧密连锁，可作为藏羊高档羊肉生产的候选分子标记；GHR 和 IGF-Ⅰ基因表达与湖羊肌纤剪切力正相关，与肌纤维密度负相关。通过对以纯种道塞特和杜泊羊为父本、以湖羊为母本的杂交 F2 代群体（共 800 只）生长性状测定数据进行关联分析，在 BTG2 基因的 CDS 区发现一个 SNP（c.G489A）位点，绵羊 BTG2 基因的 c.T2321C SNP 位点对 B 超测量的眼肌的宽度和背膘厚有显著影响（$P < 0.05$），CAST-S3 的 g.G73A 突变三种基因型之间眼肌厚度差异极显著（$P < 0.01$）、眼肌面积差异显著（$P < 0.05$）。

（2）基因组学研究

随着芯片技术与高通量测序技术的发展，基因组学全面运用于生物体重要经济性状挖掘与验证研究。目前，已利用全基因组关联分析研究、转录组测序、选择信号检测等方法在全基因组范围内发掘影响肉羊数量性状的重要功能基因，该方法比候选基因法更加精准、有效。中国农业科学院北京畜牧兽医研究所团队在对苏尼特羊、德国肉用美利奴羊和杜泊羊组成的肉羊资源群体的肉用性状的 GWAS 研究中，检测到 25 个可能与绵羊肉用性状相关的潜在候选基因。通过选择信号分析，在苏尼特群体中发现与繁殖和脂肪沉积相关基因 FSHR、繁殖与生长基因 TSHR、毛囊发育相关基因 EDAR 和体型大小基因 IGF1；德国美利奴羊群体中与毛色相关基因 KITLG 和 MITF 以及控制体型大小的 NCAPG 基因；杜泊羊群体中与纤维激活蛋白基因 FAP、骨骼发育重要基因 BMP3 和肌肉生长相关基因 TTN。

转录组测序是目前研究转录组的最新技术。在绵羊中通过比较小尾寒羊和杜泊羊的肱二头肌之间的差异，获得 1300 个差异表达的基因，研究这些基因的表达规律有助于揭示绵羊肉用性状的发生机制。在山羊中通过比较安徽白山羊的多产和单产类型，发现在多产中有 1583 个上调基因和 618 个下调基因，大量的差异表达基因与细胞的生长及代谢相关，并利用生物信息学筛选确定了 12 个可能与高繁殖力相关的基因。中国农科院北京畜牧兽医研究所对 Texel 及乌珠穆沁羊进行了研究，他们采取妊娠期 70、85、100、120 及 135 天胎羊的背最长肌，利用已知绵羊的基因表达芯片进行分析，在 15008 个探针中有 1508 个被确定为阳性，获得的数据提示一些差异表达的基因可能是 MSTN 基因的潜在靶位点。

筛选经济性状的功能基因仅仅是第一步，要想确认这些基因对经济性状的影响，必须对这些基因进行不同水平的功能验证。在绵羊中，我国学者成功克隆绵羊 MyoG 基因并准确测定亚细胞定位和 MyoG 肌源性活动。MSTN 和 MyoG 基因的表达水平均与湖羊体重、胴体重和产肉率呈正相关，但只与产肉率显著相关，MSTN 基因表达与 MyoG 基因表达呈极显著正相关。绵羊 YAP1 基因在不同肌肉组织中差异表达，并与 MyHC Ⅰ极显著负相关，与 MyHC Ⅱ x、MSTN、MyoG 极显著正相关，提示该基因与肌纤维的发育有关。敲除 FGF5 基因的内蒙古阿尔巴斯绒山羊胎儿皮肤成纤维细胞系与普通细胞相比，细胞体积显著增大，生长速率明显下降。在繁殖性状中，通过 mRNA 差显技术，发现 NTRK2、ppap2b、HTRA1、nid1、SERPINE2 和 foxola 6 个基因与绵羊繁殖性能相关，H-FABP 基因对兰州大尾羊的脂肪沉积和脂肪酸代谢的调节起重要作用。在山羊中，MYOZ2 和 MYOZ3 基因在凉山半细毛羊体内均有组织表达特异性。Akirin2 基因是肉质性状的潜在功能基因，TNNC1、2 基因则与山羊骨骼肌形成有关。

2. 育种理论与技术

（1）育种理论

肉羊育种的目标是为了获得肉羊生产的最大经济效益，因此，育种目标要以生产群、市场需求和经济效益为基础，凡是能够影响肉羊经济效益的数量性状都与育种目标相关。采用经济评估的方法确定数量化的育种目标，就可以利用综合育种值来评价。

获得遗传进展的两个基本途径，一是利用纯种群内的遗传变异，二是利用不同种群间的遗传变异。利用加性遗传效应即选择的过程，基因的加性效应值就是性状的育种值。在基因传递过程中，加性效应是相对稳定的。肉羊遗传改良的首要任务就是要通过选择来提高性状的育种值，获得遗传进展。利用非加性遗传效应即杂交的过程，非加性效应包括显性效应和上位效应。研究表明，显性效应对产羔数性状具有重要影响，而对胴体性状影响甚微，显性效应是构成杂种优势的主要因素。上位效应与杂种优势的大小密切相关，但其稳定性和可预测性要比显性效应差。繁殖性状的非加性效应显著，可以获得明显的杂种优势。因此，通过杂交生产商品肉羊已成为现代育种的基本方法。

肉羊的生产性状很多，性状间存在不同的表型和遗传相关，当通过选择使某一性状发生变化时，其他性状可能发生相关反应，其变化量的大小取决于性状的遗传力和性状间的遗传相关等。因此，在育种实践中，必须考虑性状间的相关，特别要注意性状间遗传负相关情况，比如产羔率高的性状改良到一定程度，羔羊成活率、出生重以及生长速度就会降低，此时就应该进行平衡育种。

肉羊配套系是一个特定的繁育体系，这个体系中包括纯种（系、群）繁育和杂交繁育两个环节。基因聚合配套系育种方法是利用基因聚合技术，将多个优质种羊的特殊基因进行最优化组合，培育而成的配套系。育种实践中，可根据肉羊生产目标，利用引进和地方品种两利资源，选取与肌肉增长量和高繁性状相关的基因，应用已建立的基因检测方法，结合配合力测定、体重和活体背膘和眼肌面积测定，在不同的专门化品系中分别检测相应的基因型，开展肉羊配套系选育。

（2）育种技术

最原始的动物育种方法只是通过表型（值）选种，随着数量遗传学理论研究的发展，出现了使用估计育种值方法选种。随着分子遗传学和生物信息学的发展和应用，通过 MAS 对动物进行分子育种将在动物育种中具有巨大的应用前景。

（3）重要性状遗传分析

数量性状座位是控制某一数量性状的基因在有限数目的基因群内，并分别在染色体上占据一定位置。数量性状表型的差异是由微效多基因和环境因素共同决定的。在现代遗传育种中，就是利用基因图谱和 DNA 多态性标记将这些多基因剖分开，并分别将它们定位于染色体上，分析各基因的单个效应及互作效应。位于绵羊 8 号染色体上的 CLPG 基因可以提高瘦肉率和饲料转化率，能使绵羊产肉量增加 30%。FecB 和 FecX 是目前公认的高繁殖力突变基因，已经运用到绵羊生产中。通过回交三代群体内的杂合体互交获得了 FecB 基因纯合个体，并成功培育了一个名为 Afec 的高繁殖力阿华西绵羊育种核心群。借助 DNA 分子标记技术对个体基因型进行检测，结合适当的选种措施，即可培育选择和固定目标性状。

（4）标记辅助选择

以 DNA 分子标记为核心的各种分子生物有限制性片段长度多态性、DNA 指纹技术、PCR 技术、RAPD 技术、RAPM 技术、特异性扩增多态性、微卫星 DNA 标记、小卫星 DNA 标记、扩增片段长度多态性、单链构型多态性标记、线粒体 DNA 的限制性片段多态性、差异显示法等。这些方法将大大促进动物分子育种工作，并可用于以下方面：一是构建分子遗传图谱和基因定位，目前用 DNA 分子标记已构建绵羊分子遗传图谱，这些图谱对绵羊的分子育种将起到积极的作用；二是基因的监测、分离和克隆，主要是对绵羊经济性状的有利和不利基因进行检测与分离；三是亲缘关系的分析，利用 DNA 分子标记可以检测绵羊基因组 DNA 的差异，可用在绵羊种质资源的调查、鉴定与保存，也可以研究动物起源进化及杂交亲本的选择和杂种优势预测等；四是 DNA 标记辅助选种，通过对遗传标记的选择，间接实现对控制某性状 QTL 的选择，利用 MAS 能够准确地评定种羊的遗传品质，只要遗传标记与数量性状位点之间关系确定，就能提高群体的选择强度，缩短世代间隔，提高选择的有效性和遗传进度；五是性别诊断与控制，一些 DNA 标记与性别有密切关系，利用这一特点可以制备性别探针，分离性基因，进行性别诊断；六是突变分析，大部分 DNA 分子标记符合孟德尔遗传规律，其后代 DNA 带谱可以追溯到双亲，通过后代中出现而双亲中未出现的带谱可以推算 DNA 突变率。目前，各种分子标记在绵羊、山羊群体遗传结构分析、亲缘关系鉴定、MAS、QTL 定位和基因图谱等方面的应用研究，已经取得了很大成绩，绵羊、山羊品种的遗传多样性研究正在趋于完善。随着基因组精细图谱的构建成功，任何具有多态的单个基因和控制数量性状的 QTL 或主效基因在染色体上的定位将成为可能，绵羊、山羊育种将进入全新的分子育种阶段。目前在羊上鉴定出了与肌肉生长发育相关的 MSTN 基因，与繁殖性状相关的 FecB、FecX、FecL 和 FecX2，与抗病性状相关的 FGFR3、PRNP、PITX3 和 DMP1 基因，与毛色相关的 MC1R、ASIP 和 TYRP1 基因，与角的遗传相关的 RXFP2 等基因。

（5）羊转基因育种技术

自从 1985 年第一例转基因羊诞生以来，动物转基因技术经历了飞速的发展，从原核显微注射到病毒载体转基因技术，从体细胞克隆到基因组编辑转基因技术，这些技术上的革命性变化使我们不仅能够在羊基因组上引入新的基因，而且能够根据需要删除或突变一些不需要的基因。尤其是近两年来发展起来的 ZFN、TALEN、CRISPR/Cas9 基因组编辑技术，使我们能够根据需要对基因组上一个或几个基因进行靶向性突变，为转基因动物新品种培育提供了新的强大工具。该领域已由国家转基因生物新品种培育重大专项立项资助。

（6）基因组选择

全基因组选择的思想是由 Meuwissen 等于 2001 年最早提出来的，全基因组选择即是全基因组范围内的标记辅助选择。利用覆盖整个基因组的 SNP 标记将染色体分成若干个片段，即每相邻的两个标记就是一个染色体片段，然后通过标记基因型结合表型性状以及系谱信息分别估计每个染色体片段的效应，最后利用个体所携带的标记信息对其未知的表型信息进行预测，即将个体携带的各染色体片段的效应累加起来，进而估计基因组育种值并进行选择。全基因组选择主要利用的是连锁不平衡信息，即假设每个标记与其相邻的 QTL 处于连锁不平衡状态，因而利用标记估计的染色体片段效应在不同世代中是相同的。由此可见，标记的密度必须足够高，以确保控制目标性状的所有 QTL 与标记处于连锁不平衡状态。鸡、牛、猪、羊等家畜基因组序列图谱及 SNP 图谱的完成为基因组研究提供了大量的标记，确保了有足够高的标记密度，而且随着大规模高通量的 SNP 检测技术相继建立和应用，如 SNP 芯片技术等，SNP 分型的成本明显降低，使全基因组选择方法的应用成为可能。目前，羊全基因组选择的研究开始不久，尚未进入应用阶段。其原因主要有以下两点：①缺少足够大的、具有准确表型性状测定数据的参考群体；②世界上绵羊生产品种达数百个，组建符合要求的参考群体的难度和成本大。

3. 新品种 / 品系培育

目前主要利用杂交育种的方法培育新的品种。近年来，我国先后培育出巴美肉羊、昭乌达羊、察哈尔等肉用绵羊品种，南江黄羊、简阳大耳羊等肉用山羊品种。

在生产中主要以当地母羊为杂交生产的母本，以引进国外优良肉用品种作为杂交生产父本，建立肉羊杂交生产体系。经济杂交的目的是通过品种间的杂种优势生产商品肉羊，最常采用的方式有两个品种简单杂交和两个以上品种的轮回杂交。其中简单杂交后代全部用于育肥生产，而轮回杂交后代的母羔除部分优秀个体用于下轮杂交繁殖外，其余的母羔和全部公羔也直接用于育肥生产。肉羊生产杂交化已成为获取量多、质优和高效生产羊肉的主要手段。多数国家的绵羊肉生产以三元杂交为主，终端品种多用杜泊、萨福克羊、无角或有角陶赛特羊、汉普夏羊等。我国经对多点、多品种杂交配合力测定结果分析，筛选出适宜不同地区的7个杂交配套模式。

杜×蒙和澳×杜×蒙：适应于内蒙古西北、中东部以及甘肃、宁夏、陕西北部等地区。具有肉质好、出栏快、产肉多等特点，可选育成专门生产优质肥羔的杂交配套系。

杜×寒、澳×杜×寒和澳×杜×湖：适应于山东、河南、河北、山西、江苏和安徽等中原肉羊优势区域以及新疆地区规模化和标准化生产。具有繁殖效率高、出栏快、产肉多等特点，可向生产优质肥羔的杂交配套系方向选育。

南×细：适应于新疆、甘肃、内蒙古、辽宁、吉林、黑龙江等原强毛羊生产区。具有肉毛兼用、繁殖力高、综合效益好等特点。

道×寒：适应于甘肃、宁夏、山西、河北、吉林、黑龙江等地，具有繁殖效率高、生长快、屠宰率高等特点。

（七）马遗传育种研究进展

1. 重要经济性状遗传解析

马的很多优异性状被人们所利用，由于全球马品种种类繁多，经过长期的人工选育，每个品种都形成了自己独特的优势性状，如纯血马的速度、阿拉伯马的耐力、温血马的步伐和跳跃障碍的能力、新吉尔吉斯马的产乳能力、重挽马的产肉性能和设特兰矮马的矮小性状等。除此之外，毛色和生物制品等也是当今现代马产业研究的重点和热点。现代生物理论和技术的迅速发展为研究马的这些优异性状提供了很好的平台，极大地推动了相关研究的进展和速度。随着测序技术的不断完善，马的全基因组序列被破译，这为马遗传育种领域的研究提供了巨大的参考。

综观国际马科学研究领域，值得关注的是日本科学家采用GWAS统计方法筛选出了与纯血马速度相关的基因，发现具有明显多态的基因控制纯血马的速度，并将此成果制作成试纸进行产业化的推广，在速度马的选择和培育上提供了极大的帮助。同时，许多研究马运动学的专家学者通过转录组测序、重测序等方法，验证了与速度直接相关的功能基因。另外，科学家们在*Nature*杂志上发表了关于控制冰岛马对侧步伐的基因，并将该基因转到老鼠体内，使老鼠也能进行对侧步，充分验证了控制对侧步性状的基因。最近，通过全基因组测序手段比较了马属动物（马、驴、斑马等）的全基因组序列，得到了很多重大的发现，并破译了古马化石的全基因组，发现家马的分化时间是距今400万～450万年前，比过去认为的时间向前推进了两倍；同时，并未发现普氏野马与现代驯化马进行过杂交，这也支持了普氏野马是现存最后野马品种这一观点。另外，通过候选基因筛选的方法，很好地诠释了马匹复杂毛色的形成机理。随着国外动物福利学的发展和重视，马行为学方面的研究也日趋升温，尤其是关于性格基因的研究取得了很好的成果。

近些年，我国在马科学研究方面也取得了一些成果。通过转录组测序和候选基因筛选的方法，定位了与蒙古马耐力、毛色和抗病等性状相关的基因。通过全基因组测序技术，得到蒙古野马（普氏野马）和蒙古家马的完整基因组，建立了国内首个马属动物全基因组测序数据，并在蒙古野马（普氏野马）基因组上发现了罗伯逊移位现象。在马属动物的进化研究方面，建立和明确了我国地方品种之间和与国外一些马种在进化上的关系。在马产品方面，发现在酸马奶中存在很多有益菌群，并对这些菌群进行筛选，得到许多工程菌，再通过生物工程技术测定这些工程菌的基因，为工程菌在生产实践中的运用奠定了基础，为更好地开发酸马奶产业提供了支持。在马的疾病防控方面，特别是在传染病的防治方面取得了很大的进展，筛选出我国主要流行和困扰我国马产业发展的马传染病，如马腺疫、马流感、马传贫、马病毒性动脉炎等治病菌株，并通过分子生物学方法与国外的菌株进行比较鉴定，为我国马传染性疾病的防控给予了很大的数据支持。此外，对于控制马繁殖能力的基因也进行了初步的研究。

2. 育种理论与技术

国外马匹培育的技术和方法现已进入系统化阶段，他们的育种工作具有很好的连续性和严格性，几代人都在为选育出理想的马种而努力，具有明确的育种目标和详细的育种记录。总结并实践出了很多切实可行的技术手段，如人工授精、胚胎移植、人工触摸卵巢判断排卵技术、精液稀释液的配置等。近些年，也将分子育种理论和数量遗传学手段等技术很好地运用到了马匹的选育工作中。英国经过 300 多年的选择，已培育出世界上速度最快的纯血马和世界上最矮的马匹。德国、荷兰、比利时等国经过筛选，培育出了世界顶级的温血马。

我国马匹培育工作曾经也取得过巨大的成就，20 世纪培育出的三河马、伊犁马、黑龙江挽马、铁岭挽马等符合我国当时社会发展需求的乘挽兼用型和挽用型品种。但随着农牧业的机械化，我国马业进入了低迷状态。因此，许多育马专家和技术人员都离开了自己心爱的行业，只有少数痴迷于育马的人员还在守望着自己培育的马群。由于育马是一项需要国家投入和支持的工作，单靠个人微薄的力量是无法支撑的，因此，我国马培育工作逐渐衰退，马种品质下降。进入 21 世纪，我国经济发展迅速，受世界现代养马业和 2008 年北京奥运会的影响，加之我国爱马人士不断地坚持和呼吁，现代马业正在向我们悄悄驶来。一方面，从国外引进了大量优良种马，在纯种繁育的同时，对我国优秀的地方品种进行了杂交改良，现已确定新三河马、新锡林郭勒马、新乌审马、新伊利马等乘用型和赛事型马匹的育种目标。另一方面，对我国地方品种的优势性状进行选育，培育出具有我国自主产权的马种，如德宝矮马的选育。在马匹培育过程中不断完善育种理论和技术，现阶段基本掌握了人工授精、人工触摸判断卵巢发育、B超检查卵巢发育情况、妊娠检查以及精液稀释等关键技术；同时，正在努力攻克胚胎移植、冷冻精液的制作等技术。当然，现阶段我国马匹品种培育工作还存在很多困难，如国家资助的项目只是阶段性的，不利于品种培育的连续性。因此，在这里呼吁相关部门能长期支持和资助，希望农业部和财政部统筹规划在“十三五”期间启动国家马属动物产业技术体系，为我国马属动物品种培育及产业化提供一条可持续发展的新路子。

三、本学科与国外发展比较

（一）奶牛肉牛育种技术

无论是常规育种技术，还是先进的育种技术和方法及功能基因组研究，欧美发达国家均处于国际领先水平。我国奶牛品种平均生产水平低，整体遗传素质差，且良种覆盖率低，群体遗传改良和新品系培育等基础工作相对滞后，肉牛性能测定以及种牛的遗传评估技术体系相对滞后，仍与发达国家存在着较大差距。但是，奶牛育种在基因组选择技术、产奶性状和功能性状功能基因组研究方面，我国已经做了大量工作并取得了很多有意义的研究进展，包括中国荷斯坦牛基因组选择技术平台的构建、QTL定位、候选基因分析、全基因组关联分析、基因组重测序、转录组、RNA干扰等，部分研究水平处于国际先进。肉牛育种在全基因组测序、基因组选择技术、胴体性状、肉质性状等功能基因组研究方面已经做了大量工作并取得了显著的研究进展，如西门塔尔牛基因组选择技术平台的构建、全基因组关联分析、基因组重测序、转录组、RNA干扰等，部分研究水平处于国际先进。

（二）家禽育种技术

近年来，鸡的全基因组测序的完成和功能基因组学、蛋白质组学及生物信息学的发展，为鸡的分子和细胞工程育种奠定了基础，将畜禽基因组学的研究成果应用于畜禽遗传育种，结合转基因、克隆等分子生物学技术手段将大幅度地提高畜牧业的生产效率。

目前国际鸡分子育种研究进入了前所未有的高通量时代，而且新的研究技术及分析方法也得到了应用。如利用高通量（基因组重测序、基因组甲基化、高密度SNP芯片、转录组、蛋白质组、miRNA表达谱）技术分离影响肉鸡和蛋鸡重要经济性状（包括生长、体脂、肉质、繁殖、外观、饲料转化效率、抗病、蛋品质等）的功能基因、非编码RNA或调控元件；并对分离出来的可能影响肉鸡和蛋鸡重要经济性状的基因或非编码RNA开展其功能、机理研究及影响性状形成的网络调控机制研究。随着高通量基因型分析技术的不断更新换代和生物信息分析手段的发展，越来越多的重要经济性状的分子机制被阐明，并开发出了相应的可被应用于分子育种实践的诊断方法和技术，为实现分子育种提供了良好的基础。

近年来，全基因组选择在鸡育种领域得到飞速发展，Gonzalez-Recio等用3330和61

只后裔测定的公鸡分别作为参考群和验证群对肉鸡饲料转化率进行研究。结果显示，所使用的基因组选择方法准确性均高于传统 BLUP 法，同时，使用依据信息熵减标准从 3481 个标记中筛选的 400 个低密度标记估计基因组育种值，其准确性高于使用全部标记。Wolc 等人对 2708 只蛋鸡进行基因组选择研究，结果表明基因组选择在蛋鸡早期和晚期选择中能够分别提高 100% 和 88% 的准确性。自从 2004 年完成鸡基因组测序后，数以百万计的单核苷酸多态性位点被相继发现。借此契机，海兰国际公司、罗曼公司和安伟捷公司等紧密合作，研制专门针对蛋鸡品系的特异性 SNP 芯片，以使个体全基因组扫描成为常态。2006 年年底，荷兰的 Euribrid 公司率先开展了鸡的基因组选择，通过 20000 个 SNP 标记的芯片测定育种群的基因型并进行育种值估计。2007 年 1 月，法国 Grimaud 集团的子公司 Hubbard 与著名的生物技术公司 MetaMorphix 联合开展了标记辅助选择与标记辅助性能预测的研究工作，旨在开展影响鸡生长、肉质、繁殖抗病力等重要经济性状的分子标记辅助育种。全基因组选择技术的出现，使原来难以选择的抗病性状、福利性状的选择成为可能。

转基因鸡在输卵管生物反应器、抗病育种及发育生物学等多种领域具有广阔的应用前景。但由于家禽生理发育的特殊性，鸡的转基因研究障碍重重，进展缓慢，目前主要利用逆转录病毒法制作转基因鸡，并取得了一些研究成果。Lee 等利用逆转录病毒载体法制备了表达人甲状旁腺素（hPTH）基因的转基因鸡，Lyall 等利用慢病毒成功制备了抗 H5N1 亚型禽流感病毒的转基因鸡并组建了家系。

（三）绒毛羊育种技术

随着绵羊遗传图谱的广泛应用及山羊基因芯片的成功研制及验证，国内应用比较基因组学、扩大群体的 GWAS、转录组、蛋白质组学等现代分子育种技术，开展了羊主要性状相关基因的研究，不同程度上揭示了羊重要经济性状的形成机理，对提高育种目标的准确性、缩短育种进程非常有益，但是在短期内分子育种技术还不可能大面积的推广和应用，更不能取代传统育种，只有和传统育种有机的结合才能准确快速的实现育种目标。

国外以联合育种、开放式核心群、BLUP 遗传评估为代表的常规育种技术体系日臻完善，如澳大利亚的 MERINOSELECT、LAMBPLAN、KIDPLAN 遗传评估系统为澳大利亚、新西兰、乌拉圭提供遗传评估。澳大利亚 The Cooperative Research Centre for Sheep Industry Innovation 应用 AgResearch IMF 资源群体构建了绵羊遗传图谱 SM 5.0 版，开展了绵羊其他性状的基因组相关研究和数据收集整理工作，提高了澳大利亚绵羊育种估计值（ASBVs）的准确性和实用性。

1. 绒毛用羊基因组研究进展

绵羊 QTL 数据库截至 2015 年 1 月 3 日，共收录 217 个不同性状的 791 个 QTL。不同性状的 QTL 数量在绵羊 QTL 中胴体性状、生长性状和寄生虫耐受性状和乳脂性状正成为绵羊 QTL 研究的热点。OMIA 数据库中截至 2015 年 1 月 3 日共收录 233 个绵羊性状、75

个山羊性状，其中可作为人类遗传病模型的 98 个、31 个，孟德尔遗传性状 97 个、14 个，已发现 44 个、9 个关键 QTN 位点。特别是 GWAS 技术的快速发展，大大加快了主效基因筛选进程，现已筛选出控制 lentivirus、黄色脂肪（yellow fat）、小眼畸形（Texel）、角（Merino）、双肌基因（Texel）、多胎等性状主效基因。国内主要开展功能基因组研究，对应用GWAS技术挖掘主效基因认识不足。在绵羊GS研究方面，新西兰走在了世界前列，法国、英国和澳大利亚等国也正在开展相关研究，国内还未见有关绒毛用羊基因组选择的研究。

2. 绒毛用羊转基因

目前，各国纷纷加大投资和研发力度，力求在转基因育种技术的激烈国际竞争中取得领先。在转基因羊育种研究领域处于领先地位的国家主要包括美国、澳大利亚、新西兰、加拿大和英国等。同时，国际上很多大型动物育种公司也积极介入，正在紧锣密鼓地开展转基因动物新品种培育研究。由于起步较晚、队伍零散、支持力度不大，目前中国动物基因组编辑研究大都集中在建立基本的实验技术、探索物种特异性的技术方法等阶段。总体来讲，中国动物基因组编辑技术的研究存在以下几方面的问题：①基础研究体系尚未完全建立；②技术水平相对落后，不论是 ZFN、TALEN，还是 Cas9，大多以跟踪性研究为主，发展水平还处在建立基本方法的阶段，离实现应用开发尚有一定距离；③原创性技术与知识产权严重缺乏；④技术的系统性、集成性还有待不断完善和提高。

（四）肉羊育种技术

1. 肥羔生产

肥羔肉是指 30 ~ 60 日龄断奶、4 ~ 6 月龄体重达 35kg 左右屠宰所得的羔羊肉。肥羔肉不但鲜嫩、多汁、易消化、膻味轻、营养价值高，而且其生长高峰一般在 1 ~ 5 月龄，胴体瘦肉多、脂肪少，饲料报酬高，每增重 1kg 比成年羊节约饲料 50% 以上。因此，各国都在大力发展肥羔生产，美国、英国、新西兰等国的肥羔肉比例均在 90% 以上，澳大利亚和法国也都在 70% 左右，但我国的羔羊肉比例还不足 5%。

2. 羊业科技

养羊业发达国家在羊的生产性能测定、肉用及繁殖性能技术研究方面开展得较早，整个国家有一套完善的育种规划。我国养羊数量多，但羊单产水平低，生产效率不高。国家羊遗传改良计划尚未颁布实施，在群体遗传改良、生产性能改善方面还有很多不足。最新的基因组学技术及全基因组选择技术在其他家畜中已经开始应用，尤其在奶牛上已经取得了一定的效果。但因为羊的基因组学研究相对滞后，因此，利用该技术的羊群体改良才刚刚起步。

（五）马育种技术

1. 国外马学学科发展特点

国外马产业体系现已形成具有鲜明特征的四大模块，首先是以美国为首的休闲骑乘娱乐马业，美国是世界上马匹存栏量最多的国家，而且有着世界上最多的马迷爱好者，这也促进了美国休闲骑乘娱乐的快速发展。其次是以日本、迪拜、英国、澳大利亚和中国香港为代表的赛马业，日本在中央赛马会的组织下，每年进行的速度赛马场次最多；迪拜每年组织世界上最昂贵的速度马赛；英国、澳大利亚和中国香港等地区也通过速度赛马创造了巨大的经济效益，每年为国家贡献着巨大的税收和慈善经费。第三种模式是以德国为首的马术运动模式。第四种模式是以俄罗斯为代表的产品马业。在俄罗斯，马奶和马肉已形成了成熟的产业链，每年为他们带来丰厚的经济收入。

因此，国外的马学学科研究热点也是围绕着这四个产业不断开展。在马育种技术方面呈现出如下特点：

（1）品种培育（选育）面向非役用化。最著名的纯血马，几百年来以速度为主要选育目标；过去一些挽用马品种已转型为仪仗马、马术马；有些特殊马种如设特兰矮马、美国花马等已成为观赏用马；用纯血马等骑乘马与挽用马进行杂交，经多年选育，培育出如汉诺威马等很多优秀的温血马品种，满足世界马术运动用马的需要。品种功能改变，大大满足了现代市民运动和休闲生活的需要。

（2）品种登记长期化、标准化、体系化、共享化。完备的品种登记制度是世界马业发达国家的显著特点。登记是一切工作成功的基础，也是育种、研究和赛事组织的必备条件。阿拉伯马、纯血马等著名马种都有系统的系谱记录。登记标准化已为世界通用，参加赛事、马匹拍卖、遗传资源保护都是以登记证明书（或护照）为依据。大部分马匹品种的登记及其系谱记录资料都可以在网络上共享。

（3）种马鉴定及测试技术完善。国外的种马鉴定和测试技术严格而科学。马匹参加赛事或拍卖，依据权威部门出具的等级鉴定证明进行。种马的留用更是严格，必须要在有资质的马匹测试中心按照既定的程序进行运动性能、气质等方面的测试，合格后颁发配种资格证明，没有资质的马匹配种产生的后代不会被认定。

2. 国内马学学科育种研究现状

2010年经国家农业部、财政部批准国家公益性行业（农业）科研专项“马（驴）产业技术研究与试验示范”项目正式立项。项目以我国马、驴遗传资源调查与分析、产品质量评估等为基础，系统分析与评估马驴产品利用潜力，通过技术筛选与改进、新技术研发、技术集成、配套技术模式建设、规模示范等途径，开展马驴产业技术研究与试验示范。项目在种质资源保护、现代繁殖技术、新品种培育、专项性能测定等方面取得创新，为我国马驴产业的发展提供了技术支撑。其中，建立马（驴）专门化品系（品种）18个，形成8大类关键技术体系，建立精液与胚胎保存库8家，带动相关标准化生产农牧户5800余户，取得良好的经济和社会效益。

目前内蒙古农业大学主持的课题有国家自然科学基金项目“蒙古马耐力运动性能的基础研究”“构建马亚属动物泛基因组序列图谱”“构建家驴和亚洲野驴基因组精细图谱”，国家科学技术部对俄科技合作专项“高产奶马新品系培育及酸马奶的基础应用合作研究”。

另外，还有“利用RNA-seq技术对家马基因组的分析和注释”“蒙古马遗传多样性综合保护研究”“蒙古马毛色候选基因的遗传学研究”。中国农业大学与内蒙古农业大学联合研究项目有“蒙古马毛色候选基因的遗传学研究”“蒙古马优异特色基因的挖掘及竞技马（赛马）、特种马（乳肉马）新品系培育”“蒙古马品种保护与我区马产业发展有关技术支撑服务”。新疆农业大学主持的国家科技支撑项目“优质运动马培育生产关键技术研究与集成示范”。

四、本学科未来发展趋势与展望

（一）猪育种技术

1. 猪育种技术未来5年战略需求和重点发展方向

虽然我国在猪重要经济性状主效基因挖掘方面的工作不算落后，但对分子标记的应用却差强人意，而且目前对猪遗传育种理论的研究尚是整个学科发展的一大短板。未来几年，我国在大数据处理、基因组育种理论以及转基因育种理论与实践研究方面有重大需求。具体说来，未来5年战略需求与重点发展方向如下：

（1）大数据时代推动遗传基础理论研究水平提升。随着基因组学、转录物组学、蛋白质组学和代谢物组学等技术的综合发展，动物育种已经进入大数据时代，来源于分子水平、个体水平和群体水平的各种数据为育种提供了大量信息。动物遗传育种基础理论研究将在原有的经典数量遗传学的基础上，结合生物信息技术，建立海量数据的遗传学分析方法，解析重要性状遗传规律和形成机理，提升育种理论水平。

（2）基因组育种与传统遗传选育技术的融合。传统育种技术与现代生物技术的交融正在从深度与广度上推进动物育种选育技术的发展。根据美、英等畜牧发达国家政府和联合国粮农组织的预测，未来全球商品化生产的畜禽品种都将通过分子育种技术进行选育，而品种对整个畜牧生产的贡献率亦将超过50%。随着猪高密度全基因组SNP分型芯片的开发和成本降低，选育技术从分子标记辅助选择过渡到全基因组选择育种。对于肉质、抗病等复杂性状，用传统选择方法进行改良进展缓慢，全基因组选择方法的应用成为继杂交育种技术和BLUP技术之后的新的精准分子育种技术。

（3）基因操作技术加速了动物定向育种的发展进程。基因操作技术直接对动物遗传密码子定向改造，使动物性状向人们预期方向发展。基因操作技术与干细胞技术结合，颠覆了传统生物学的发展，使人们的研究不再局限于现有动物，而是可以创造全新的物种。目前，基因过表达、基因编辑技术、随机诱变技术是基因操作技术的重要组成部分，干细胞及其他细胞则作为改造基因后的重要细胞载体将基因改造转变为有益性状而发挥重要作用。

2. 猪育种领域未来5年发展趋势与战略

未来5年，猪的遗传育种的主要内容依旧是通过对猪种遗传多样性的深入分析，探索其作用机制机理，依托分子标记、基因组编辑、全基因组选择等技术，启动基因组选择技术、基因组编辑技术研究，制订包含 MAS-BLUP、GWAS 以及 GS 等技术手段的育种方案，筛选、定位、验证与生长性能、繁殖性能、肉质、抗病性、节粮性等重要经济性状关联的功能基因、调控网络。作为国家及学科发展战略，本学科应从种质资源评价与创新利用、功能基因资源挖掘与鉴定、分子与细胞工程育种技术研发、品种培育与种质创新四个方面进行布局，构建育种研发中心，通过加强基地人才建设和育繁推一体化组织机制建设，加快猪良种自主培育进程，提升我国种猪核心竞争力，确保我国畜禽养殖良种来源与质量。

在种质保存方面，在现有实验基地基础上，开展国内外猪种遗传资源收集与保种、超低温冷冻保种、体细胞保存、胚胎分割保种和基因文库保种等研究。围绕猪种基因资源和新基因发掘的理论基础与技术创新、猪重要性状形成的分子基础及功能途径以及猪品种分子设计的理论基础与技术体系开展研究。

整合利用国内外重要经济性状测定技术和遗传评估软件系统，同时建立种业大数据平台，利用最新生物信息学研究成果，建立遗传资源基础数据平台、生产性能数据标准化平台、育种群性能测定及共享平台。

完善国家种猪遗传资源评估评价体系，深度挖掘我国猪种遗传资源的种质特性及其遗传机制，为资源的开发、利用奠定基础，促进种猪产业可持续发展。

性能测定技术更加精确、完善、信息化，针对不同的育种目标，进一步细化、标准化性能测定的方法和技术；同时加快个体与家系数据的遗传评估模型研究，分别针对特定禽种的重要经济性状制订综合选择指数。

根据市场需求及针对不同生产方向，制订品种选育目标，利用常规育种技术，结合分子育种技术，培育一批拥有自主知识产权的畜禽专门化品系、配套系和新品种，实现畜禽品种的“国产化”。

（二）奶牛育种

在未来的奶牛遗传育种研究中，需要特别关注的核心技术和关键技术主要包括：

1. 基因组选择技术

该技术的核心是利用覆盖全基因组的高密度标记，进行奶牛个体的遗传评估。它可以提高遗传评估的准确性，大幅度缩短世代间隔，降低育种成本，加快群体遗传进展。该技术自 2008 年在奶牛中开始应用，目前已在所有奶牛业发达国家广泛应用，给奶牛育种带来了革命性的变化。

2. 奶牛重要经济性状的遗传解析

利用现代基因组学、转录组学、蛋白组学、代谢组学、生物信息学、系统生物学等技术手段，解析奶牛重要经济性状的遗传机理，不仅对理解奶牛重要经济性状的形成及遗传变异具有重要理论意义，也为奶牛遗传改良尤其是分子育种提供依据。

3. 前沿技术

随着基因组测序技术的发展，基因组测序的效率不断提高，成本不断降低，如何利用基因组序列数据进行动物个体遗传评估和复杂性状的遗传解析成为奶牛遗传育种工作者的新的研究课题。目前有多个国家（包括中国）共同参与的1000头公牛基因组测序项目正在开展中，其目的是为所有参与单位提供公共的奶牛基因组序列数据库，从而进一步提高基因组选择的准确性和复杂性状遗传解析的效率。

（三）肉牛育种

肉牛遗传育种未来研究重点主要集中于地方牛品种特色基因资源的挖掘、牛重要经济性状遗传机理解析、全基因选择技术新理论与新方法、转基因育种技术以及大数据处理技术等方面，具体如下：

1. 地方牛品种特色基因资源的挖掘

利用现代基因组学、转录组学、蛋白组学、代谢组学、生物信息学、系统生物学等技术手段，揭示和挖掘我国地方牛品种具有的抗病力高、肉质优良、抗逆性强的基因资源，为肉牛分子育种提供依据。

2. 牛重要经济性状遗传机理解析

近年来，牛基因组序列框架图已全部完成，加之全基因组选择技术应用，应着重利用全基因组关联分析、全基因组选择及第二代测序技术等手段和方法，全面解析肉牛重要经济性状遗传机理。

3. 肉牛全基因组选择技术新理论与新方法的研究

我国主导的肉牛品种繁多且多性状全基因组选择的准确度高于单性状，因此未来肉牛全基因组研究的热点将围绕多品种多性状全基因组选择展开。通过优化、改进贝叶斯方法、利用最新的计算机并行处理技术和多核多处理器硬件技术等提高全基因组选择对育种值估计的精度。

4. 肉牛大数据处理技术的研究

随着基因组学、转录物组学、蛋白质组学和代谢物组学等技术的综合发展，肉牛育种已经进入大数据时代，来源于分子水平、个体水平和群体水平的各种数据为肉牛育种提供了大量信息。肉牛遗传育种基础理论研究将在经典数量遗传学的基础上，结合生物信息技术，建立海量数据的遗传学分析方法，解析重要性状遗传规律和形成机理，提升育种理论水平。

（四）家禽育种

家禽遗传育种技术研究的发展将主要集中在以下几方面：

1. 利用全基因组技术挖掘蛋鸡重要经济性状

全基因组技术势必在未来一段时间引领蛋鸡分子育种技术的发展。利用全基因组关联分析、全基因组选择及第二代测序技术等手段和方法，研究蛋鸡重要经济性状，将会促进其分子机理的阐明。

2. 蛋鸡重要经济性状的表观遗传学技术研究

miRNA、全基因组甲基化及乙酰化对蛋鸡的重要经济性状的影响已经初步阐明，通过对蛋鸡的重要生产和品质性状进行表观遗传学研究，将会促进蛋鸡重要表型的遗传学基础的揭示。

3. 全基因组转录组和蛋白质组与蛋鸡重要经济性状的关系

基因的表达受到广泛的调控，是一个复杂的网络系统。通过在 mRNA 和蛋白质水平的全基因组检测，并结合生物信息学技术，全面分析基因表达和其网络调控蛋鸡重要性状的影响。

4. 分子生物学技术在蛋鸡育种的应用

分子育种技术需要进一步开发和利用，与国内大型的蛋鸡育种企业结合，将重要的、有应用前景的分子育种技术形成大规模的技术平台和专利技术，结合常规育种，应用到我国蛋鸡育种工作中。

5. 鸡抗病的分子遗传学机理及其育种应用

主要内容包括：鸡重要疾病对鸡的分子遗传学及表观遗传学影响，以目前对我国养鸡业有明显影响病毒性和细菌性鸡病为研究对象，利用全基因组技术分析鸡抗病的分子细胞遗传学机理，同时找到与抗病相关的重要基因和标记；鸡抗病重要分子标记的挖掘与育种应用，结合常规育种和分子育种技术，初步建立对特定疾病具有抗性的试验群体和品系，并进一步探讨将其用于鸡抗病育种的商业实践；转基因技术在抗病育种中的应用，通过候选基因的功能验证等手段，利用转基因技术将有抗病性能的基因或 miRNA 导入到鸡体中，从而建立具有抗病功能的鸡品系，为其用于商业育种奠定基础。

（五）绒毛羊育种

羊产业科技创新的核心点在于草原畜牧业承载能力过度情况下，饲养方式由传统放牧向半舍饲、全舍饲养殖转变，所需要的全新技术包括舍饲用多胎品种、不同生理阶段全价日粮、不同地区羊舍设计、全舍饲疫病防控、相关设施设备等技术的创新。因为羊产业在全世界基本都是草原畜牧业，全舍饲养殖没有可以借鉴的现成技术。

1. 未来 5 年战略需求和重点发展方向

（1）多胎型新品种（系）培育。绒毛用羊不但产绒或毛，肉也是其养殖效益的主要来源。如澳大利亚的布鲁拉羊，产羔率在 200% 以上且羊毛细度保持在 20μm，完全可以满足毛纺加工需要。而目前我国还没有培育出类似绒毛用羊新品种（系），所以，多胎型绒毛用羊新品种（系）培育不仅能体现毛（绒）的纺织特性，而且在养殖效益上更优于毛（肉）、绒（肉）等兼用型新品种（系）。

（2）地方品种选育提高。我国羊遗传资源丰富，地方品种拥有独特的环境适应能力。

如和田羊能在环境恶劣的昆仑山繁衍生存，对当地干燥、炎热及低营养水平条件有极强的适应性，其被毛较长、呈波状弯曲，是纺织地毯和提花毛毯的优质原料。但是随着“肉”羊热的冲击，盲目杂交已经威胁到优良遗传资源的存亡。“十三五”应加强地方优良资源的保护和利用力度，推进地方优良品种的选育和提高。

（3）不同类型杂交配套模式研究。依托我国现有羊品种资源优势，通过引进国外专用肉羊品种如萨福克、道赛特、杜泊羊等，利用同期发情、人工授精、胚胎移植等快繁技术，在全国范围内建立不同类型杂交配套生产模式，分区域开展杂交优势配套技术及模式的推广，为优质肥羔生产提供终端优质杂交亲本。

（4）基础性研究。加强绒毛用羊重要功能基因的解析及其重要经济、抗逆性状的分子调控机制研究。在全基因组选择方面，建立绒毛用羊的全基因组选择群体，并在商业羊生产中应用。研究 SNP 等芯片技术，可适合全基因组选择、拷贝数变异分析，并建立多元化的估计来评价品种的全基因组价值。

2. 本学科领域未来 5 年发展趋势与战略

（1）功能基因组研究将趋于多组学联合解析绒毛用羊重要经济、抗逆性状的分子调控机制。

（2）随着绵山羊参考基因组的完成，将大规模应用 GWAS 筛选调控绒毛用羊重要经济、抗逆性状的 QTN，应用 GS 技术开展绒毛用羊新品种（系）培育工作。

（3）转基因将在初步建立的绒毛用羊转基因技术体系基础上，将加大原始创新研究，开展具有自主知识产权的转基因羊新品种培育工作。

（六）肉毛羊育种

1. 实施羊遗传改良计划

目前我国羊群体数量大，但整体生产水平不高，肉羊群体遗传改良需要统一的规划。目前，肉羊遗传改良计划已发布，正在组织实施。该计划的实施将调动养羊从业者自上而下地进行羊群体改良，包括开展一系列育种改良基础工作：建立种羊系谱登记、开展全国种羊品种登记、实施羊生产性能测定、运用实用技术进行选育等。

2. 利用科技手段提高种畜的数量和效率

传统育种选种面窄，育种周期长，群体扩繁慢，准确率低。随着动物遗传育种理论的革新和生物技术、信息学等发展，分子遗传标记育种、全基因组选择技术、转基因技术育种等技术已在提高肉羊育种中发挥了重要的作用。这些技术可以实现快速育种和精细育种，并可以提高能繁母羊的繁殖速度和利用效率。将传统育种手段与现代育种手段有机结合，将会快速提高种羊的数量和种用效率。同时，高新技术还有利于培育具有我国自主知识产权的肉羊新品种（品系）。

3. 重点扶持一批肉羊种业企业

种业是改善全国羊群质量的重要因素，要扶持一批肉羊种业企业，鼓励其开展自主育种研究，提高种畜质量和国际竞争力。目前我国种业研发主要集中在科研院所和高校，由于有大量的科研经费、仪器设备，因此研发成本低，但成果转化率不高。国家要重点扶持一批种业龙头企业，鼓励企业开展育种，与科研院所合作共同建立和推进商业化育种体系。

4. 传统育种和现代育种技术相结合

目前我国以生产肉羊为主，品种培育以开展国外肉用性能好的品种与我国地方适应性好、高繁殖力的品种的经济杂交为育种目标。在品种选择上，通过现代育种技术达到父本和母本的优良基因的最佳聚合，保证新品种遗传基础的广泛性和先进性。目前，肉羊新品种培育父本通常选择肉用性状优良的无角陶赛特、夏洛莱、萨福克、德克塞尔、德国美利奴、边区莱斯特、滩羊、多浪羊等；母本品种主要有小尾寒羊、湖羊、乌珠穆沁羊、国内培育的细毛羊品种和阿勒泰羊等。育种模式有简单二元级进杂交、三元杂交、四元杂交等模式，通过不同的杂交模式选择优良后代。

（七）马育种

1. 马育种未来 5 年战略需求和重点发展方向

未来 5 年中国马产业市场的发展定将受世界瞩目。目前马产业发达国家育种研究重点主要集中在专门化良种培育、优质种质基因筛查等技术。结合我国马产业发展现状，未来 5 年应该从以下方面作为切入点加速我国马育种的发展：

（1）对我国优秀地方品种资源加大保护的力度，建设保护区，深层次挖掘开发地方品种的优势性状，充分利用我国品种，为农牧民创收、地方经济的发展做出贡献。

（2）加快新品种、新品系的培育速度，国家相关部门应出台相关政策，加大培育有自主产权的速度赛用马、耐力赛用马、马术用马、娱乐骑乘用马、仪仗礼仪用马和乳肉用马等专门化品系的投资力度。在全国主要马产区形成几个具有代表性的种畜场和育种场，鉴定 1 ~ 2 个新品种（系），辐射周边农牧民。完善和提高育种过程当中所使用到的关键技术，如冷冻精液的制作、胚胎移植或马的克隆技术。

2. 马遗传育种领域未来 5 年发展趋势与战略

当今世界是科技大爆炸的时代，包括遗传育种在内的生物科技尤为突出，未来的 5 年，马学学科在遗传育种领域的研究将从以下几个方面着手：

（1）性状研究是遗传学关注的永恒主题，应加大对马优势性状遗传学研究的力度。运用转录组测序、全基因组测序技术，在群体的基础上挖掘马优势性状基因的潜力，揭示人类所关注的马进化、经济性状形成等。

（2）提升马育种理论和技术的研究，充分利用现代分子育种学理论和技术以及马匹育种场所保留的珍贵数据，使我国马品种培育工作步入科学化、系统化的状态。

（3）注重遗传学和繁殖学研究相结合，攻克马繁殖技术上的难题，有效地为马匹繁育提供支持。

（4）为我国地方品种建立明确、完善、系统的马匹系谱登记管理制度，为遗传学研究奠定坚实的基础。

参考文献

[1] An X, Hou J, Zhao H, et al. Polymorphism identification in goat GNRH1 and GDF9 genes and their association analysis with litter size[J]. Animal Genetics, 2013(44): 234–238.

[2] Ai H, Fang X, Yang B, et al. Adaptation and possible ancient interspecies introgression in pigs identified by whole-genome sequencing[J]. Nature Genetics, 2015, 47(3):217–225.

[3] Auvray B, McEwan JC, Newman SAN, et al. Genomic prediction of breeding values in the New Zealand sheep industry using a 50K SNP chip[J]. Journal of Animal Science, 2014, 92(10):4375–4389.

[4] An X, Wang L, Hou J, et al. Novel polymorphisms of goat growth hormone and growth hormone receptor genes and their effects on growth traits[J]. Molecular Biology Reports, 2011(38): 4037–4043.

[5] Andersson LS, Larhammar M, Memic F, et al. Mutations in DMRT3 affect locomotion in horses and spinal circuit function in mice[J]. Nature, 2012,488(7413):642–646.

[6] Becker D, Tetens J, Brunner A, et al. Microphthalmia in Texel Sheep is associated with a missense mutation in the Paired-Like Homeodomain 3 (PITX3)[J]. PLoS One, 2010(1):e8689.

[7] Bai J, Xu H, Zang R, et al. Cloning of the heart fatty acid-binding protein (H-FABP) gene and its tissue-specific expression profile in the Lanzhou fat-tailed sheep[J]. Small Ruminant Research, 2013(112): 114–122.

[8] Li B, He XL, Zhao YP, et al. Tyrosinase-related protein 1 (TYRP1) gene polymorphism and skin differential expression related to coat color in Mongolian horse[J]. Livestock Science, 2014(167):58–64.

[9] Wang CL, Ding XD, Wang JY, et al. Bayesian methods for estimating GEBVs of threshold traits[J]. Heredity. 2013(110):213–219.

[10] Li C, Sun DX, Zhang SL, et al. Genome wide association study identifies 20 novel promising genes associated with milk fatty acid traits in Chinese Holstein[J]. PLoS One, 2014, 9(5):e96186.

[11] Chen D, Jin Q, Fang X, et al. Analysis of the polymorphisms in the caprine PRDM16, SHH and SF-1 genes and their association with production traits in goats[J]. Small Ruminant Research, 2010(93): 193–197.

[12] Chu M, Yang J, Feng T, et al. GDF9 as a candidate gene for prolificacy of Small Tail Han sheep[J]. Molecular Biology Reports, 2011(38): 5199–5204.

[13] Cao G, Chu M, Fang L, et al. Analysis on DNA sequence of GPR54 gene and its association with litter size in goats[J]. Molecular Biology Reports, 2011(38): 3839–3848.

[14] Chen L, Liu K, Zhao Z, et al. Identification of sheep ovary genes potentially associated with off-season reproduction[J]. Journal of Genetics and Genomics, 2012(39): 181–190.

[15] Chen H, Wang D, Xu G, et al. Cloning, structural analysis and expression of cardiac troponin C (TNNC1) gene in goat[J]. African Journal of Biotechnology, 2014(11): 3903–3910.

[16] Dong Y, Xie M, Jiang Y, et al. Sequencing and automated whole-genome optical mapping of the genome of a domestic goat (Capra hircus)[J]. Nature Biotechnology, 2013, 31(2):135–141.

[17] Drouilhet L, Mansanet C, Sarry J, et al. The Highly Prolific Phenotype of Lacaune Sheep Is Associated with an Ectopic Expression of the B4GALNT2 Gene within the Ovary[J]. PLoS Genetics 2013, 9(9): e1003809.

[18] Dodds KG, Auvray B, Newman SAN, et al. Genomic breed prediction in New Zealand sheep[J]. BMC Genetics, 2014(15):92.

[19] Fu WX, Liu Y, Lu X, et al. A Genome-Wide Association Study Identifies Two Novel Promising Candidate Genes Affecting Escherichia coli F4ab/F4ac Susceptibility in Swine[J]. PLoS One, 2012, 7(3):e32127.

[20] Feng C, Gao Y, Dorshorst B, et al. A cis-regulatory mutation of PDSS2 causes silky-feather in chickens[J]. PLoS Genetics, 2014,10(8):e1004576.

[21] Geng R, Yuan C, Chen Y. Exploring differentially expressed genes by RNA-Seq in cashmere goat (Capra hircus) skin during hair follicle development and cycling[J]. PLoS One, 2013, 8(4):e62704.

[22] Gao Y, Zhang YH, Jiang H, et al. Detection of differentially expressed genes in the longissimus dorsi of Northeastern Indigenous and Large White pigs[J]. Genetics and Molecular Research, 2011(10): 779-791.

[23] Geng C, Feng T, Chu M, Fang L, et al. Detection of the FecTT mutation of GDF 9 gene in sheep[J]. Journal of Anhui Agricultural University, 2011(38): 341-345.

[24] Hasler JF. Forty years of embryo transfer in cattle: A review focusing on the journal Theriogenology, the growth of the industry in North America, and personal reminisces[J]. Theriogenology, 2014(81):152-169.

[25] Hanotte O, Ronin Y, Agaba M, et al. Mapping of quantitative trait loci controlling trypanotolerance in a cross of tolerant West African N'Dama and susceptible East African Boran cattle[J]. Proceedings of the National Academy of Sciences, 2003(100): 7443-7448.

[26] Hou J, An X, Han P, et al. Two missense mutations in exon 9 of caprine PRLR gene were associated with litter size[J]. Animal Genetics, 2015, 46(1):87-90.

[27] Hou J, An X, Li G, et al. Exploring polymorphisms and their effects on reproductive traits of the INHA and INH β A genes in three goat breeds[J]. Animal Science Journal, 2012(83): 273-278.

[28] Hou J, An X, Wang J, et al. New genetic polymorphisms of< i> KiSS-1</i> gene and their association with litter size in goats[J]. Small Ruminant Research, 2011(96): 106-110.

[29] Huang Y, Li Y, Burt DW, et al. The duck genome and transcriptome provide insight into an avian influenza virus reservoir species[J]. Nature Genetics, 2013,45(7):776-783.

[30] Jiang Y, Xie M, Chen W, et al. The sheep genome illuminates biology of the rumen and lipid metabolism[J]. Science, 2014, 344(6188):1168-1173.

[31] Jia J, Zhang L, Wu J, et al. Study of the correlation between GH gene polymorphism and growth traits in sheep[J]. Genetics and molecular research, 2014(13): 7190.

[32] Johnston SE, McEwan JC, Pickering NK, et al. Genome-wide association mapping identifies the genetic basis of discrete and quantitative variation in sexual weaponry in a wild sheep population[J]. Molecular Ecology, 2011, 20(12):2555-2566.

[33] Jin Q, Sun J, Fang X, et al. Molecular characterization and polymorphisms of the caprine Somatostatin (SST) and SST Receptor 1 (SSTR1) genes that are linked with growth traits[J]. Molecular Biology Reports, 2011(38): 3129-3135.

[34] Huang JL, Zhao YP, Bai DY, et al. Donkey genome and insight into the imprinting of fast karyotype evolution[J]. Scientific Report, 2015(5):14106.

[35] Huang JL, Zhao YP, Shiraigol W, et al. Analysis of horse genomes provides insight into the diversification and adaptive evolution of karyotype[J]. Scientific Report, 2014(4):4958.

[36] Kijas JW, Lenstra JA, Hayes B, et al. Genome-wide analysis of the world's sheep breeds reveals high levels of historic mixture and strong recent selection[J]. PLos Biology, 2012, 10(2): e1001258.

[37] Liu ZH, Xiao HM, Li HP, et al. Identification of conserved and novel microRNAs in Cashmere goat skin by deep sequencing[J]. PLoS One, 2012, 7(12): e50001.

[38] Liu N, Li HG, Liu KD, et al. Identification of skin-expressed genes possibly associated with wool growth regulation of Aohan fine wool sheep[J]. BMC Genetics, 2014(15):144.

[39] Liu N, Li HG, Liu KD, et al. Differential expression of genes and proteins associated with wool follicle cycling[J]. Molecular Biology Reports, 2014, 41(8):5343-5349.

[40] Liu GB, Liu RZ, Li QQ, et al. Identification of microRNAs in wool follicles during Anagen, Catagen, and Telogen Phases in Tibetan sheep [J] . PLoS One, 2013, 8(10): e77801.

[41] Jiang L, Liu JF, Sun DX, et al. Genome wide association studies for milk production traits in Chinese Holstein Population [J] . PLoS One, 2010(5):e13661.

[42] Li M, Tian S, Jin L, et al. Genomic analyses identify distinct patterns of selection in domesticated pigs and Tibetan wild boars [J] . Nature Genetics, 2013(45): 1431–1438.

[43] Liu X, Wang LG, Liang J, et al. Genome–Wide Association Study for Certain Carcass Traits and Organ Weights in a Large WhitexMinzhu Intercross Porcine Population [J] . Journal of Integrative Agriculture, 2014(13): 2721–2730.

[44] Luo WZ, Chen SK, Cheng DX, et al. Genome–wide Association Study of Porcine Hematological Parameters in a Large White x Minzhu F2 Resource Population [J] . International Journal of Biological Sciences, 2012a(8): 870–881.

[45] Luo WZ, Cheng DX, Chen SK, et al. Genome–wide association analysis of meat quality traits in a porcine large white x minzhu intercross population [J] . International Journal of Biological Sciences, 2012b(8): 580–595.

[46] Li Z, Lan X, Sun J, et al. Molecular characterization and haplotype combination of< i> PrRP</i> gene polymorphism and its association with production traits in Chinese native goats [J] . Small Ruminant Research, 2012(105): 69–78.

[47] Lan X, Zhao H, Li Z, et al. A novel 28–bp insertion – deletion polymorphism within goat PRNP gene and its association with production traits in Chinese native breeds [J] . Genome, 2012(55): 547–552.

[48] Li G, Wu HP, Fu MZ, et al. Novel single nucleotide polymorphisms of GnRHR gene and their association with litter size in goats [J] . Archives of Animal Breeding, 2011(54): 618–624.

[49] Li Y, Zhang L, Shang L, et al. Genetic Polymorphisms at Three Loci of PRLR and FSHR Gene Correlate with Litter Size in Chinese Haimen Goat [J] . Journal of Animal and Veterinary Advances, 2010(9): 2835–2838.

[50] Ling YH, Xiang H, Li YS, et al. Exploring differentially expressed genes in the ovaries of uniparous and multiparous goats using the RNA–Seq (Quantification) method [J] . Gene, 2014(550): 148–153.

[51] Li M, Tian S, Jin L, et al. Genomic analyses identify distinct patterns of selection in domesticated pigs and Tibetan wild boars [J] . Nature Genetics. 2013, 45(12):1431–1438.

[52] Li M, Wu H, Luo Z, et al. An atlas of DNA methylomes in porcine adipose and muscle tissues [J] . Nature Communication. 2012(3):850.

[53] Ma J, Xu G, Wan L, et al. Molecular cloning, sequence analysis and tissue–specific expression of Akirin2 gene in Tianfu goat [J] . Gene, 2015(554): 9–15.

[54] Fang M, Fu WX, Jiang D, et al. A multiple–SNP approach for genome–wide association study of milk production traits in Chinese Holstein cattle [J] . PLoS One, 2014, 9(8):e99544.

[55] Meuwissen TH, Hayes BJ, Goddard ME. Prediction of total genetic value using genome–wide dense marker maps [J]. Genetics, 2001, 157(4):1819–1829.

[56] McClure MC, Morsci NS, Schnabel RD, et al. A genome scan for quantitative trait loci influencing carcass, post–natal growth and reproductive traits in commercial Angus cattle [J] . Animal Genetics, 2010(41): 597–607.

[57] Orlando L, Ginolhac A, Zhang G, et al. Recalibrating Equus evolution using the genome sequence of an early Middle Pleistocene horse [J] . Nature, 2013,499(7456):74–78.

[58] Peng YD, Yu SL, Li HA, et al. MicroRNAs: Emerging roles in adipogenesis and obesity [J] . Cellular Signalling, 2014(26): 1888–1896.

[59] Xu Q, Mei G, Sun DX, et al. Detection of genetic association and functional polymorphisms of UGDH affecting milk production trait in Chinese Holstein cattle [J] . BMC Genomics. 2012(13):590.

[60] Qiu Q, Zhang G, Ma T, et al. The yak genome and adaptation to life at high altitude [J] . Nature Genetics, 2012, 44(8): 946–949.

[61] Ren DR, Ren J, Ruan GF, et al. Mapping and fine mapping of quantitative trait loci for the number of vertebrae in a White Duroc x Chinese Erhualian intercross resource population [J] . Animal Genetics, 2012(43): 545–551.

[62] Rolf MM, Taylor JF, Schnabel RD, et al. Genome–wide association analysis for feed efficiency in Angus cattle [J] . Animal Genetics, 2012(43): 367–374.

[63] Sun W, Li D, Wang P, et al. Postnatal expression of myostain (MSTN) and myogenin (MYoG) genes in Hu sheep of China [J] . African Journal of Biotechnology, 2012(11): 12246–12251.

[64] Song X, Jiang J, Zhang G, et al. DNA polymorphisms of the Hu sheep melanocortin–4 receptor gene associated with birth weight and 45–day weaning weight [J] . Genetics and Molecular Research, 2012(11): 4432–4441.

[65] Vage DI, Boman IA. A nonsense mutation in the beta–carotene oxygenase 2 (BCO2) gene is tightly associated with accumulation of carotenoids in adipose tissue in sheep (Ovis aries) [J] . BMC Genetics, 2010(11):10.

[66] White SN, Mousel MR, Herrmann–Hoesing LM, et al. Genome–Wide Association Identifies Multiple Genomic Regions Associated with Susceptibility to and Control of Ovine Lentivirus [J] . PLoS One 2012, 7(10): e47829.

[67] Wang Z, Zhang H, Yang H, et al. Genome–wide association study for wool production traits in a Chinese Merino sheep population [J] . PLoS One 2014, 9(9):e107101.

[68] Wang JY, Luo YR, Fu WX, et al. Genome–wide association studies for hematological traits in swine [J] . Animal Genetics, 2013a(44): 34–43.

[69] Wang LG, Liu X, Zhang LC, et al. Genome–wide copy number variations inferred from SNP genotyping arrays using a large white and minzhu intercross population [J] . PLos One, 2013, 8(10):e74879.

[70] Wang Y, Yang Z, Sun Y, et al. Analysis of genome–wide copy number variations in Chinese indigenous and western pig breeds by 60 K SNP genotyping arrays [J] . PLoS One, 2014(9): e106780.

[71] Wang PQ, Tan Y, Zhang BY, et al. DNA Polymorphisms of 5'–Flanking Region of Insulin–Like Growth Factor 1 Gene and Their Association with Reproduction Traits in Goats [J] . Agricultural Sciences in China, 2011(10): 1609–1617.

[72] Wang Z, Qu L, Yao J, et al. An EAV–HP insertion in 5' Flanking region of SLCO1B3 causes blue eggshell in the chicken [J] . PLoS Genetics, 2013,9(1):e1003183.

[73] Xu T, Guo XD, Wang H, et al. Differential gene expression analysis between anagen and telogen of Capra hircus skin based on the de novo assembled transcriptome sequence [J] . Gene, 2013, 520(1):30–38.

[74] Li XJ, Wang S, Huang J, et al. Improving the accuracy of genomic prediction in Chinese Holstein cattle by using one–step blending [J] . Genetics Selection Evolution, 2014(46):66.

[75] Ding XD, Zhang Z, Li XJ, et al. Accuracy of genomic prediction for milk production traits in Chinese Holstein population using a reference population consisting of cows [J] . Journal of Dairy Science, 2013(96):5315–5323.

[76] Wu XP, Fang M, Liu L, et al. Genome wide association studies for body conformation traits in the Chinese Holstein cattle population [J] . BMC Genomics, 2013(14):897.

[77] Cui XG, Hou YL, Yang SH, et al. Transcriptional profiling of mammary gland in Holstein cows with extremely different milk protein and fat percentage using RNA sequencing [J] . BMC Genomics, 2014, 24(15):226.

[78] Yuan C, Wang X, Geng R, et al. Discovery of cashmere goat (Capra hircus) microRNAs in skin and hair follicles by Solexa sequencing [J] . BMC Genomics, 2013(14):511.

[79] Zhang Z, Liu JF, Ding XD, et al. , Best linear unbiased prediction of genomic breeding values using a trait–specific marker–derived relationship matrix [J] . PLoS One, 2010(5):e12648.

[80] Zhang Z, Ding XD, Liu JF, et al. Accuracy of genomic prediction using low density marker panels [J] . Journal of Dairy Science, 2011(94):3642–3650.

[81] Zhang Z, Li X, Ding X, et al. 2015 GPOPSIM: a simulation tool for whole–genome genetic data [J] . BMC Genetics, 2015(16): 10.

[82] Zhang C, Liu Y, Xu D, et al. Polymorphisms of myostatin gene (MSTN) in four goat breeds and their effects on Boer goat growth performance [J] . Molecular Biology Reports, 2012(39): 3081–3087.

[83] Zhang C, Wu C, Zeng W, et al. Polymorphism in exon 3 of follicle stimulating hormone beta (FSHB) subunit gene and its association with litter traits and superovulation in the goat [J] . Small Ruminant Research, 2011(96): 53–57.

[84] Zuo B, Liu G, Peng Y, et al. Melanocortin-4 receptor (MC4R) polymorphisms are associated with growth and meat quality traits in sheep[J]. Molecular Biology Reports, 2014(41): 6967-6974.

[85] Zhang L, Liu J, Zhao F, et al. Genome-wide association studies for growth and meat production traits in sheep[J]. PloS One, 2013(8): e66569.

[86] Zhang C, Wang G, Wang J, et al. Characterization and comparative analyses of muscle transcriptomes in Dorper and Small-tailed Han Sheep using RNA-Seq technique[J]. PLoS One, 2013(8): e72686.

[87] Zhang Z, Xu F, Zhang Y, et al. Cloning and expression of MyoG gene from Hu sheep and identification of its myogenic specificity[J]. Molecular biology reports, 2014(41): 1003-1013.

[88] 崔晓钢，杨少华，谢岩，等. 应用生物信息学预测牛新 microRNA 及验证［J］. 畜牧兽医学报，2015，46（8）：317-1324.

[89] 陈晨，邓缘，任慧波，等. 猪 miR-135a-5p 预测靶基因 APC 的鉴定［J］. 畜牧兽医学报，2015，46（4）:534-541.

[90] 蔡惠芬，陈志，罗卫星，等. RERG 基因多态性与黔北麻羊生长性状的相关性研究［J］. 广东农业科学，2012（39）：152-154.

[91] 崔凯. 精子载体法制备 FecB 转基因太行山羊技术的研究［D］. 保定：河北农业大学，2011.

[92] 陈晓瑛. ω-3 脂肪酸去饱和酶转基因羊的研究［D］. 泰安：山东农业大学，2011.

[93] 樊庆灿，叶禄林，柳楠，等. 小尾寒羊 FecB 基因型与产羔数相关的研究［J］. 安徽农业科学，2011（39）：3.

[94] 樊慧中. 基于通路的全基因组关联分析策略应用于西门塔尔牛的初步研究［D］. 北京：中国农业科学院研究生院，2015.

[95] 关继羽. 抗羊布氏杆菌病转基因细胞系的构建及相关问题的研究［D］. 长春：吉林大学，2011.

[96] 高蓓，马玉珍，尹俊，等. 敲除成纤维细胞生长因子 5 基因对阿尔巴斯绒山羊胎儿皮肤成纤维细胞系的影响［J］. 中国畜牧兽医，2012（39）：27-32.

[97] 贺綦，孙婴宁，李辉，等. 鸡 L-FABP 启动子区 C/EBPα 结合位点的定点突变分析［J］. 畜牧兽医学报，2015，46（9）：1496-1501.

[98] 蒋婧，王林杰，李利，等. 南江黄羊脂肪型脂肪酸结合蛋白 (A-FABP) 基因多态性与生长性状关联分析［J］. 中国兽医学报，2012（9）：15.

[99] 李云龙，杨章平，毛永江，等. DLK1 基因的单核苷酸多态性与绵羊生长发育性状的相关性分析［J］. 中国畜牧杂志，2011（1）：006.

[100] 李聪，孙东晓，姜力，等. 奶牛重要经济性状全基因组关联分析研究进展［J］. 遗传，2012，34（5）：545-550.

[101] 李文杨，刘远，林仕欣，等. B-MPR-IB，BMP15，GDF9 基因作为福建省 4 个主要山羊品种多胎性能候选基因的研究［J］. 浙江农业学报，2013（24）：975-979.

[102] 刘铮铸，巩元芳，付志新，等. 山羊 MyoG 基因内含子Ⅱ变异及其在体质量上的遗传效应分析［J］. 畜牧兽医学报，2011（42）：1015-1021.

[103] 刘彬，宋桃伟，罗卫星，等. GHSR 基因多态性与黔北麻羊生长性状关联性分析［J］. 广东农业科学，2013（40）：161-165.

[104] 刘玲，陈喻，张国俊，等. 南江黄羊 GH 基因外显子 4 单核苷酸多态与生长性能的关联分析［J］. 激光生物学报，2011（20）：650-656.

[105] 刘明军，张雪梅，李文蓉，等. 绵羊转基因技术体系构建及研究进展［J］. 中国农业科学，2014（21）：4234-4245.

[106] 罗卫星，蔡惠芬，王兴群，等. 山羊垂体转录因子 POU1F1 基因多态性及其与屠宰性状相关性研究［J］. 中国畜牧杂志，2011（47）：5-9.

[107] 马健，刘影，王晓钧. 2013 年国际马传染病疫情动态［J］. 中国预防兽医学报，2014，10（36）：825-

827

［108］马友记．甘肃肉羊新品种选育群 GnRHR 基因多态性及其与产羔性状关联分析［J］．中国草食动物，2011（31）：5–9.

［109］秦莹．Nramp1 基因的克隆及其在羊胎儿成纤维细胞和转基因小鼠中的表达鉴定研究［D］．长春：吉林大学，2013.

［110］汪代华，张珂，徐刚毅，等．天府肉羊新品群 PRLR 基因第 10 外显子多态性与产羔数的关联分析［J］．中国畜牧杂志，2011（47）：10–13.

［111］王利红，高勤学，张伟，等．绵羊 LHR 基因 PCR–SSCP 多态性与繁殖性状的关联分析［J］．浙江大学学报（农业与生命科学版），2012（38）：362–369.

［112］王玺年，王继卿，刘秀，等．山羊 Myf–5，Pit–1 基因多态性与生产性状的关联性分析［J］．华北农学报，2013（28）：43–47.

［113］王春侠，林加娟，刘宣宣，等．海门山羊 MDFI 基因 SNP 及其与体尺性状的关联分析［J］．生物技术通报，2013（9）：17.

［114］王海涛，孟凡华，房君，等．拟蜘蛛牵丝蛋白基因细毛羊毛囊特异表达载体的构建及其转基因细胞株的筛选［J］．中国畜牧兽医，2014（6）：1–6.

［115］王延晖．基于加性显性模型的基因组选择应用于西门塔尔牛的初步研究［D］．北京：中国农业科学院研究生院，2014.

［116］王振金．奶山羊 ABCG2，OPN 基因多态性及 OPN 基因与生产性状的关联分析［D］：泰安：山东农业大学，2012.

［117］韦宏伟，徐刚毅，汪代华，等．Myf5 基因多态性与山羊生长性状相关分析［J］．中国畜牧杂志，2011（47）：15–17.

［118］吴洋．西门塔尔牛单体型及拷贝数图谱构建和部分屠宰性状的关联分析［D］．北京：中国农业科学院研究生院，2014.

［119］苏强强．绵羊 MYOZ2 和 MYOZ3 基因的克隆及在凉山半细毛羊组织的时空表达［D］．成都：四川农业大学，2011.

［120］宋桃伟，蔡惠芬，罗卫星，等．山羊 FGFR–1 基因的多态性分析［J］．中国畜牧杂志，2013（49）：19–22.

［121］宋桃伟，蔡惠芬，罗卫星，等．两个贵州山羊品种 GHSR 和 GHRL 基因遗传变异及其与生长性状的关联性［J］．中国农业科学，2015（48）：140–153.

［122］宋文静，王凭青，张宝云，等．表皮生长因子受体基因（EGFR）多态性及其与山羊产羔数的相关分析［J］．农业生物技术学报，2011（19）：1034–1041.

［123］尚进．苏尼特羊，巴美肉羊，小尾寒羊 PPARGC1 α 基因突变与肉质的相关性研究［D］．呼和浩特：内蒙古农业大学，2012.

［124］孙伟，李达，马月辉，等．湖羊 GHR 和 IGF–Ⅰ基因表达的发育性变化及其与肉质性状的关联［J］．中国农业科学，2012（45）：4678–4687.

［125］谢海强，孙岩岩，龚俞，等．贵州黑山羊 STAT5A 基因多态性及其与生长性状关联分析［J］．生物技术，2014（4）：21.

［126］肖礼华，史忠辉，曾琼，等．黔北麻羊 GHRH–R 基因多态性与生长性状的关联分析［J］．中国草食动物科学，2012（32）：8–10.

［127］叶禄林，刘开东，李晶，等．杜寒杂交羊 Leptin 基因外显子三的多态性及其与生长发育的相关性研究［J］．青岛农业大学学报（自然科学版），2013（30）：200–203.

［128］朱爱文，马友记，陈国宏，等．甘肃肉羊新品种选育群 GDF9 基因外显子 2 多态性及其与产羔性状关联分析［J］．生物技术通报，2011（10）：32.

［129］周明亮，张翔宇，綦松智，等．绵羊 IGF–Ⅰ基因的表达及其 SNPs 与生长性状的相关分析研究［J］．畜

牧兽医学报，2013（44）：1363-1370.

［130］左北瑶. 巴音布鲁克羊、德国美利奴羊和多浪羊 BMPR-IB，BMP15，GDF9，MC4R，CAST 基因的研究［D］. 南京：南京农业大学，2012.

［131］朱波，吴洋，齐欣等. 利用混合线性模型和 BayesCPi 进行 QTL-MAS2011 公共数据集的全基因组关联分析［J］. 畜牧兽医学报，2014，45（5）：692-695.

［132］朱波，王延晖，牛红，等. 畜禽基因组选择中贝叶斯方法及其参数优化策略［J］. 中国农业科学，2014，47（22）：4495-4505.

［133］朱波. 畜禽基因组选择中贝叶斯方法及其参数优化的应用研究［D］. 保定：河北农业大学，2014.

撰稿人：王立贤　王楚端　张　勤　张胜利　孙东晓　李俊雅
高　雪　杨　宁　曲鲁江　田可川　杜立新　张　莉
芒　来　乌尼尔夫　　　白东义　赵一萍

动物繁殖学发展研究

一、引言

动物繁殖学研究内容主要包括生殖生理学、繁殖技术和繁殖力的评价。生殖生理学研究动物性别分化、配子（精子和卵子）发生、性成熟、发情、性行为、受精、妊娠、分娩、泌乳等各种生殖现象的机理及内分泌的调节；生殖器官和生殖细胞的形态结构及生化特性的描述与分析。繁殖技术研究发情控制（同期发情、诱导发情）、配种控制（人工授精）、排卵控制（超数排卵、诱发排卵）、妊娠控制（胚胎移植）、分娩控制（诱发分娩）和产仔控制（诱导双胎或多胎）、体外受精（In Vitro Fertilization，IVF）、配子和胚胎冷冻（Gamete and Embryo Freezing，GEF）、克隆、转基因、性别控制、胚胎干细胞（Embryonic Tem Cells，ES）和嵌合体（Chimera）等技术。繁殖力研究繁殖障碍及繁殖管理。科学的饲养管理、精准的发情鉴定、适时配种及人工授精、发情控制、胚胎移植等繁殖控制技术的应用是保证和提高动物繁殖力的重要技术措施。

“十二五”期间，本学科紧跟国际学科发展趋势、紧密结合国家重大需求，不断拓展研究领域，形成了覆盖面广、特色明显、优势突出和前景广阔的配子资源高效利用、胚胎生产与移植、繁殖调控与妊娠识别、妊娠维持与繁殖管理、体细胞重编程、基因编辑与生物反应器等稳定并独具特色的研究方向。

二、2010—2015 年本学科研究进展

（一）动物生殖生理学研究进展

1. 家畜生殖内分泌

随着分子生物学的发展和实验技术的进步，动物生殖内分泌的研究水平不断提高，取

得了一些与国际水平接轨的研究成果。

（1）新近发现的激素以及经典激素的新作用研究

促性腺激素抑制激素（Gonadotropin Inhibiting Hormone，GnIH）是近年来日本学者新发现的调节动物繁殖的下丘脑激素。我国学者对这一激素的作用进行了研究并发现，GnIH在下丘脑水平通过作用于促性腺激素释放激素（Gonadotropin-Releasing Hormone，GnRH）神经元，从而在中枢水平调控猪的生殖活动，而且可直接作用于卵巢和性腺，影响性腺激素的分泌和细胞增殖相关蛋白的表达，参与猪的生殖调控[1-3]。

褪黑素（Melatonin）具有广泛的作用，也是一种重要的生殖激素。中国农业大学研究发现，褪黑素能促进小鼠早期胚胎发育和胚胎附植效率，从而提高窝产仔数，这一发现对于提高家畜繁殖效率有潜在价值[4,5]。

促性腺激素是腺垂体分泌的调节动物生殖活动的关键激素，其主要靶器官是性腺。近年来有关其作用的研究不断深入，发现促卵泡素（Follicle Stimulating Hormone，FSH）抑制卵泡颗粒细胞线粒体凋亡，从而阻止优势卵泡闭锁[6]。对牛和猪的研究发现，促性腺激素对性腺以外的生殖组织（输卵管、子宫）具有调控作用[7-9]。

（2）生长因子和肽类对生殖的调控作用研究

许多生长因子和肽类物质在繁殖功能调控中的作用研究取得进展。研究发现，生长分化因子9（Growth Differentiation Factor，GDF-9）和碱性成纤维生长因子（Basic Fibroblast Growth Factor，bFGF）可加强FSH对牛原始卵泡生存、活化和生长的促进作用[10]；神经营养素（Neurotrophins，NT）家族，即神经生长因子（Nerve Growth Factor，NGF）、脑源性神经生长因子（Brain-derived Neurotrophic Factor，BDNF）、神经营养素3（Neurotrophins-3，NT-3）和4（NT-4）及它们的受体在牛和猪生殖组织中广泛存在，且对生殖活动具有多种调控作用，包括对精子功能、性腺类固醇合成、子宫和输卵管功能、卵泡颗粒细胞增殖、卵母细胞成熟和早期胚胎发育等的调控作用[8, 9, 11-15]；C型尿钠肽（C-type Natriuretic Peptide，CNP）可通过结合卵丘颗粒细胞上的受体产生cGMP进入卵母细胞，从而维持高水平cAMP，抑制卵母细胞减数分裂[16]；CNP能够促进睾丸间质细胞分泌睾酮，同时参与睾丸间质细胞和支持细胞功能的调控[17]；另外，CNP还可能以旁分泌的方式，通过影响曲细精管的舒张调控精子的运行和睾丸血液的供应。这些发现对于寻找提高繁殖率的新分子标记、提高体外胚胎生产效率等具有重要意义。

（3）激素免疫和基因免疫研究

促性腺激素释放激素免疫作为生物去势的方法，取得新进展。利用重组的麦芽糖结合蛋白（Maltose Binding Protein，MBP）和促性腺激素释放激素Ⅰ（GnRH-Ⅰ）构建免疫抗原，对雄性和雌性犬进行主动免疫，成功地产生了GnRH-1抗体，免疫的犬性腺激素水平显著下降，睾丸或卵巢明显萎缩，睾丸中没有精子细胞和精子，卵巢上有腔卵泡发育受阻[18]。成年雄性大鼠GnRH主动免疫后，通过雄激素-雄激素受体-Kisspeptin-GRP54信号途径，引起下丘脑GnRH合成减少，导致睾丸萎缩[19]。公羊的试验也得出类似结果。抑制素α基因重组 DNA 疫苗免疫大鼠，可提高生殖激素浓度，促进胚胎附植和窝产仔数[20]。抑制素免疫还能增加超排母牛的胚胎数量，并提高其质量[21]。

用一种新构建的重组生长抑素（Somatostatin，SS）重组 DNA 疫苗免疫雌性小鼠，发现可以提高雌鼠的体增重、泌乳性能，改善繁殖性能[22]。

（4）存在问题及研究方向

虽然研究了许多繁殖力相关的内分泌分子标记，但还需要扩大试验范围，逐渐在家畜育种中应用。

内分泌激素和生长因子对家畜繁殖的作用机制研究需要进一步深入，应从动物整体考虑、从分子水平阐释生殖调控网络。国内仍然缺少效价高、纯度高的自主知识产权激素制剂产品。

2. 动物妊娠识别和胚胎附植

（1）动物妊娠识别的研究进展

妊娠识别是指早期胚胎进入子宫后，发出生物信号给母体，母体随即产生反应，通过阻止黄体溶解、促进子宫变化，以支持胚胎继续发育，最终妊娠得以建立和维持。目前，这一领域是国内外生殖生物学研究的热点之一，我国在牛羊等反刍动物和猪妊娠识别和早期妊娠诊断方面取得一定进展。

反刍动物胚胎在孵化前后滋养层细胞分泌一类酸性糖蛋白——干扰素 - τ（Interferon，IFN- τ）。大量试验证明，IFN- τ 是胚胎向母体发出的最初妊娠信号，在 IFNT 基因 5′ 端上游区域逐渐切除或者点突变的情况下，YAP1 对 IFN- τ 基因表达都有显著上调作用[23]。IFN- τ 能诱导子宫内膜干扰素刺激基因（*Interferon-stimulated genes*，*ISGs*）上调表达，可通过检测空怀和妊娠早期阶段母体外周血液中相关基因表达的差异进行早期妊娠诊断。IFN- τ 不仅作用于子宫内膜，还能直接调控卵巢功能，促进黄体发育[24]。据此理论设计的新型胚胎培养液和移植液能明显提高牛胚胎体外发育率和移植受胎率。将怀孕 18 天和未怀孕的母牛子宫内膜在体外培养，检测 *ISG15* 的表达发现，在培养 60 天时怀孕母牛仍能检测出 *ISG15* 的表达，未怀孕母牛子宫没有表达，表明 *ISG15* 在体外早期妊娠母牛子宫内能存留较长时间[25]。

用玫瑰花环抑制试验（Rosette Inhibition Test，RIT）对孕牛血清中早孕因子生物活性的研究，对建立早期妊娠诊断方法和检测早期胚胎发育情况及确定早期胚胎死亡的方法具有重要参考价值[26]。用牛妊娠相关糖蛋白 PAG ELISA 法妊娠诊断的敏感性、特异性、阳性预测值、阴性预测值和准确性分别为 100%、75.5%、86.5%、100%、90.5%，与 75 天直肠检查结果相同[27]。利用外周血中干扰素刺激基因 *ISG15*、*OAS1*、*IFITM1*、*RSAD2* 的表达水平分析，可望在人工授精后 18 天对自然发情奶牛较为准确地做出早期妊娠诊断[28]，*RSAD2* 基因的相对表达量可望对于青年牛在 18 天做出早期妊娠诊断[29]。

在绵羊滋养外胚层细胞系的体外培养体系中添加 rbIFNt 能够增加 *ISGs* 的表达，如 *ISG15*、*OAS1* 和 *BST2*，且 IFNt 能够作为一个自分泌因子促进绵羊滋养外胚层细胞的增殖[30]。

IFN-τ 通过调控 Connexin43、E-cadherin 和 GM-CSF 表达，促进牛囊胚发育；通过调控 CTGF 表达，促进羊胚胎滋养层细胞增殖[31]。

母猪配种后 11 ~ 14 天，胚胎可产生雌激素，是早期妊娠信号，可促进黄体功能，改变子宫分泌前列腺素（Prostaglandins，PGF2α）的去向，从子宫静脉改变为向子宫腔，即 PGF2α 由内分泌改变为外分泌，胎盘可以分泌类似的物质，促进黄体的功能。

利用 K-means 聚类分析方法对梅山和大白猪妊娠不同时期差异表达基因的表达模式分析发现，在妊娠 15 天特异表达的基因以参与调节激素分泌和蛋白分泌为主，还有一些调节胚胎附植和子宫内环境的分子，这些基因在妊娠 15 天的特异高表达暗示着其为妊娠建立重要调节基因，为潜在的子宫内膜容受性标记基因[32]。

目前对于马属动物胚胎信号和妊娠识别机理还不清楚。相比于其他哺乳动物，马属动物胚胎植入有其特殊性，在妊娠的 7 ~ 21 天，在糖蛋白作用下球形胚泡在子宫内是游离存在的，随着体积不断增大，与子宫内膜发生生理联系，位置固定下来后附植。胚泡附植是个渐进过程，马的疏松附植发生在 35 ~ 40 天。在这一阶段中，几个不同的潜在信号分子被分泌到子宫腔，如雌激素 PGE_2 及 17α-羟基酮。在妊娠 16 天之后，马特异性内膜杯形成并分泌马绒毛膜促性腺激素（Equine Chorionic Gonadotropin，eCG）进入母体循环，以进一步提高孕酮在卵巢的水平[33]，并利用这一特征制备马绒毛膜促性腺激素单克隆抗体[34]。

（2）胚胎附植

近年来，不断有研究发现，有许多重要基因和蛋白分子及相关的作用机制参与胚胎植入过程，各种细胞因子和生长因子，如表皮生长因子（Epidermal Growth Factor，EGF）超家族（包括 EGF、TGF-α、HB-EGF 等）及其受体（EGFR）、白细胞介素-1（Interleukin-1，IL-1）、白血病抑制因子（Leukemia Inhibitory Factor，LIF）和巨噬细胞集落刺激因子（Macrophage Colony Stimulating Factor，M-CSF）等是调节胚胎附植的关键因子。一旦缺失，动物机体就无法完成胚胎附植过程。

1）整合素家族（Integrin family，IF）是一类普遍存在于细胞表面的跨膜糖蛋白，存在于动物机体的多种组织细胞中。目前已知对多种动物胚胎附植起重要调节作用的整合素主要为 $\alpha v\beta_3$。在绵羊第 7 天扩张囊胚和第 8 天孵化囊胚上均可检测到整合素 $\alpha v\beta_3$ 蛋白的表达，且蛋白表达主要分布在胚胎滋养层细胞周围，孵化囊胚蛋白表达量略高于扩张囊胚[35]。

2）骨桥蛋白（Osteopontin，OPN）是一种在上皮细胞检测到并且在许多组织中都分泌的重要细胞外基质成分，包括子宫。OPN 及其受体整合素 $\alpha v\beta_3$ 可能是启动胚胎附植级联反应的主要因子，在调节胚胎发育、附植及分化等方面起着重要作用。研究还发现骨桥蛋白在围植入期小鼠子宫内膜中的表达随孕龄的增加逐渐增强，但表达高峰出现在孕 5 天，与植入窗的开放相吻合，是子宫内膜接受性的客观标志，提示骨桥蛋白在胚泡着床过程中起重要作用[36]。

3）表皮生长因子（EGF）研究表明，添加 20ng/mL EGF 能提高猪体细胞克隆胚胎发育率[37]，EGF 浓度在 1~10ng/mL 时可提高鼠体外培养胚的囊胚率及孵化率[38]，体外培养 22 ~ 24 h 且添加 40μg/mL EGF 最有利于牦牛卵母细胞体外成熟；胚胎培养液中添加 40μg/mL EGF 能显著提高牦牛孤雌胚胎的体外发育能力[39]。

4）白细胞介素 -1（IL-1）是单核细胞、内皮细胞、成纤维细胞和其他类型细胞在应答感染时产生的细胞因子，有 IL-1α 和 IL-1β 两种类型，都与免疫球蛋白超家族的同一受体结合。通过不同浓度 IL-1β 干预小鼠胚胎体外发育，探讨其在胚胎着床中的作用，发现合适的白介素 -1β（IL-1β）可以促进体外培养小鼠胚胎发育及胚胎着床[40, 41]。此外，还有白血病抑制因子（LIF）、巨噬细胞集落刺激因子（M-CSF）以及其他蛋白因子在胚胎附植中执行多种生理功能，保证植入的顺利进行。

（3）存在问题及研究方向

①与实验动物相比，对家畜早期胚胎与母体子宫分子对话机制了解甚少。因为家畜胚胎在妊娠识别和附植前后的形态和生理变化与小鼠和人类有很大差别，需要建立特殊的研究方法，重点探索猪和反刍动物胚胎附植前伸长和马属动物胚胎运行机制。②关于营养、遗传、环境和免疫等因素对家畜胚胎与子宫对话影响研究很少。在家畜上，需要重点探索影响早期胚胎妊娠识别和附植的关键因子，通过改善营养和饲养模式降低早期胚胎死亡率。③目前还没有发现有效的家畜早期妊娠特异因子。反刍动物和猪妊娠早期血浆或排泄物中特异物质的发现和监测技术研究将成为热点，对动物生产意义重大。

3. 配子发生与胚胎发育的研究进展

（1）配子发生

近五年来，我国科学家在配子发生领域的研究取得了可喜的进展，在国际专业杂志上发表相关文献数百篇，获得了一些原创性成果，例如在国际上率先发现 C 型钠肽调节小鼠和牛卵母细胞减数分裂的机制；发现睾丸支持细胞（Sertoli cell）和间质细胞（Leydig cell）来自相同的祖代细胞，它们的分化受 Wt1 基因（Wilms' Tumor Gene 1）调控[42]；DNA 拓扑异构酶 II 在小鼠卵母细胞减数分裂过程中染色体凝集和分离的必要作用[43]；抑制凋亡蛋白家族成员 Survivin 在卵子生成和雌性生殖力的作用[44]等。此外，建立了蛋白磷脂酶 PP2A 条件性敲除小鼠品系，为进一步研究配子发生奠定了基础[45]。关于猪、牛、羊、家兔、猴等动物配子发生的研究也有显著增长[46~67]，一些地方品种牦牛、藏山羊的研究也有不少报道[68~71]。一些研究结果已直接应用到生产中，例如对荷斯坦牛精液品质评定的 GDF9 基因多态性对荷斯坦牛精子质量影响的研究[72]。不少研究都是紧追科技前沿，将最新的结果和技术应用在不同畜种上，如对奶山羊睾丸中 Tet1 和组蛋白甲基化表达模式的研究[73]、猪精子发生过程中三个主要阶段（睾丸精子、附睾精子、射出精子）和鼠精子变形与成熟过程中 mRNA 表达图谱的分析、microRNA 深度测序技术都获得了应用[46, 74]。此外，牦牛睾丸上皮生长因子及其受体表达[68]、绒山羊支持细胞的长期培养和分析[69]、牦牛睾丸 mRNA 表达和功能基因启动子甲基化状态的研究[47]等都取得了较快进展。

一些重要的功能基因和蛋白被发掘，例如人们认识到 *AZoospermia Like*（*DAZL*）*gene* 在精子发生过程中的重要性，在猪、奶山羊和荷斯坦牛、牦牛、黄牛上都有研究报道[48, 75~79]，并开展了包括代次之间 mRNA 表达水平的甲基化状态比较研究[79]。脂肪颗粒结合蛋白 Perilipin 对精子发生和卵子发育的功能被认识到并进行研究，Perilipin 通过调节精子发生相关基因影响精子发生[80]，其蛋白在小鼠[81]、牛[82]、猪[83]卵母细胞中的表达也被验证。

基于 C 型利钠多肽（Natriuretic peptide precursor type C，NPPC）抑制卵母细胞减数分裂的机理研究成果，构建了高效的牛卵母细胞体外成熟体系，为提高牛体外胚胎生产效率提供了理论基础及应用方案，是近年来研究的亮点。对于猪、牛、羊等家畜，体外成熟培养的卵母细胞主要来源于动物屠宰后卵巢上 2 ~ 8mm 的卵泡，由于处于不同发育阶段，因此 IVM 后往往出现卵母细胞间成熟不同步和核质成熟不同步现象。传统方案往往采用化学激酶抑制剂抑制卵母细胞减数分裂进程，达到卵母细胞体外成熟同期化的效果。然而，化学抑制剂往往存在不同程度的化学毒性，对后期的胚胎存在不良影响。因此，利用 C 型钠肽等生理性减数分裂抑制剂处理卵母细胞实现同期化是目前该领域的重要研究方向[84]。此外，通过添加 L- 肉碱[85]、Insulin-transferrin-selenium（ITS）[86]等提高牛、猪卵母细胞体外成熟效率和后期发育潜力的研究也有很多。

（2）胚胎发育

人重组干扰素 τ[87]、白细胞抑制因子[88]、白藜芦醇[89]和褪黑激素[90]等可提高牛胚胎体外发育能力，例如重组牛干扰素 τ 通过上调 *connexin 43* 和 *E-cadherin* 提高牛胚胎能力[87]，褪黑激素处理供体细胞能够提高克隆猪胚胎形成效率[91]。尤其是褪黑激素，近年来在猪、牛等物种的卵母细胞体外成熟和胚胎体外培养过程中被广泛使用，能够提高囊胚发育率和胚胎冷冻耐受性[92]。对卵母细胞和胚胎的研究证实，褪黑激素通过受体 1 进一步对卵母细胞成熟相关基因 *GDF9*，*MARF1*，*DNMT1a* 等的表达起调节作用，其进一步作用机理有待深入研究[92]。

在胚胎发育评价上，*Connexin43*、*E-cadherin*、*β-catenin* 等开始被用作评价指标，这些蛋白的表达与分布和胚胎的质量和发育潜力呈正相关[93]。在培养液中添加的血清类物质（FBS、FCS、BSA 等）会造成体外胚胎的细胞胞质脂肪颗粒大量沉积，从而影响体外生产胚胎的质量，尤其是低温冷冻耐受性的降低[94]。因此，科学家使用成分已知培养液进行体外培养的尝试一直没有停止。研究表明，含 PVA、myo-inositol、ITS 和 EGF 的培养液能够满足牛克隆胚胎体外发育的需要[86, 94]。

（3）研究现状存在的主要问题

除 C 型钠肽调节小鼠、牛卵子减数分裂的相关研究外，富有影响力的、原创性成果较少，主要集中在对国际上最新发现技术的转化应用。相对于较易结合生产的胚胎发育研究，配子发生的研究更偏重于基础，发展受限。研究结果呈现片段化，较难成体系。

4. 家畜受精机理研究进展

近年来，我国科学家在家畜受精机理方面取得了一定进展。

（1）精子受精机理

1）精子生理研究进展主要包括：关于牛精液中的神经生长因子（NGF）及其特定受体（TrkA）对精子功能的影响分析表明，NGF 和 TrkA 可能参与精子生理调节，与雄性不育有关[95]。对猪精子顶体蛋白活化和猪精子顶体素前体结合蛋白（sp32）磷酸化水平关系的研究发现，sp32 磷酸化水平可促进精子顶体素前体激活成为顶体蛋白[96]。研究表明，哺乳动物精子中发现的蛋白激酶以 Ser/Thr 蛋白激酶为主，其中包含 PKA、PKB、PKC、PKD、GSK3、MAP 激酶、PDK1 等，这些激酶参与精子蛋白水解等代谢活动及精子活力和细胞周期等的调节，精子获能期间 PKA 及其他酪氨酸蛋白激酶都会受活性氧簇调控[97]，说明作为活性氧簇细胞内靶酶的酪氨酸蛋白磷酸酯酶 PTPs 对精子生理有重要作用。

有些周期蛋白基因阶段特异性地参与了精子的发生和调控。如 *Cdc2*、*Cdc25*、*CyclinA1*、*CyclinA2*、*CyclinB1*、*CyclinB2*、*CyclinH* 等基因。促成熟因子（Maturation Promoting Factor，MPF）周期性的激活与失活是推动细胞周期进行的主要影响因子。Cdc2 蛋白是具有调节和催化功能的细胞周期蛋白，在生精细胞中与 MPF 形成复合体一起参与调节生精细胞的减数分裂进程。Cdc25mRNA 在小鼠睾丸第一次减数分裂时期的精母细胞和圆形精子中高量表达。Cdc25 蛋白作用于 Cdc2，从而活化 Cdc2 的功能并一起参与调节生精细胞有丝分裂和减数分裂[98]。对于圆形精子细胞、长形精子细胞和附睾精子的表达检测表明，精子成熟过程中基因的转录表达逐渐减少，但转录活动并未停止，个别基因表达水平有所升高。对猪体外成熟卵母细胞胞浆内精子注射后不同激活方法对原核形成和发育能力影响的研究发现，MEK1/2 抑制剂 U0126 可作为猪卵母细胞单精子注射受精时的激活剂[99]，母源性蛋白二硫键异构酶 A3（Maternal protein disulfide isomerase 3，MPDIA3）可通过减少猪卵母细胞中鱼精蛋白二硫键促进精子解聚[100]。

2）精子功能研究进展包括：以牛成熟精子为研究对象，系统研究了神经营养因子家族基因（*BDNF*、*NGF*、*NT-4*）及其受体在成熟精子中的表达及对精子生理功能的调节，结果表明 *BDNF*、*NT-4*、*TrkB*、*TrkA* 的 mRNA 均存在于成熟精子中；*BDNF*、*NGF*、*NT-4*、*TrkB*、*TrkA* 的蛋白均在成熟精子中检测到；*BDNF*、*NT-4* 蛋白主要分布在精子的头部、颈部、尾部，*NGF* 主要分布在头部和尾部，*TrkB* 主要分布在顶体和尾部，*TrkA* 主要分布在顶体帽、核、尾部。对不同密度牛精子的培养实验表明，牛成熟精子自身可以分泌 *BDNF*，*BDNF* 和 *NGF* 可影响精子胰岛素和瘦素的分泌，并且可影响精子的线粒体活性、精子内钙离子浓度、活率和凋亡[101~104]。这些结果说明，成熟精子中也存在核酸的转录活性，它们对精子功能的调控和早期受精卵的发育具有潜在的调节作用。对猪、牛的研究表明，经过冷冻保存，精子中的转录产物和蛋白产物都发生了改变，这些改变可能与精子的质量及受精能力变化有关[105]。

3）精子凋亡方面研究进展包括：对牛性控精子 PS 外翻、线粒体膜电位、DNA 片段化对其体外受精效率的关联性分析发现，牛性控精子 PS 外翻与其体外受精囊胚率呈显著性负相关（皮尔森相关系数达 -0.98）[106]，这为筛选牛性控精液、提高性控胚胎体外生产效率提供了技术依据。

4）精子受精机理方面研究进展包括：牛精子获能和精子进入卵母细胞前将其质膜和顶体除去，能够有助于雄性胚胎的发育[107]；母源蛋白二硫键异构酶 A3（PDIA3）通过减少猪卵母细胞中鱼精蛋白二硫键，进而有助于猪精子解聚[108]；U0126 可作为猪卵母细胞单精子注射受精时的激活剂，有助于原核形成和胚胎发育[109]。

（2）卵母细胞受精机理

1）猪卵母细胞研究进展：克隆了猪透明带结合蛋白 2（Zona pellucida binding protein 2，ZPBP2），发现睾丸是猪 ZPBP 的主要合成场所，且随着公猪发育而表达量提高[110]。采用添加 AY9944 累积 FF-MAS，研究了内源性 MAS 对猪卵母细胞体外成熟质量的影响，发现卵母细胞质量随添加剂量的增加而下降，退化卵母细胞增多，主要原因是过多的 AY9944 对卵母细胞具有毒性。但在不致使卵母细胞明显退化的前提下，20μmol/L AY9944 可显著提高卵母细胞胞质成熟的质量和囊胚发育率，且胚胎后期发育力提高，更多的 2- 细胞胚发育到囊胚。另外，无论是孤雌胚还是克隆胚，囊胚出现时间接近体内，第 5 天即已发育到囊胚，这与以前报道体外培养囊胚发育延迟的情况相反[111]。EGF、IGF 和 TGF 等生长因子在哺乳动物卵母细胞体外培养中起很重要的作用，尤其是在无血清培养条件下，生长因子可大大提高卵母细胞的成熟率和受精率，并对受精卵的发育有很大促进作用。众多生长因子中研究的最多的就是 EGF，EGF 能够促进卵母细胞减数分裂、卵丘细胞扩散，调节卵母细胞胞质成熟[112]。

2）牛 IVF 系统优化研究进展：向水牛卵母细胞成熟培养液中添加 5% ~ 10% 的 BuFF 或 BoFF 代替牛血清，可明显提高体外胚胎生产效率，且以添加同种 BuFF 效果最好[113]。成熟培养液中添加 30μg/L 的 EGF 或者 30μg/L 的 EGF+50mg/L 的 Insulin 可显著提高卵母细胞成熟率和受精卵裂率（$P < 0.05$）[114]；通过筛选体外受精液发现，受精液为 TALP 液，60%TALP 液 + 40%M-199 液 +5%FCS 的过渡培养体系为牛卵母细胞体外受精以及受精卵体外培养的最佳培养体系[115]。不同种公牛个体、卵丘细胞部分脱落、减少受精滴体积、降低精子密度，对于提高性控精液体外受精效率、降低性控胚胎体外生产成本具有重要意义[116]。性控精子与卵子共孵育 8h 可提高牛性控受精卵囊胚孵化率，G-1/G-2 培养液更利于牛性控受精卵的体外培养[117]。

（3）受精条件研究

1）通过改善卵母细胞成熟条件提高受精效率方面的研究表明：在卵母细胞成熟培养液中添加 5% ~ 10% 的 BuFF 或 BoFF 代替牛血清，可明显提高水牛体外胚胎生产效率，且以添加同种 BuFF 效果略好[118]；在成熟培养液中添加 30μg/LEGF 或 30μg/LEGF + 50mg/L Insulin 可显著提高牛卵母细胞的成熟率和受精后卵裂率（$P < 0.05$）[119]。培养液体积与液体蒸发、培养系统的稳定有关[120]，培养液量过小，胚胎培养微环境平衡性差，培

养环境容易随外围环境改变；而培养液量过大，胚胎及细胞分泌的生长因子浓度降低，不能有效促进胚胎正常发育；在直径为 35mm 的培养皿内制作不同体积（50、100、500μL）的微滴和大体积（2mL）培养液，以 0.1mL 和 0.5mL 的微滴卵裂率和囊胚发育率最好[121]；受精微滴中 40 个卵母细胞的卵裂率和囊胚率均明显下降，且差异显著；受精时，精卵比在（2000 ~ 10000）: 1，卵裂率和囊胚率差异均不显著，但随着精卵比的减小，卵裂率逐渐减小、囊胚率逐渐增加[122]。

2）在筛选体外受精液方面的研究表明：受精液为 TALP 液，受精卵培养液为 60%TALP 液 + 40%M-199 液 + 5%FCS 的过渡培养体系为牛卵母细胞体外受精以及受精卵体外培养的最佳培养体[123]；通过筛选不同种公牛个体结合卵丘细胞部分脱除，能够有效提高性控精液体外受精效率、降低性控胚胎体外生产成本[124]。

（4）存在的主要问题

精子体内获能机制还不十分清楚，自发现精子获能现象以来，对精子获能调控机制的研究已取得一些进展，但精子体内获能的确切部位、引起获能的机制还不十分清楚，仍有不少问题难以确定，这些问题的解决将为 IVF 提供更好的精子处理方法，并改进精子受精能力[126]。

（二）动物繁殖技术研究进展

1. 人工授精技术

人工授精是指用器械以人工的方法采集雄性动物精液，经特定处理后，再输入到发情的雌性动物生殖道特定部位使其妊娠的一种动物繁殖技术。目前，牛、羊、猪、禽等畜禽和骆驼、鹿、犬、兔、狐等特种经济动物及某些野生动物人工授精和精液冷冻保存技术相继获得成功。特别是冷冻精液技术的问世，使人工授精技术进入了一个崭新阶段。许多家畜的人工授精已相当普及，其中在奶牛的繁殖方面应用最广、发展最快、技术水平最高。随着大规模高度集约化现代畜牧业的出现，定时输精、深部输精技术的应用与推广进一步促进了人工授精技术的进一步发展。

定时输精（Timed Artificial Insemination，TAI）是近年来发展起来的一种能使多头母畜在短时间内集中发情和集中配种，不需要观察发情就能定时进行人工授精的技术。其最初是针对奶牛的一系列繁殖问题（例如发情症状不明显甚至不发情、空怀期长、妊娠率低、产犊间隔延长）发展起来的新技术。近年来，该技术在奶牛上应用越来越广泛。虽然在一定程度上增加了药品费用成本，但受胎率的显著提高减少了空怀日，进而提高了产奶量，同时还能减少劳动力节约管理成本，为牛场带来了明显的经济效益。研究发现，经 TAI 处理后，奶牛第一情期受胎率为 41.9%，比正常配种高 11.4%[127] 并且成本低廉，每头奶牛 30 ~ 40 元的处理成本，是一项经济有效、使用方便的繁殖技术[128]。总体来说，定时输精技术不但可提高奶牛繁殖效率，同时也实现了奶牛的同期配种、妊娠、分娩，便于集中安排生产活动，提高生产效率，降低生产成本。此外，近年来牛性控精液人工授精技术也进行了广泛研究，尤其是低剂量、深部输精技术的应用，使性控精液在奶牛中得到了进一步的推广。

在猪上，近年来新的人工授精操作方式如子宫深部输精（Indepth Uterine Insemination，IUI）和子宫角输精（Uterine Horn Insemination，UHI）成为研究热点。该技术利用特制的输精枪将 20 ~ 25mL 的精液输入发情母猪子宫腔内及子宫角 1/3 处，有效解决了常规子宫颈输精造成的精液浪费严重问题。该技术减少了精液使用量，输入精子数可减少到 10 亿个，大大提高了优良公猪的利用效率。通常一头普通公猪射精量 600 亿 ~ 700 亿个精子细胞，能生产约 20 头份常规人工授精稀释精液，但如果采用子宫深部输精技术，相同的射精量却能生产 45 ~ 50 头份稀释精液。经证实无论何种季节，在适度深部输精基础上，子宫颈前端或子宫体输精都将使所输精液快速地进入两侧子宫角和输卵管，提高卵子受精率，与 80mL 剂量相比，降低剂量后的 60mL、40mL 剂量可取得同样的产仔数效果[129, 130]。进一步试验表明，20 ~ 25mL 精液的子宫深部低剂量技术与 80mL 精液的传统人工授精技术相比，无论是后备猪还是经产母猪，其受胎率及窝产仔数都有明显提高，尤其经产母猪提升最大[131]。

由于深部输精的前期操作时间相对复杂，国内学者对猪深部输精与常规输精的效率进行了比较。研究发现，深部输精前期操作时间比常规输精时间仅长约 20 秒，但精液输入所需要的时间比常规输精所需要的时间 4 分 49 秒短 46 秒，因此整个输精过程可比常规输精短 26 秒[132]。甚至有研究证实子宫深部输精技术整个流程所用时间可以比常规人工授精每头缩短 3 ~ 6 分[133]。可见，虽深部输精的操作相对复杂，但只要输精员操作熟练，所需时间反而会更少。此外，子宫深部输精还减少了常规人工授精过程中所需要的公猪诱情、沙袋负重、人工按摩等费时的刺激工作，提高了配种人员的工作效率，这对于规模化猪场而言意义重大[134]。

但人工授精技术的突出问题是冷冻精液品质有待进一步提高，相对于新鲜精液人工授精，采用冷冻精液进行人工授精存在更大优势。目前，猪人工授精全球每年超过 2.5 亿例，但 99% 使用的是鲜精或冷藏精子，仅有 1% 使用冻精。新鲜精液只能在 15 ~ 20℃条件下保存 3 ~ 5 天，不但保存时间短，而且使用新鲜精液进行人工授精存在许多问题，诸如公猪饲养成本高、输入量过大导致精液浪费严重、不易长距离长时间运输和易交叉感染等。因此，家畜冷冻精液的研发与推广显得尤为必要。近年来，国内学者在提高冷冻精液品质方面进行了大量研究，发现卵黄中的低密度脂蛋白（Low-density Lipoprotein，LDL）是保护精子的有效成分，添加 8% 的 LDL 对冷冻 – 解冻后精子维持较高的活率具有极为重要的作用[135]。此外，还发现 α – 亚麻酸（α -Linolenic Acid，ALA）[136] 和丹参多糖（Salvia Miltiorrhiza Polysaccharide，SMPs）[137] 在猪冷冻精液中发挥着极好的抗冻效果，添加量 ALA 以 6mg/mL、SMPs 以 0.4mg/mL 效果最佳。上述工作极大地促进了猪冷冻精液品质的提高。

另外，羊的冷冻精液以及牛的性控冷冻精液也存在着有效精子数少、冻后活力低的问题，腹腔镜法引入母畜深部位输精中，通过微创手段将精子直接送至子宫角或输卵管，解决活力较低和剂量小影响输精效果的难题，对母畜机体影响也小。利用腹腔镜对胚胎移植供体羊进行性控精液深部位输精，获可用胚数显著高于常规子宫颈输精[138]。对贵州白绒山羊进行腹腔镜输精，受精率达 85.71%，明显高于本交组的 69.23% 和子宫颈输精组的 64.29%[139]，并且腹腔镜输精在一定程度上还可降低对输精量和精液品质的要求[140]。

表 1　母猪不同输精方法输精量和有效精子数目要求

输精方式	要求输精量（mL）	要求有效精子数目（个）
常规输精方法	80	25 亿 ~ 30 亿
非手术法深部位输精	30	＞5 亿
手术法或腹腔镜深部位输精法	1 ~ 5	500 万 ~ 1.5 亿

随着人工授精技术的研究与应用，我国在人工授精相关器械和试剂的研制方面也取得了较大进展。近年来，研制出了低剂量深部输精枪、母猪早孕诊断试纸条和奶牛发情妊娠两联黄体酮胶体金试纸条等产品，大大降低了人工授精技术成本，有利地推动了该技术的应用。

目前存在的问题主要有：定时输精与深部输精中关键技术根本性优化的问题；精液冷冻方法有待进一步优化，如精子经过冷冻 – 解冻后，即使活性和质膜完整性保持较好，但受精能力仍会大幅度降低，在母畜生殖道内获能和存活时间也显著缩短，限制了家畜冷冻精液应用与推广；猪、羊冷冻精液效率有待进一步提高。

2. 胚胎移植技术

胚胎移植（Embryo Transfer，ET）也称受精卵移植。作为提高母畜繁殖效率的一项技术措施，胚胎移植可充分发挥优良母畜的繁殖潜力，加速品种改良，扩大良种畜群，代替种畜的引进，克服不孕，应用和发展前景非常广阔。据初步统计，我国 2010 年和 2011 年分别生产奶牛胚胎 20000 枚和 10000 枚[141]，肉牛胚胎移植每年在 20000 头左右[142]，为迅速扩繁高产纯良种母牛起到了较大作用。黑龙江省家畜繁育指导站将胚胎移植技术用于种公牛自主培育，截至 2012 年共培育出 203 头种公牛[143]。近些年来，随着肉羊养殖效益的提高，胚胎移植技术又被用于良种肉羊快速扩繁，得到的数万只纯种肉羊后代对缓解我国种羊供种不足起到了巨大作用。总之，胚胎移植技术作为家畜育种的主要手段，在中国荷斯坦奶牛和超细毛羊、肉羊和肉牛育种中发挥了重要作用。同时，马鹿、梅花鹿和狐狸等经济动物胚胎移植也均获成功。

胚胎移植由同期发情、超数排卵、胚胎采集、胚胎检测、胚胎保存、胚胎移植等环节组成。近年来，家畜超数排卵基本形成了稳定的程序，超排获胚数较前期有了很大提高。奶牛超数排卵头均获可用胚 5 ~ 6 枚，鲜胚移植妊娠率达 50% ~ 60%，冷冻胚胎移植妊娠率 40% ~ 50%[141]；在肉羊胚胎移植方面，对道赛特绵羊进行超排处理，经产及自然发情供体母羊均可获得较高可用胚胎数[144]。对杜泊等五个品种的绵羊进行超排处理，证实 CIDR +FSH+PMSG 是优质肉绵羊超数排卵方案的最佳组合，杜泊羊的超排效果和胚胎移植产羔率高于其他品种[145]。此外，在自然条件比较差的西藏地区进行胚胎移植也获得了成功，以西藏本地绵羊为受体进行绵羊冷冻胚胎移植，受胎率为 77.86%，3 个情期内移植妊娠率达 74.5%，产羔率达 66.7%，证实在西藏地区对藏系绵羊进行胚胎移植快速扩繁纯种羊是可行的[146]。在胚胎冷冻保存方面，中国农业大学建立了胚胎两步法玻璃化冷冻 – 管内解冻技术程序，既降低了抗冻保护剂对胚胎的毒性，又方便了冷冻胚胎的移植，经在河北天和肉牛养殖有限公司应用，获得了 56.52% 的妊娠率，与鲜胚妊娠率无显著差异（表2）。

表 2　玻璃化冷冻 – 管内解冻移植效果比较

保存方法	移植牛数（头）	妊娠牛数（头）	妊娠率（%）
管内冷冻解冻组	46	26	56.52a
新鲜组	51	30	58.82a
慢速冷冻组	107	47	43.92b

除采用超数排卵生产体内胚胎以外，目前全球范围内还建立了牛体外胚胎生产（In Vitro Embryo Production，IVP）程序，并逐步走向商业化。在巴西，牛胚胎生产逐步由体内胚胎向体外胚胎转变。尤其是活体采卵（Ovum pick-up，OPU）技术的提高，OPU 与 IVP 和胚胎移植（ET）技术相结合极大地提高了优秀母牛的利用率和繁殖效率，缓解了胚胎来源匮乏的问题，促进了胚胎移植的商业化进程，并为克隆和转基因等生物技术研究提供丰富的实验材料和必要手段。综合应用 OPU、IVP 技术生产体外胚胎是加快优良牛扩繁的重要途径之一[147]。

尽管胚胎移植技术逐步走向成熟，但是肉羊、猪等家畜手术法移植造成的术后粘连问题仍较为严重，为此，腹腔镜微创技术得到了广泛应用。尤其在猪胚胎移植中，由于母猪腹部脂肪层较厚，利用常规手术方法胚胎移植难度大，手术创伤对移植效果影响较大。腹腔镜微创技术在母畜麻醉状态下在其腹部穿刺约 2 个 1cm 小口，然后将腹腔镜和一些器械（抓钳和特制不锈钢长注射器等）插入母畜腹部进行胚胎采集或移植。这种微创手术对母畜损伤较小，可减轻或避免常规手术对母畜维持妊娠造成的不利影响，其优越性已经受到广泛关注[140]。

目前，胚胎移植技术主要存在以下三方面问题：一是体外胚胎生产效率有待提高。与欧美等发达国家相比，我国体外胚胎的产量仍存在着较大的差距，OPU 技术、幼畜超排胚胎移植技术（Juvenile In Vitro Embryo Transfer，JIVET）还不能大规模应用于生产，仅仅通过超数排卵获得的体内胚胎远不能满足胚胎移植的需要。二是胚胎保存效率有待提高。胚胎冷冻保存极大地方便了胚胎的运输及商业化推广，但慢速冷冻保存效率有待提高，玻璃化冷冻保存方法受操作者影响较大，应尽快制订相关标准。三是胚胎移植技术人员严重不足。目前我国专门从事胚胎移植的人员主要集中在科研院校，基层胚胎移植人员非常匮乏，尤其是专家型、技能型人才更加短缺。

3. 性别控制技术

性别控制（Sex Control）：是通过人为干预使母畜繁殖出所需性别后代的一种繁殖新技术。目前该技术主要通过两种途径实现：一是受精之前在体外对精子进行干预（精子分离技术），使在受精之前便决定后代的性别；二是受精之后通过对胚胎性别鉴定，从而获得所需性别的后代（如胚胎细胞核型分析法和 SRY-PCR 等）。近年来，我国通过精子分离和胚胎性别鉴定平台在奶牛、肉牛、猪性别控制领域取得了重要进展。

精子分离技术（Sperm Separation Technology）：自 2004 年 XY 精子分离技术引入我国以来，该技术在增加母牛出生比例、提高奶牛场繁殖效率、扩群速度和经济效益方面均发挥了重要作用。同时，我国科技工作者对 XY 精子分离技术还不断进行再创新。如针对 XY 精子分离效率低的问题，经过深入研究发明了“异种精子推流”专利技术，该技术以“受精推流”原理为基础，开发了添加异种动物精子进行奶牛性控冻精生产新技术，使性控冻精的生产效率提高 2 倍以上、生产成本降低 70%，并且性控冻精活力明显提高。研究还发现氧化应激、机械损伤是影响分离精子存活时间的主要因素，通过对 30 多种质膜保护剂、能量底物、抗氧化剂进行筛选，使分离精子存活时间由原来的 4 ~ 6h 提高到 20 ~ 24h、分离效率由 3000 ~ 4000 个 / 秒提高到 5000 ~ 6000 个 / 秒、妊娠率由 35% ~ 40% 提高到 50% 以上，获得了具有国际影响力的核心知识产权（发明专利：ZL201110059938.7），相关成果被列入 Springer 集团出版的动物科学专业教材。技术的创新使性控精液在国内市场份额达到 60% 以上，并促使我国率先实现了性控精液的大规模产业应用，截至目前，已在全国 12 个省市的 4200 余个牛场推广性控冻精 232 万支，人工授精平均情期受胎率为 52.3%，生产母犊 87.7 万头，占全国存栏母牛的 10%，性控准确率达 92.3%，新增利润 20 亿元。

精子分离技术除在奶牛性别控制上得到推广应用外，在肉牛、猪、绒山羊等畜种也进行了广泛研究与应用。通过在冷冻稀释液中添加抗氧化剂，提高了大连黑牛性控冷冻精液解冻后精子活力和存活时间，性控精液进行人工授精后受胎率为 58.3%[148]，公犊比例为 93.2%。成功利用分离的猪精液对母猪进行输卵管授精，母猪怀孕率、产仔率均为 100%；输 Y 精子母猪产仔雄性率 100%，对照母猪产仔雄性率 57.14%；输 X 精子母猪产母仔率 91.67%，对照母猪产雌性仔猪仅为 40%；精子分离技术有效地改变了仔猪的性别比例[149]。对绒山羊 XY 精子进行分离，分离纯度均达到 96% 以上，生产后代的性别也与预测完全一致[150]。鉴于现有分离技术在猪等大剂量输精物种中推广还面临更大的分离速度瓶颈，我国学者从转录组和蛋白组水平进行了牛 XY 精子的基因表达差异分析，并发现了一些差异表达基因，这些研究结果将为研发新型分离技术提供重要参考。

胚胎性别鉴定技术（Embryo sexing technology）：由于不同种公牛分离的性控精液受胎率存在显著的个体差异，使很多优秀种公牛精液不适合分离，即使能用来分离的精液，由于分离技术的限制，最多只能利用30%，使高产奶牛的遗传育种优势无法得到充分发挥。而胚胎性别鉴定则可弥补这种不足，所建立的细胞学、免疫学和分子生物学等方法各有利弊，鉴别准确率也不相同。利用细胞遗传学方法鉴定胚胎性别主要采用染色体核型分析法，这种方法对操作要求高，不易掌握，而且有可能对胚胎产生一定伤害，不适合在生产实践中应用。间接免疫荧光分析法、细胞毒性分析法和囊胚形成抑制法等免疫学方法鉴定囊胚性别的准确率一般都比较低，也未得到广泛应用。只有PCR早期胚胎性别鉴定技术得到了产业化应用。

PCR扩增法（Polymerase chain reaction amplification）即利用基因体外扩增技术检测SRY等基因的有无及差异性。针对SRY等雄性特异基因建立的PCR技术，扩增产物的电泳图谱中出现雄性特意条带的为雄性，反之为雌性。多重PCR鉴定结果准确率高达95%，仅需2h就可以完成。此法灵敏度高，速度快，可重复性好[151]。中国农科院北京畜牧兽医研究所对双重PCR技术进行了参数优化，建立了两温度梯度快速PCR鉴定技术，PCR扩增时间仅为50分钟，同时，该团队又针对牙釉基因的性别差异特点，研发了单重PCR快速鉴定技术，有效避免了双重PCR引物间的互作干扰，提高了鉴定灵敏度。对奶水牛胚胎的胚胎切割和性别鉴定也取得了较理想的效果，切割胚胎移植后得到了性别控制水牛犊性别鉴定准确率可达100%，胚胎分割后存活率可达80%以上。PCR性别鉴定技术在羊上也得到了推广应用，对244只受体羊的胚胎移植结果表明，移植后42～45天兽用B超检查总受胎率为41.5%，羔羊性别准确率为97.7%[150]。相对而言，奶牛胚胎性别鉴定技术应用较为广泛，截至2013年，仅石家庄天泉良种奶牛有限公司即移植奶牛性别鉴定雌性胚胎10633头。

目前性别控制技术存在的主要问题有：①与欧美等发达国家相比，我国在精子分离技术方面全面受制于国外的专利技术和设备，技术推广人才匮乏。②精子分离效率有待进一步提高。尽管目前X、Y精子的分离速度不断提高，但仍不能满足大量应用于家畜人工授精的生产需要；另外，分离精子存活时间短、冻后活力低、受孕率低等问题亦需进一步解决。③应用PCR技术进行家畜胚胎性别鉴定，其过程极易遭到污染，易导致扩增出异源片段。

4. 发情控制技术

发情控制（Estrus Control）是指为了提高母畜繁殖性能，利用激素或其他措施人为控制发情周期进程、排卵数量及时间的技术，包括诱发发情、同期发情和排卵控制等技术措施。其应用的意义在于：①可迅速而广泛地应用冷冻精液，推广人工授精技术；②便于合理组织集约化生产，实施科学化饲养管理；③提高母畜繁殖力；④为胚胎移植等繁殖技术应用创造条件。

发情控制技术研究最早可追溯到20世纪40年代末，Christian等[152]首次通过注射黄体酮改变奶牛发情周期；1956年，Pearce等[153]对绵羊注射黄体酮进行同期发情处理。而利用外源激素促使乏情母猪恢复发情的研究始于20世纪70年代，1976年原北京农业大学畜牧系率先开始研究激素控制母牛同期发情技术。近年来，发情控制技术已经在世界各地广泛应用，并成为牧场繁殖管理的重要组成部分。我国蒙牛、三元绿荷、现代牧业、辉山乳业、光明乳业等规模化牛场也已将奶牛同期发情－定时输精技术应用于日常繁殖管理，仅宁波三生制药有限公司2011—2014年就销售同期发情药物270万头次。超数排卵、同期发情技术也广泛应用于牛羊良种胚胎生产和胚胎移植，为供体处理和受体准备提供技术支持，对良种推广和快速扩繁发挥了重要作用。近年来随着母猪繁殖障碍问题的日益严重，母猪的诱导发情技术、同期发情－定时输精技术也逐步在猪场推广应用。

为获得更好的发情控制效果、提高受胎率，发情控制技术一直在研究和改进中。2013年，在规模化牛场推广同期发情－定时输精技术方案，产后55天配种率显著提高，平均产犊间隔缩短9.17天[154]。采用三种不同同期发情方案治疗乏情奶牛，取得了与健康奶牛相近的配种妊娠率（35.4% vs.36.7%），并结合激素处理后血液黄体酮水平、宫颈黏液总蛋白水平及处理方案经济、时间因素，确定了该技术治疗乏情荷斯坦奶牛的最佳方案。以小尾寒羊作为胚胎移植受体开展同期发情处理，发情率达到89.44%，受胎率47.99%[155]，发情后注射50μg促排3号能够进一步提高小尾寒羊超排效率[156]。对非繁殖季节奶山羊阴道栓法处理诱导同期发情，初产、经产组奶山羊24h内的同期发情率分别为94.1%和61.1%[157]。为配合母猪分组管理和批次化生产，口服孕激素四烯雌酮被用于母猪的同期发情和乏情母猪治疗，发情高峰集中出现在停药后5～7天，同期发情率可达到83.3%，采用孕马血清促性腺激素和促性腺激素释放激素联合处理，可进一步精确控制母猪排卵时间，实施同期发情－定时输精，发情率和配种受胎率分别达到92.4%和80.6%，此外，发情控制技术在中国地方品种绵羊、山羊、水牛、牦牛、梅花鹿、犬类、獭兔等动物上的成功应用也屡见报道。对超排效果与基因多态性的关联分析发现，*GnRHRI*基因可作为预测中国荷斯坦奶牛超数排卵反应的潜在标记[159]，胰岛素样生长因子受体IGF1R基因可作为供体选择的潜在标记[160]。这些研究为更好地应用发情控制技术提供了更多理论支持和方向指引。

同时，近年来国产发情控制药物研究也取得较大进展。通过改进生产工艺，孕马血清促性腺激素产品的效价由国家兽药质量标准的1000IU/mg提高到3785IU/mg，促性腺素释放激素粗制品和精制品的纯度、产率均大幅提高，生产成本从3500元/克下降到1000元/克以下。药品质量的提高和应用成本的下降为发情控制技术的进一步推广应用创造了更有利的条件。

虽然经过了众多学者多年不断地研究改进，发情控制技术还存在诸多问题，如需要对激素处理方案进一步优化改进，以提高诱导发情后的配种受胎率；诱导发情的效果受养殖水平和药物品质影响波动较大，需进一步规范技术应用条件和药品质量等，所以发情控制技术仍有改善和提高的空间，生理、营养、福利、健康等因素都可能影响技术应用的结果，需要更加深入的研究和探讨。在可预期的未来，这项技术还可能进一步提高同期化率和配种受胎率，成为更多牧场常规管理方案组成部分。

5. 动物转基因与克隆技术

我国细胞核移植（Nuclear Transplantation）和转基因（Transgenics）技术兴起于 20 世纪 60 年代，近来多以克隆技术结合基因编辑技术进行哺乳动物转基因研究，在基因功能研究、动物新品种培育、功能性重组蛋白生产等方面发挥了重要作用并在相关领域取得了令人瞩目的成就，尤其是 2008 年“国家转基因生物新品种培育重大专项”的启动极大地促进了转基因动物研究。

（1）转基因克隆猪研究在疾病模型、肉质改善等多领域取得较快进展

2011 年，赖良学实验室第一次利用 ZFN 和体细胞核移植（Somatic Cell Nuclear Transfer，SCNT）技术成功敲除了猪 *PPARγ* 基因，获得了基因敲除猪，其所建立的方法把猪细胞基因打靶效率由原来不足 10^{-6} 提升到了超过 4%[161]。2014 年，该实验室利用 TALEN 技术介导的同源重组技术结合体细胞克隆技术，获得了敲除 *RAG* 基因的免疫缺陷猪[162]。27 头克隆猪中，10 头为 *RAG2* 单等位碱基缺失，9 头为 *RAG1* 双等位碱基缺失，3 头为 *RAG2* 双等位碱基缺失，这些碱基缺失都导致了外显子移码突变。*RAG1/2* 双等位敲除猪表现出了典型的重症联合免疫缺陷疾病，该模型将在生物医药和转化医学中发挥重要作用。同年，在猪 *ROSA26* 位点处成功定点敲入 Cre 重组酶报告系统[163]，该模型将在猪体内世系追踪各类干细胞的分化和再生，为揭示与人类干细胞相关的疾病机理和实施干细胞治疗提供了宝贵的大动物实验依据。

2011 年利用 SCNT 技术成功获得了转人溶菌霉素基因的克隆猪，使母猪乳汁的溶菌霉素提高 50 倍，提升了幼猪的免疫力和存活率[164]；2014 年该团队又进一步提升其效率，产生了乳汁中溶菌霉素含量提高 1500 倍的猪，并证明其乳汁可有效抵抗猪肠胃中的大肠杆菌，改善猪肠道状况[165]。针对大肠杆菌 ECF18 毒素的受体基因 *FUT1*，利用 RNAi 和 SCNT 技术成功生产出敲除 *FUT1* 基因的猪胚胎，该胚胎对大肠杆菌 ECF18 毒素的抗性实验表明，可通过转基因克隆技术生产抗病家畜，并为临床基因治疗提供了新的有效方法[166]。2014 年利用 CRISPR/Cas9 技术（Clustered Regularly Interspersed Short Palindromic Repeats/CRISPR associated 9）与 SCNT 技术结合获得了存活的 *VWF* 基因双等位基因敲除小型猪，这是首次报道利用 CRISPR 技术制备出具有特定疾病表型（血管性血友病）的哺乳动物疾病模型，为快速建立基因修饰动物模型提供了新途径[167]。在转基因猪生产中，最系统的研究成果当属通过显微注射技术进行的 *sFat-1* 转基因猪研究，该成果获得的 *sFat-1* 转基因猪肉中含有有利于人体健康的 omega-3 不饱和脂肪酸，已完成相关安全性检测，为我国转基因猪研究提供了宝贵经验[168]。

（2）转基因克隆牛羊在肉乳品质改善上取得重要进展

2010 年，通过 SCNT 技术获得带有人酸性 β 葡糖酐酶的克隆羊[169]。一年后，培育 4 只含有人乳铁蛋白的转基因克隆羊[170]，并获得可改善山羊乳品质的转 α-LA 基因克隆山羊，2011 年 5 月该转基因克隆山羊又产下“龙凤胎”，标志着山羊转基因克隆技术平台的成功建立。2013 年应用 SB 转座系统结合 RNAi 技术，成功生产出抑制 *FMDV-3D* 基因

复制的山羊，为研究山羊抑制 FMDV 复制提供了理论[173]。

转基因牛研究也取得了重要进展，2010 年 7 月成功获得转 ω-6 脂肪酸脱氢酶基因的克隆肉牛；同年，成功获得世界首例单精子显微授精转基因水牛龙凤双犊和世界首例慢病毒介导的转基因水牛雄性牛犊，标志着我国水牛新品种培育和新型高效水牛乳腺生物反应器研发迈出了坚实的一步。与此同时，多个团队强强联合，成功获得 *omega-3 fatty acids* 转基因奶牛，克隆牛体内 *omega-3 fatty acids* 含量比普通牛高 10 倍以上，成为极具开发价值的“黄金牛”[171]。利用锌酯酶打靶技术获得了 8 头 β-乳球蛋白敲除牛，现有一头健康生长，表明 *ZFN* 基因编辑技术在大动物应用上具有良好的前景[172]。

动物转基因目前存在的主要问题有：产生的转基因动物多为非定点整合的转基因，转基因效率和安全性有待提高；*CRISPR/Cas9* 等基因编辑新技术在大动物上的转基因还不成熟，有待进一步完善。

6. 动物多能干细胞研究进展

干细胞研究为探讨胚胎发生、组织细胞分化、基因表达调控等遗传和发育生物学问题建立了理想模型，同时也为医学、物种保护和畜牧业繁殖育种等领域提供了新的研究思路和方法，成为当今生命科学领域的前沿和热点。

2010 年，干细胞被列为生物医药类别我国“十二五”规划重点项目，“973”计划、“863”计划、重大新药创制专项、国家自然科学基金等项目均设置了干细胞方向，在多项计划支持下，我国干细胞研究取得了丰硕成果。该领域文章统计结果表明，中国已经超越日本及欧洲，仅次于美国，位居世界第二位。但是，比较各物种研究结果发现，对小鼠干细胞的研究已相当系统和成熟，而对农业动物的研究进展相对滞后，多集中于建系培养、诱导分化等研究环节；精原干细胞因为其重要的繁殖学意义研究较多，在受体制备和移植研究中取得了一定进展。农业动物干细胞研究的滞后性除因为物种特殊性外，取材难度大、成本高是主要制约因素。

2006 年，日本京都大学的 Shinya Yamanaka 等通过转染四种转录因子将小鼠成纤维细胞重编程为诱导多能性干细胞（Induced Pluripotent Stem Cells，iPSCs），解决了传统干细胞来源和伦理等问题。由于巨大的潜在应用价值，iPS 细胞迅速成为干细胞研究的热点。目前 iPS 细胞研究主要集中在两方面：一方面以小鼠为模式动物，进行重编程分子机制研究；另一方面以猪和牛等大家畜为主，优化建立 iPS 细胞系的方法，从而得到质量更好、应用价值更高的 iPS 细胞系，用于大动物育种、疾病模型建立等。

（1）以小鼠为研究对象的重编程机制研究

高绍荣课题组率先用四倍体补偿技术获得了完全来源于 iPS 细胞的小鼠，证明了 iPS 细胞发育的全能性，为 iPS 技术应用提供了理论支持[174]；该团队首次报道了 *Tet1* 和 *5hm C* 在 iPS 细胞诱导过程中参与内源 *Oct4* 基因的去甲基化和激活，并进一步证明 *Tet1* 可取代外源 *Oct4* 实现安全高效的体细胞重编程[179]。中国农业大学韩建永教授率先发现转录因子 Tbx3 能极大提高 iPS 细胞的质量[175]。中科院广州健康所裴端卿团队揭示了体细胞逆转为多能干细胞启动过程中间充质——表皮细胞转换（Epithelial-to-mesenchymal transition，EMT）作用机制[176]及重编程过程中BMP和维生素C的调节功能[177]，上述探索使iPS诱导效率不断提高。周琪团队首次发现了可判断小鼠干细胞多能性水平的关键基因决定簇，这个区域内基因与microRNA簇的表达与细胞多能性状态和发育潜能呈正相关，为判断iPS细胞多能性水平提供了重要的分子标记[178]。中国农业大学田见晖团队首次揭示诱导重编程过程中基因突变降低了iPS细胞的发育潜能，为iPS的安全性评价提供了依据，并与同济大学高绍荣教授课题组合作成功获得了可连续六代重复诱导的iPS小鼠，为探明重编程过程中基因突变、iPS细胞安全性提供了模型。

上述传统iPS细胞建立方法均是利用病毒载体将重编程因子转入体细胞内，由于重编程因子的随机插入使体细胞基因突变在所难免，影响了iPS细胞的应用。为了解决这一难题，科学家提出了优化培养基、筛选可替代重编程因子的小分子、使用非整合载体等许策略。其中，邓宏魁团队在*Science*杂志上发表了仅使用小分子化合物就能够诱导体细胞重编程的新方法，使iPS诱导技术更加简单和安全有效，为未来细胞治疗提供了更理想的细胞来源[180]。

（2）以大动物研究模型开展的多能性干细胞研究

针对许多小鼠干细胞成果无法在人类临床上真实体现的现实和动物繁殖新技术研发需要，与人类生理等更加接近的大动物干细胞研究受到广泛关注，并取得较好成果。猪和绵羊iPS细胞系（浙江大学肖磊团队）、牛iPS细胞系（李宁团队）率先在我国建立，并进行了多能性和特征检测分析[181, 182]，为我国农业动物iPS细胞研究提供了宝贵经验[182]。2013年，中科院广州生物医药与健康研究院、浙江大学、中国农业大学、深圳华大基因研究所等多家研究机构联合攻关，成功培养出了4头iPS克隆猪[180]。这项成果推动了大动物iPS细胞技术研究，并对转基因猪的培育、猪繁殖育种及其在再生医学等领域应用起到积极作用。在此基础上，中国农业大学韩建永团队深入探索了猪iPS细胞体外培养体系，分别获得了人ES样和小鼠ES样猪iPS细胞系，并深入分析了其细胞生物学特性[184]。因为猪等大动物iPS研究受困于外源基因的影响及体外培养系统缺陷，生殖嵌合效率很低，该研究对于大动物naïve状态iPS细胞稳定建系有积极作用。研究发现，转录因子Tbx3和Nr5α2在诱导猪iPS形成中发挥了促进作用[183]；端粒长度直接影响到iPS细胞多能性，重编程后端粒缩短的细胞将会丧失部分多能性，而这与外源基因的持续表达有关，为提高猪等大动物iPS细胞质量提供了新的参考依据（南开大学刘林团队等）[185]；下调或敲除*TET1*将直接降低猪iPS细胞的干细胞特性，这一功能是通过调控多能性关键基因的表达和DNA甲基化实现的[186]。国内外众多实验室利用microarray和RNA-seq等手段，对猪、人及小鼠iPS细胞系进行了测定分析，获得了多维度的基因表达数据，并通过系统生物学整合分析，深入探讨了猪iPS细胞多能性维持的分子机理[187]。其中，中国农业大学团队利用高通量测序和转录组信息分析手段，研究了猪着床前胚胎和猪核移植胚胎不同发育阶段的基因表达模式，比较了猪、小鼠、人类着床前胚胎和猪核移植胚胎的基因表达差异，挖掘了猪着床前胚胎特异的基因表达调控网络，为猪多能干细胞建系及多能性研究提供了理论基础[188]。

目前大动物多能性干细胞研究存在的问题有：①还没有真正获得能够嵌合到生殖系的大动物胚胎干细胞和 iPS 细胞；②大动物 iPS 细胞表现为外源基因不能沉默，不能像小鼠 ES 细胞那样稳定传代等。早期胚胎发育调控机制的研究渴望能推动大动物多能干细胞体外培养体系的优化。

（三）家畜繁殖障碍与繁殖管理研究进展

1. 羊繁殖障碍研究进展

繁殖障碍使养羊业蒙受了一定经济损失，并呈现很多表现形式。母羊繁殖障碍表现为发情、排卵、受精、妊娠、分娩和哺乳等生殖活动异常；公羊繁殖障碍则表现为性欲减退或完全没有性欲、有性欲但不能完成交配、虽然交配成功但受胎率低或不能受胎。导致羊繁殖障碍的因素很多，主要包括遗传、环境、疫病、营养等方面。

（1）遗传因素。多由生殖器官先天性发育不全、畸形及其功能不健全所致，造成母羊卵巢和生殖道体积较小、机能较弱或无生殖机能。常表现为卵巢机能减退（卵巢静止）、持久黄体、卵巢囊肿、排卵延迟等[189]，使母畜发情周期异常，繁殖性能低下。

（2）环境因素。羊为季节性繁殖动物，环境温度对羊的繁殖往往产生最为直接的影响，繁殖母羊最适温度为 10 ~ 15℃，生产中较为可行的温度范围为 7 ~ 14℃。高温和高湿环境不利于卵泡及胚胎发育；如果温度变化过大，会造成热应激或冷应激，进而影响母羊性行为、排出卵子的数量和质量、胚胎的发育，不利于胎儿生长发育[190]。

环境因素造成的不育主要体现在母羊不发情，或者发情表现轻微；有时虽然有发情表现，但不排卵。一旦环境改变或者母羊适应了当地的气候，生殖机能即可恢复正常[191]。为治疗及预防环境气候性不育，应结合母羊的生活习性，为异地母羊创造适宜的条件，使其尽快适应当地气候。遇到天气骤变时，应注意母羊的饲养管理和发情鉴定工作。

（3）疫病因素。主要包括母羊卵巢疾病、生殖道疾病和公羊的生殖疾病。母羊常见的卵巢疾病为卵巢机能减退、萎缩及硬化等；常见的生殖道疾病主要有子宫内膜炎和子宫积水。公羊常见的生殖疾病有睾丸炎、阴囊肿大、包皮过长、粘连及积尿、精液异常等[189]。公羊生殖器官的炎症也可通过交配传给母羊，引发慢性子宫内膜炎。

近些年我国加强了繁殖羊场的疫病防治和综合防疫措施。国内学者对卵巢机能衰退、卵巢静止、持久黄体、卵巢囊肿等疾病进行了研究，并探究出防治措施，有效控制了卵巢疾病[200]；对子宫内膜炎进行研究，并选出了治疗效果较好的治疗方案。用氯苄青霉素钠肌肉或静脉注射，1 次量为每千克体重 2 ~ 7mg，每天 1 ~ 2 次；或多西环素（脱氧土霉素、强力霉素）静脉注射，1 次量为每千克体重 1 ~ 3mg，每天 1 次；同时磺胺甲基异恶唑内服，1 次量为每千克体重首次量 0.1g，维持量 0.05g，每天 1 ~ 2 次[201]。此外，繁殖羊场的综合防疫措施包括加强饲养管理，提高羊对疾病的抵抗力；并积极监管养殖场的环境卫生、饲料和饮水卫生、消毒、杀虫、灭鼠、检疫、免疫预防注射、合理用药等各个方面。

（4）营养因素。饲料营养物质对羊的繁殖机能有着直接或间接的影响。母羊营养缺乏或者不平衡会推迟母羊发情，减少母羊的排卵数量，降低母羊受胎率、羔羊的初生重和生活力，甚至会出现死胎等[194]。临床上导致繁殖障碍的常见营养缺乏有饲料料量不足、蛋白质缺乏、维生素缺乏和矿物质缺乏等。研究表明，妊娠后期、泌乳期和催情期均采用较高的营养水平，可缩短产羔间隔，提高母羊繁殖力[192]。但是，营养过剩也会使羊生育力下降，导致营养性不育[193]。母羊的营养状况直接影响着母羊发情、排卵数、受胎率及羔羊成活率。

近年来，随着科研技术进步及养殖水平提高，羊繁殖障碍得到了有效控制。首先随着繁殖技术水平的提高，规范化的羊场制订了严格的发情鉴定、妊娠检查和配种制度，并规范操作，做好接产、助产准备，及时处理产后疾病。此外，繁殖相关的科学知识得到了大力宣传与普及，逐步达到了不漏配（准确地发情鉴定和妊娠诊断）、不错配（不错过最佳的配种时期）、不盲目配种，检查技术熟练、准确，输精配种正确、适时[190]。

近5年来，国内学者们解决了很多羊繁殖障碍生产问题。但是，种公羊繁殖力低、良种羊引种到异地繁殖率和成活率显著降低等问题仍然存在；母羊子宫炎、布鲁氏菌病、小反刍兽疫的防治等压力还很大，必须采取综合性防治措施，从控制传染源、保护易感动物、切断传播途径进行病原性繁殖疾病防治。

随着经济快速发展、城镇化进程加快和人们生活水平提高，羊肉消费占居民肉类消费总量的比重将逐渐增加[203]。研究和解决羊的繁殖障碍问题，对改善居民膳食结构、提高人们生活水平意义重大。

2. 猪繁殖障碍研究进展

猪繁殖障碍是指由于疾病或其他原因造成的母猪不发情、流产及公猪不育或繁殖力低下等现象。猪繁殖障碍主要由病毒、细菌和寄生虫等传染性因素以及环境、营养等非传染性因素引起。母猪主要表现为不发情、不怀孕、流产、胚胎早期死亡、产畸形胎、死胎、木乃伊等症状，公猪则表现为性器官受损、产精能力下降等。

猪伪狂犬病毒（PRV）、猪细小病毒（PPV）、蓝耳病毒（PRRS）、猪乙型脑病毒、猪瘟病毒、猪布氏杆菌和猪衣原体等是传染性繁殖障碍的主要致病源。这类病原微生物主要通过呼吸道和生殖道或其分泌物和排泄物感染猪只。公猪生殖系统感染以上病毒后，一般出现睾丸生精功能下降、生成精子数量减少、睾丸肿胀和萎缩等情况[204, 205]。妊娠母猪感染后可致流产、产死胎及胎儿干尸化。另外，空气温度是影响猪繁殖力最突出的环境因素[206]。公猪处于高温环境时特别容易出现繁殖障碍，轻者食欲和性欲降低，重者精液品质下降、死精和无精现象频发等[207]；而母猪子宫温度高于体温则使其外围血流量增加，导致子宫内血流减少，致使胎儿的营养供应减少，从而影响受精卵和胚胎发育。此外，高温还会致使母猪内分泌失调，主要表现为促卵泡素（FSH）和促黄体素（Luteinizing hormone，LH）等激素分泌紊乱，导致母猪群繁殖障碍[208]。除疫病、环境因素外，营养不良也是导致繁殖障碍的重要因素。母猪营养过利会导致繁殖器官出现过量脂肪沉积，导致卵泡细胞变性和诱发不孕；相反，如果营养供应不到位则会使母猪偏瘦，导致卵泡发育弛缓。维生素等其他微量元素缺失，将影响胎儿正常发育[209]。饲料中的霉菌毒素可造成母猪不发情、不孕或流产，怀孕母猪产仔少、早产、胎儿被吸收或木乃伊化等情况；公猪出现包皮水肿、睾丸萎缩等症状，严重者可导致生殖器官机能和形态的改变，丧失生育功能，造成繁殖障碍[210]。

近年来，随着育种水平的提高，我国养猪生产水平和猪群的繁殖性能逐步提高，猪繁殖障碍成为重要的研究课题。为克服母猪繁殖障碍，以工程细胞珠生产的 FSH 对后备母猪和超期不发情经产母猪具有较好的促进发情效果[212, 213]。另据研究发现，精液中受精相关蛋白质表达异常往往会影响公猪受精能力，并导致公猪繁殖障碍，从而使参配母猪分娩率和产仔数大大降低[211]。其中富含半胱氨酸蛋白（Cysteine-rich secretory protein 1，CRISP1）是一种影响受精能力和繁殖障碍的重要蛋白分子，其主要功能是参与调节精子获能及精卵融合进程等。罗金等通过体内注射 CRISP1 抗体降低精液中 CRISP1 水平，证实 CRISP1 降低导致猪分娩率和产仔数分别降低了 60%、4.2 头 / 窝[214]。为减缓热应激对公猪精液品质的影响，1998 年首栋水帘降温的公猪站在广东建成，通过与人工授精技术结合使种猪繁殖不受季节性影响，随后水帘降温的公猪站及母猪舍在全国范围推广应用[216]。在此基础上，水帘降温空气过滤系统被应用于消除传染性病源上。空气过滤系统已经普遍被国外规模化猪场公猪站、母猪妊娠舍采用（图 1）[217]。它能够过滤掉 99.9% 以上 0.3μm 大小的微粒，有效防止 PRRS、PRV、口蹄疫等病原微生物传染，减少猪只繁殖障碍发生率。我国首例装有空气过滤系统的公猪站是广西良圻原种猪场[218]。

图 1　公猪站洁净室

（左侧是初效过滤墙，右侧为亚高效过滤墙）

目前，虽然对猪繁殖障碍进行了大量研究，但仍存在较多问题，如空气过滤技术中如何将猪舍密封、如何降低过滤器安装成本、如何解决夏天通风和空气过滤的矛盾等[219]。在猪营养方面，如何有效快捷地检测霉菌毒素以减少损失也是存在的问题之一。此外，目前国内研究大多数仅停留在改善饲养环境、营养条件和血清检测上，遗传因素造成的种猪繁殖障碍往往被人们忽视[220]。公猪受精能力检测还缺少有效的指标。

猪的繁殖障碍在养猪业中广泛存在，已经成为当今养猪业面临的最严重问题之一，也是影响养猪生产经济效益的重要因素之一。其造成的原因错综复杂，应加强对猪场环境管理，尽可能地减少种猪的热应激情况发生；同时加强疫病控制，制订符合本场的免疫程序，防止疫病传染；另外也必须加强饲料营养管理，防止饲料营养不均衡或霉变等情况发生。

3. 奶牛繁殖障碍研究进展

在过去 30 年中，国内外奶牛的产奶性能都在提高，但是繁殖性能都呈现整体下降趋势。目前我国与国外奶牛养殖发达国家的差距主要表现在胎间距和情期受胎率上。如荷兰普通养殖水平的奶牛场胎间距平均为 407 天，我国北方地区较好的达 412.2 天，而华中炎热地区高达 466.7 天。另外，我国与欧洲国家情期受胎率有明显差距。情期受胎率德国达 57%，美国达 56%，我国平均不足 50%。国家奶牛产业技术体系北京市奶牛创新团队调研（2012 年）[221]发现，胎衣不下、产后子宫炎和子宫内膜炎为最严重的三种繁殖障碍疾病。其中，子宫内膜炎患病率从 1980 年的 20%[222]上升到现在的超过 60%[223]。屡配不孕、产后恶露不尽、产道及子宫损伤、长期乏情或不排卵、流产，也被认为是影响奶牛繁殖的重要疾病。近年来研究资料表明，造成我国奶牛繁殖障碍的原因主要是饲料营养缺乏、生产管理不到位、发情配种率低、遗传品种问题、传染性疾病等因素。

此外，后备母牛的培育质量也被认为是影响奶牛终生繁殖性能的主要影响因素之一。调研发现，北京市后备奶牛的平均初配月龄为 16.3 月龄，平均初配体重在 372.4kg 左右，尚未达到 380 ~ 400kg。奶牛平均使用 4.8 胎，变异范围较大[221]。同时，长发于犊牛群的犊牛腹泻对后备牛培育影响也较大[221]。

在环境方面，约一半的奶牛场没有任何防暑降温设施，热应激严重影响奶牛繁殖生产性能和健康[224]。有些奶牛场夏天发情配种率低于 20%，一方面增加了胎间距，另一方面造成秋季集中配种，在次年夏天最炎热的时间达到奶牛生理的产奶高峰，影响了整个产奶周期的产奶量[221]。

（1）繁殖障碍治疗。近年来，奶牛同期发情定时输精技术广泛应用于奶牛生产。该技术使用“戈那瑞林”（GnRH）及氯前列醇钠（PG）程序化处理后，再对奶牛实行定时输精，确保每头适配奶牛在产后 75 天左右 100% 配种，其情期受胎率不低于产后观察发情后配种。解决了奶牛产后发情率低、发情鉴定困难的问题，同时解决了卵巢机能静止奶牛的繁殖问题，目前在全国推广 85 万头次[225]。除了激素处理和治疗，也开发了一些不含抗生素的治疗方法，如用复方缩宫素乳剂处理奶牛和黄牛，具有溶解黄体和诱导发情作用[223]。另外，中药治疗也在蓬勃发展，如利用中药“孕宝”治疗子宫内膜炎，有效率 100%，治愈率 98.64%，治愈后配种受胎率 88.27%[226]。

（2）后备犊牛培育。在不同气温、不同断奶时间有针对性地制订了后备犊牛培育方案[227]。但因奶牛场技术力量参差不齐，犊牛培育效率与发达国家相比仍有不小差距。

（3）环境条件改善。奶牛场主普遍认识到环境因素尤其是夏季热应激对繁殖生产性能的影响，改善基础设施愿望强烈。因奶牛场环境不同而异，采用“风扇 + 喷淋”“遮阳棚（网）”、绿色植物降温等措施，基本达到了防暑降温的目的，平均降温 3 ~ 5℃[224]。

（4）疫病防治。对我国奶业造成危害最为严重的传染病主要为口蹄疫、布氏杆菌病、结核病、牛病毒性腹泻、副结核等。近年来奶牛传染病已得到有效控制，如影响奶牛繁殖的布氏杆菌病得到了较好的防控，资料表明，北京市布氏杆菌病检出率从 2007 年的 0.8% 下降至 2011 年的 0.1% 以下[221]。另外，影响奶牛繁殖的遗传疾病——脊椎畸形综合征（CVM）的检出率也在逐年下降[228]。但近年来非传染病的发生状况令人担忧，并且对奶业生产造成了重大经济损失，最为严重的非传染性疾病主要有乳房炎、胎衣不下、子宫内膜炎、蹄病等。

总体而言，奶牛繁殖障碍形成机理需深入研究，奶牛饲养管理技术还有很大提升空间，而以投喂大量精料获得的高产奶量带来很多繁殖障碍和营养代谢问题，应采取有效措施扭转这一不利局面。

（四）2010—2015 年本学科相关技术奖励项目

5 年来科技成果获得省级以上奖励项目 30 多项（表 3），申请专利 33 项。

表 3　动物繁殖学科近 5 年获得省级以上科技奖励项目

序号	获奖名称	获奖年度	获奖等级	第一完成单位
1	牛和猪体细胞克隆研究及应用	2010	国家科技进步奖二等奖	中国农业大学
2	良种马的快繁技术研究与应用	2013	新疆维吾尔自治区科技进步奖三等奖	新疆畜牧科学院
3	茸鹿人工授精技术与性别控制精液的应用与推广	2011	北京市农业推广奖二等奖	北京市畜牧兽医总站、中国农业大学
4	狐狸高效繁殖技术体系的研究与应用	2012	山东省科学技术进步奖三等奖	曲阜师范大学、中国农业大学
5	国家级动物科学实验教学示范中心的建设与示范	2014	福建省第七届高等教育教学成果奖二等奖	福建农林大学
6	福建牛、羊、兔地方品种种质资源创新与利用	2013	福建省科学技术奖二等奖	福建农林大学
7	高温高湿地区奶牛热应激综合控制技术体系研究与应用	2011	福建省科学技术奖二等奖	福建农林大学
8	福建省生态环保型养猪模式研究与应用	2011	福建省科学技术奖三等奖	福建农林大学
9	奶牛抗热应激营养调控剂研究与应用	2010	福建省科学技术奖二等奖	福建农林大学
10	乳仔猪肠道健康的营养和免疫调控技术研究与应用	2013	福建省技术发明奖一等奖	福建农林大学
11	生猪生态养殖技术集成创新与推广应用	2013	全国农牧渔业丰收奖、农业技术推广合作奖	福建农林大学
12	基于“产学研”结合的动物繁殖学教学改革实践	2013	江苏省教学成果奖二等奖	南京农业大学
13	“三结合”协同培养动物科技类人才实践创新能力的研究与实践	2014	国家级教学成果奖二等奖	南京农业大学

续表

序号	获奖名称	获奖年度	获奖等级	第一完成单位
14	农区肉羊舍饲规模化生产关键技术研究与应用	2012	江苏省科技进步奖二等奖	南京农业大学
15	长三角区域奶牛高效健康养殖关键技术研究、集成与应用	2010	江苏省科技进步奖二等奖	南京农业大学
16	奶牛繁殖调控技术集成与推广应用	2013	北京市农业技术推广奖一等奖	北京市畜牧总站
17	幼羔超排缩短世代间隔的快速繁育关键技术	2014	河北省科技进步奖二等奖	河北农业大学
18	工厂化猪场人工授精技术集成与推广	2010	全国农牧渔业丰收奖二等奖	华南农业大学
19	四元杂交的种猪新品系选育与产业化应用	2011	广东省科学技术奖一等奖	华南农业大学
20	高效瘦肉型种猪及成套关键技术的推广应用	2011	广东省农业技术推广奖一等奖	华南农业大学
21	高效瘦肉型猪新配套系培育与产业化应用	2013	大北农科技奖一等奖	华南农业大学
22	基于“三位一体”协同创新机制的动物科学专业应用型人才培养模式探索与实践	2014	广东省教学成果奖一等奖	华南农业大学
23	奶牛生物快繁技术研究、集成与应用	2013	安徽省科技进步奖三等奖	安徽农业大学
24	优质肉牛规范化生产技术体系研究与集成示范	2012	吉林省科技进步奖一等奖	吉林省农业科学院
25	松辽黑猪新品种培育	2011	吉林省科技进步奖一等奖	吉林省农业科学院
26	基因先决育种法和克隆技术在绵羊新品种（系）培育中的创建和应用	2012	新疆生产建设兵团科技进步奖一等奖	新疆农垦科学院
27	分子细胞工程育种技术在超细毛羊培育及产业化中的应用	2013	新疆生产建设兵团科技进步奖一等奖	新疆农垦科学院
28	绵羊毛性状关键基因筛选及功能研究	2013	新疆生产建设兵团科技进步奖二等奖	新疆农垦科学院
29	绵羊季节性发情的分子生物学机制研究与示范	2012	新疆生产建设兵团科技进步奖三等奖	新疆农垦科学院
30	多胎萨福克肉羊新品系培育	2014	新疆生产建设兵团科技进步奖一等奖	新疆农垦科学院
31	国际首例小型猪近交系研究与鉴定	2014	中国农业科学院科学技术成果奖特等奖	中国农业科学院北京畜牧兽医研究所

（五）本学科最新进展、产业发展中的重大应用和重大成果

1. 奶牛性控技术产业化关键技术的研究和推广应用

攻克了奶牛 X/Y 分离精子存活时间短的关键技术瓶颈，我国通过 X/Y 精子分离在全球率先实现了奶牛性别控制技术的大规模产业应用，牛性别控制准确率可达 90%，繁殖效率提高近一倍。然而，2005 年前后奶牛分离精子的冷冻解冻存活时间仅有 3.5h，远低于

普通冷冻精液的 30h，受胎率不到 40%，无法在生产中大规模应用。中国农业大学、内蒙古赛科星公司、北京奶牛中心等单位合作，发现氧化应激、机械损伤引起的质膜和线粒体受损是影响分离精子存活时间的主要因素。据此，从 30 多种抗氧化剂和质膜保护剂中筛选出谷胱甘肽、维生素 E、卵磷脂等物质，采用多种措施将牛分离精子冷冻解冻存活时间由 3.5h 延长至 9h，受胎率由 40% 提高到 50% 以上，使我国在全球率先解决了奶牛精子分离技术产业应用的难题。2006—2013 年，依托跨越计划等项目在全国 4200 余个牛场推广性控冻精 232 万支，生产母犊 87.7 万头，累计出生母犊数相当于目前全国存栏繁殖母牛的 10%，新增利润 20 亿元。该技术的突破与产业应用，缓解了我国高产奶牛奇缺、长期依赖进口的矛盾，我国亦成为全球最大的奶牛性控精液生产与应用大国。在此基础上，进一步发现维生素 C 前体物 AA-2G 可大幅延长牛分离精子冷冻解冻存活时间，达到 24h（已获发明专利），远高于目前国际同期的 6h。这标志着我国在该领域拥有了重要核心知识产权，提升了产业国际竞争力。

2. 国际首例小型猪近交系研究与鉴定

中国农业科学院北京畜牧兽医研究所以 1 公 1 母 2 头五指山猪为系祖培育的 F13 ~ F17 近交群体为材料，采用“近亲繁殖”和笼架饲养等综合技术措施，逐步克服、跨越后代畸形率高、弱仔率高、成活率恢复“三个阶段”，成功组建了 F20 ~ F23 近交系群体，F23 近交系数已高达 0.993，育成世界首例近交系猪。该成果先后获得国家发明专利优秀奖（2009）和北京市发明专利一等奖（2008）。其突出创新表现在：①创建了猪近交系异体皮肤移植鉴定方法，异体皮肤移植未发生免疫排斥反应，其免疫抗原具有高度的同质性，证明该近交系培育成功。②创新了猪近交系全基因组水平验证策略及手段。利用猪高密度 SNP 芯片技术对比测试该近交系和海南五指山猪，发现该近交系 6 万多个 SNP 中 80% 以上纯合（与近交系小鼠相似），而海南五指山猪几乎全部处于弥漫性、无规律的高度杂合状态。进一步证明该近交系培育成功，并证实与海南五指山猪遗传基础本质不同，为一种新的遗传资源。完成了全基因组序列分析，证明基因高度纯合近似近交系鼠。研究成果于 2012 年发表于 *GigaScience* 后已被 *Nature* 等刊物引用，*Science Daily* 撰文评价该近交系遗传基因高度纯合，是一种理想的实验动物模型。③初步揭示大型哺乳动物近交系遗传规律，发现“永不纯合”等位基因。④建立了近交系猪的遗传鉴定方法和标准。该成果实现了我国猪种质资源创新，丰富了大型哺乳动物近交系理论与实践，居同类研究国际领先水平。

3. 大熊猫繁殖生物学与保护遗传学研究与应用

历经 13 年的研究与应用，“大熊猫繁殖生物学与保护遗传学研究与应用”项目取得了重大技术突破与创新，攻克了国内外 70 余年未解决的圈养大熊猫繁殖、健康与种群遗传管理三方面关键技术难题，避免了种群灭绝的风险。在繁殖关键技术创新方面，发现了排卵新规律，建立了以五项发明专利为支撑的适时配种新技术体系，完善了精液采集与冷冻技术，减少了对健康的不利影响，建成了全球最大的大熊猫精子库，发明了大熊猫预产期的预测方法，实现预产期中期预测，解决了大熊猫关键繁殖技术难题；在健康管理关键技术创新方面，创建了“高竹类低精料”科学饲养方式，解决了严重危害大熊猫健康的“营养不良综合征”与频繁排黏液便的难题；在种群遗传管理关键技术创新方面，建立了大熊猫亲子鉴定新技术体系，解决了种群遗传管理关键技术难题。

（六）本学科建立的教学与研究团队

5 年来本学科建立的教学与科研团队 7 个（表 4）。

表 4　本学科建立的教学与科研团队

序号	类型（教学 / 科研）	团队名称	批准部门	工作单位	建立时间	团队成员
1	教学	《动物繁殖学》国家级精品资源共享课程	教育部	中国农业大学	2013	朱士恩、曾申明、田见晖、刘国世、侯云鹏、李迎
2	教学	《动物繁殖学》国家级精品课程	教育部	南京农业大学	2010	王锋、杭苏琴、茆达干、王子玉
3	教学	《动物繁殖学》国家级精品资源共享课程	教育部	南京农业大学	2013	王锋、王子玉、杭苏琴、茆达干、张艳丽、万永杰、樊懿萱
4	科研	云南省肉羊工程技术研究中心	云南省科技厅	云南省畜牧兽医科学院	2013	洪琼花、邵庆勇、杨红远、兰蓉、李东江、王思宇、高新、朱兰
5	科研	云南省畜遗传资源保护和种质资源创新利用工程实验室	云南省发改委	云南省畜牧兽医科学院	2013	洪琼花、权国波、吴国权、江炎庭、吕春荣、欧阳伊娜、李卫娟
6	科研	山东省黑牛繁育工程技术研究中心	山东省科技厅	山东布莱凯特黑牛科技股份有限公司、青岛农业大学	2012	董雅娟、柏学进，等
7	科研	新疆兵团绵羊种质资源创新团队	新疆生产建设兵团	新疆农垦科学院	2012	王新华、石国庆、周平、万鹏程、代蓉、沈敏、杨永林、杨华、王立民，等

三、本学科发展国内外比较

1. 发达国家繁殖学科基础研究系统而深入，我国方兴未艾

动物繁殖虽然是一门实践性较强的学科，其发展仍然依赖于基础研究，长期以来欧美

等发达国家形成了以大学、研究机构为主体的繁殖基础研究队伍，在生殖内分泌、配子胚胎发育、妊娠调控等方面开展了系统而深入的研究。系统的基础研究成果为企业繁殖新技术开发奠定了良好的基础。近百年来，通过深入研究动物雌雄性别决定机制、精子理化及生化特性，基于决定性别的 SRY 基因序列，利用 PCR 技术开发了胚胎雌雄性别鉴定技术；同时，利用 X、Y 精子中 DNA 含量差异和 DNA 染色发光原理，成功建立了 X、Y 精子分离技术，实现了家畜大规模生产的性别控制，推动了奶牛育种和良种扩繁。大家熟知的人工授精技术从大剂量常规人工授精发展到低剂量人工输精、从精液的常温保存发展到低温和冷冻保存，一系列技术改进都是以精子生理特点、冷冻损伤机理等基础研究的不断深入为前提的。此外，通过研究卵泡发育的激素调控机理和胚胎与子宫发育同步性，建立了同期发情、超数排卵与胚胎移植（Multiple Ovulation and Embryo Transfer，MOET）、同期排卵（Ovulation of synchronization，Ovsynch）和定时输精（Timed Artificial Insemination，TAI）等技术。

发达国家正是因为深厚的基础研究奠定了其雄厚的繁殖技术源头创新实力，而纵观这些技术的研发历史，我国的基础研究存在明显不足，新技术研发举步维艰。近年来在 iPS 诱导方面，我国经过系统深入的基础研究，提出决定细胞命运的“跷跷板模型”，为实现小分子诱导 iPS 奠定基础，使我国在 iPS 技术领域处于国际领先地位。此外，我国学者张美佳等关于小鼠卵子成熟机制的研究表明，C 型尿钠肽（CNP）可抑制小鼠卵母细胞减数分裂。在此基础上，进一步发现 C 型尿钠肽抑制牛卵细胞减数分裂，具有独特的调控机制，除颗粒细胞受体外，牛卵母细胞膜上也存在 CNP 受体，CNP 通过这两类受体对牛卵母细胞进行调控，并据此建立了利用生理因子实现牛卵母细胞核质同步成熟的技术体系（Physiological Factors Synchronized Oocyte Maturation，PFSOM），居世界先进水平。因此，加强基础研究是增强我国繁殖学科源头创新的重大战略需求。

2. 国外繁殖技术创新催生了卡苏等著名企业，我国正迎头追赶

近年来，发达国家配子与胚胎保存、体外胚胎生产、性别控制等动物配子资源利用技术不断推陈出新，并形成了其产业竞争优势。首先，“精子库”“卵子库”或“胚胎库”的建立实现了优良畜禽种质资源的长期保存，突破了遗传种质利用的时间和空间限制。在人工授精技术方面，猪精液冷冻保存一直是世界难题。该技术率先在美国、英国等部分国家取得突破，目前 PIC 公司已将其大规模应用于跨区域联合育种。冷冻保存技术也为跨国种业集团开辟了优秀种质贸易新形式，例如，2013 年 12 月英国首相卡梅伦访华期间，中英签订了向中国出口 4500 万英镑猪精液和种猪协议。欧盟的卡苏和 Minitube 等公司不断开发猪精液常温保存稀释液，其产品长期占据全球市场。在胚胎移植与发情调控方面，发达国家依托下丘脑 - 垂体 - 性腺轴的基础研究，研发了一系列原创技术，如同期发情与胚胎移植、同期排卵与定时输精等发情调控技术以及发情鉴定技术。据统计，美国和加拿大每年约有 70% 的种公牛来源于胚胎移植。2013 年仅美国 Trans Ova Genetics 公司就生产了大约 70000 枚性控胚胎。

近年来，我国繁殖技术的研发与应用进展较快，局部领域达到世界前沿水平。在牛、猪性别控制技术方面，通过异种精子推流、抗氧化损伤和膜保护等一系列技术创新，攻克了分离精子存活时间短的难题，牛精子分离后冷冻解冻存活时间达到24h，使我国在全球率先实现奶牛性别控制技术的大规模产业化应用。广东温氏食品集团在猪精液冷冻保存、猪体细胞克隆技术应用方面取得重要突破，并逐渐开始推广应用。

3. 在繁殖学科资金投入和成果产出上我国与发达国家尚存较大差距

美国、欧盟、日本等发达国家高度重视繁殖学科的投入和研究，特别是对动物繁殖的基础研究十分关注，政府主导开展了长期的持续研究投入。以美国为例，除农业部、国立卫生研究院（National Institutes of Health，NIH）等多个部门，连续多年以卵泡调控、胚胎发育等繁殖基础研究作为资助重点外，PIC等各大跨国种业集团也纷纷自主立项，开展性别控制、体外胚胎生产等繁殖技术创新。然而，我国在"十二五"以前除国家自然科学基金有稳定支持渠道外，其他投入较少。2010年以来，国家对动物繁殖学科十分重视，分别通过科技支撑、"863"计划及"973"计划对动物繁殖学科基础研究、技术开发及技术集成进行立项资助，推动了本学科的较快发展。

过去五年，与发达国家相比，我国繁殖学科取得了较快进展，但整体水平仍存在较大差距。据2013年统计，我国科学家在胚胎生物技术领域发表SCI文章1403篇，世界排名第二，仅次于美国（1938篇），高于欧盟（1054篇）、日本（652篇），但高水平文章排在美国、欧盟、日本之后（见图2）。此外，在专利方面，我国在此领域获得专利79项，世界排名第一，远超美国（55项）、欧盟（44项）、韩国（24项）、日本（14项），但是三方专利我国仅有2项，世界排名退居第五位，远低于美国（36项）、欧盟（33项）、日本（6项）（见图3），甚至低于仅有4项三方专利的韩国。可见，虽然我国繁殖学科科技水平逐步提高，但整体水平和影响力与世界发达国家还有较大差距。

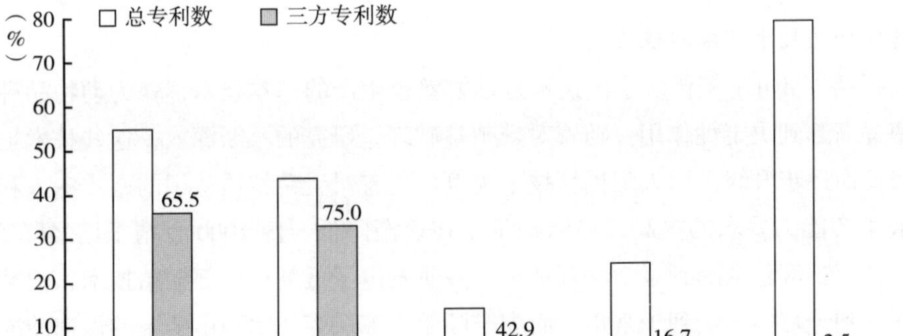

图2　主要国家胚胎生物技术文章发表情况比较（截至2012年年底）

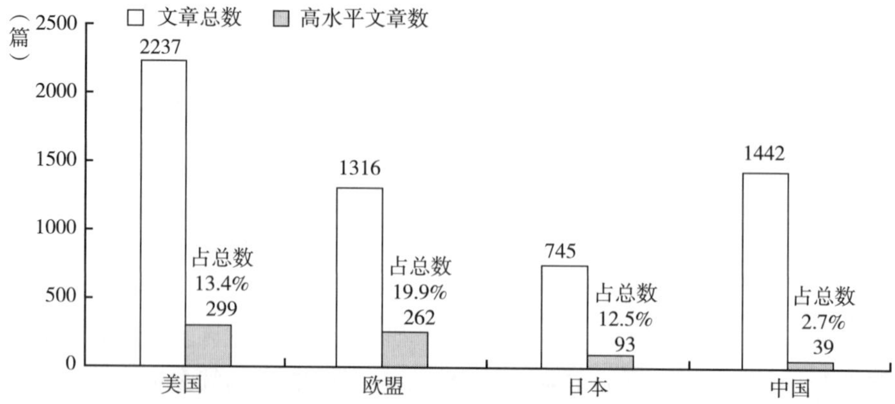

图 3 主要国家及地区胚胎生物技术专利比较（截至 2012 年年底）

四、本学科发展趋势及展望

（一）动物繁殖学科发展趋势

随着动物养殖业的发展，多学科正在与动物繁殖学科交叉融合，从基础研究到技术研发对繁殖学科均产生了全面而深远的影响，一场前所未有的技术革命正在孕育之中。受到国际发展大趋势的影响，动物繁殖学科在我国未来呈现如下发展趋势：

1. 家畜繁殖调控机理研究不断深入

动物内在的繁殖调控规律是繁殖技术研发的基础，也是我国繁殖学科提高原始创新能力的前提和根本，不但要关注配子胚胎发育规律、母胎对话、重编程机理等基础研究，增强繁殖技术创新能力，而且更要关注呼吸频率、反刍次数、活动量等动物行为在繁殖过程中的变化规律。因为这些规律将使繁殖监控技术发生根本性变化，机械化、智能化、自动化发情鉴定、妊娠诊断等技术的建立不但能大幅提高繁殖效率，而且能使人的监控能力得以延伸，并使人类从繁杂的劳动中解放出来。

2. 传统繁殖技术不断推陈出新

人工授精、MOET 等传统繁殖技术是动物繁殖生产的基本技术，曾为动物品种培育及生产效率提高起到决定性作用。随着对繁殖基础理论研究的不断深入，这些技术也必将适应生产需要而逐步升级。以人工授精技术为例，随着对受精本质认识的逐步深入和优秀种公牛精液生产能力要求的提高，输精剂量正在逐渐降低，由 1000 万精子已经降到了 800 万精子，性控精液甚至降到了 200 万精子，并研发出了低剂量深部输精技术，输精部位由子宫颈深入到子宫体甚至到子宫角。而配子胚胎冷冻保存技术则由传统的慢速冷冻发展为玻璃化冷冻以及现在的一步管内解冻法；冷冻细胞类型由精液、胚胎向卵母细胞扩展；畜种由早期的牛向猪、羊、驴等畜种扩展。超数排卵更是从单次超排向高强度重复超排发展，从体内胚胎向体外胚胎，从成畜扩展到幼畜。

3. 繁殖新技术不断涌现

除传统繁殖技术研发外，繁殖新技术的研发与应用将成为本领域发展的又一大趋势。由于种公畜在育种中发挥的巨大遗传影响力，旨在以普通公畜生产超级公畜精液的种公畜精原干细胞移植已经率先在跨国种业公司 PIC 投入研发；旨在扩大杂种公猪优势性状利用潜力、并解决优秀种公猪数量不足难题的种公畜体细胞核移植技术已经在 PIC 和我国的温氏集团等研发应用；而旨在提高生物安全性和效率的 iPS 诱导技术及 *CRISPR-Cas* 等基因编辑技术也将是繁殖新技术研发的重要方向。

4. 多学科交叉和渗透融合成为繁殖学科新的生长点

受到传统研究方法的限制，繁殖基础研究及技术研发曾一度呈现缓慢发展态势，然而其他学科的交叉融合使动物繁殖学科呈现出峰回路转之势。以精子分离为例，继 20 世纪中叶发现哺乳动物性别由性染色体决定以后，历经了 30 年才建立了精子分离技术方法，期间经历了免疫、电泳、离心等若干种方法的尝试，最终在整合了光电学、电磁学、计算机、机械等成果，才突破了 X、Y 基因表达差异思维的束缚，基于 X、Y 精子 DNA 含量差异，建立了现今产业化应用的精子分离技术。现在，基于生物信息、机电传感、计算机等建立的奶牛自动发情鉴定技术再一次说明，多学科交叉融合将成为动物繁殖学科新的生长点。

（二）动物繁殖学科的发展思路、目标与布局

1. 发展思路

在科学发展观引领下，以促进产业发展为导向，围绕困扰动物养殖产业发展的繁殖学关键问题进行研究方向设置，根据研究方向关键问题的重要性、紧迫性，进行人才梯队建设和实验室、研究基地等平台能力建设；积极促进分子细胞生物学、生物信息学、网络科学、机电与传感技术等学科与动物繁殖学科的深度交叉与融合，通过多学科协作创造性地开展繁殖学科基础理论研究及技术创新研发，促进原创能力不断提升；针对产业发展的关键科学问题设置适当的研发项目，组织优势团队进行集中攻关，全面贯彻落实创新驱动发展战略，整体提升我国动物繁殖学科的科技创新能力和技术水平，促进动物养殖产业健康高效发展，确保我国动物食品安全、生态安全和种业安全。

2. 发展目标

通过实施科技创新驱动发展战略，围绕产业发展中的关键繁殖问题，从繁殖技术研发、繁殖管理等角度进行研究方向的高度凝练，并构建高水平的人才梯队和基地平台；通过物理、化学等多学科的深度交叉融合，提高各个方向的基础理论与新技术研发能力与水平，通过交叉学科的建设与发展，实现繁殖性状基础研究、性能监测、技术研发的数字化、机械化、精准化、自动化目标，使动物繁殖学科继人工输精技术后再次孕育新的技术革命。不断增强学科的产业结合能力、科技创新综合实力、产业发展示范带动能力和人才团队建设能力，并大幅提升我国动物繁殖学科的国际影响力，使我国动物繁殖成为特色鲜

明、人才梯队合理、支撑条件先进、创新实力雄厚、学术影响力强劲的国际先进学科。

3. 学科布局

根据动物养殖所涉及的繁殖问题，围绕配子资源的高效利用、胚胎生产与移植、繁殖调控与妊娠识别、妊娠维持与繁殖管理4个繁殖环节及干细胞与体细胞重编程、基因编辑与生物反应器等新型繁殖技术方面，从基础研究、新技术研发及技术集成创新三个层面进行学科发展方向布局。

（三）动物繁殖学科研究的重点领域规划

1. 动物繁殖学科国家需求

（1）基础研究方面：配子发生、发育、成熟与衰老的调控机理；精子的基因表达及X、Y精子差异表达机理；动物发情周期的激素调控及生理、行为变化规律；精卵识别及胚胎发育与着床的调控机理；体细胞重编程及干细胞增殖分化机理；配子与胚胎低温生物学保存机理。

（2）应用研究方面：高效发情调控与鉴定技术；配子、胚胎高效生产、利用与保存技术；人工输精及性别控制技术；高效妊娠调控与诊断技术；高效安全的体细胞重编程技术；高效基因编辑及生物反应器研发技术。

（3）技术集成与推广方面：X/Y精子分离及低剂量输精技术；奶牛OPU、体外受精及胚胎移植技术；同期排卵、定时输精技术；羊、马属动物的精液保存、人工授精和胚胎移植；集成营养、环境、繁殖与疫病等因素的繁殖障碍综合防控技术；濒危动物繁殖与保种技术；特种经济动物、实验动物繁殖技术。

2. 动物繁殖学科主要科学问题

（1）初情期启动的调控机制。青年母畜发情和排卵障碍是影响母畜利用效率的重要因素，并且通过外源激素调节初情期启动的效果非常有限。一方面，初情期前母畜的下丘脑－垂体－性腺轴的功能尚未完全建立，并且下游靶细胞对上游激素的响应及激素间反馈机制与成年母畜差距较大，因此探明下丘脑—垂体—性腺轴在初情期前特征性的协调互作关系是该研究领域的重点；另一方面，已有研究提示一些新的因子在初情期启动过程中发挥关键作用，因此，挖掘新的初情期启动调节因子并阐明其作用机制，将会极大地改善对该过程的理解。

（2）发情行为学变化与生理标记。动物受到内分泌激素的调节，卵巢会表现出卵泡发育、成熟、排卵、黄体化、周期黄体退化、卵泡发育等周期性变化，未受孕时，母畜也会伴随卵巢的周期性变化表现出发情行为及反刍次数、阴道黏液、体温等生理指标的周期性变化。在集约化养殖条件下，因为环境和管理等因素，动物的繁殖表现越来越难以监测，发情持续期越来越短，对这些行为和生理变化进行深入研究，可为繁殖行为监测及输精、妊娠维持等繁殖管理提供重要的基础数据和理论依据。

（3）发情、妊娠、分娩的激素与营养调控。母畜发情、妊娠、分娩是一个内在激素调节和外在行为表现的综合结果，受到营养、内分泌、环境条件、管理等多种因素的共同影响，尤其在集约化养殖条件下，母畜的个性化生理需求难以得到满足，繁殖行为受到一定影响，针对特定繁殖时期（如发情、妊娠、分娩等）进行相应的激素与营养调控研究，将为提高繁殖母畜的繁殖性能和增强其行为表现提供理论指导。

（4）配子发生、成熟与衰老的调控机理。未受精配子生活史中均经历了发生、成熟与衰老过程，未成熟及衰老配子的受精能力均较低，而配子发生、成熟与衰老的调控机理的研究可为拓宽配子来源渠道、提高配子受胎率和胚胎质量提供理论指导。

（5）早期胚胎发育与植入的关键调控机制。不同动物胚胎都面临早期发育阻滞问题，导致胚胎早期死亡；同时，胚胎植入期又受到母胎对话调控机制的制约，而使部分胚胎难以着床发育，所以，早期胚胎发育与植入的关键调控机制研究是动物高效繁殖技术研发的重要基础。

（6）干细胞增殖、分化的机理。家畜胚胎干细胞及精原干细胞等的分离、培养及应用一直是干细胞研究领域的难题。目前家畜的相关研究很大程度上依赖于小鼠的工作基础，而家畜干细胞维持再生分化能力的机制与小鼠存在相当的差距，因此，针对家畜早期胚胎及精原干细胞等维持分化潜能的机制开展研究，对于家畜干细胞的分离、鉴定和培养体系的建立与优化都是非常重要的。

—— 参考文献 ——

[1] Zheng Lucheng, Su Juan, Fang Rui, et al. Developmental changes in the role of gonadotropin-inhibitory hormone (GnIH) and its receptors in the reproductive axis of male Xiaomeishan pigs [J]. Animal Reproduction Science, 2015(154): 113-120.

[2] Li Xun, Su Juan, Fang Rui, et al. The effects of RFRP-3, the mammalian ortholog of GnIH, on the female pig reproductive axis in vitro [J]. Molecular and Cellular Endocrinology, 2013, 1-2 (372): 65 - 72.

[3] 汪瑶，李珣，李敏婕，等. GnIH 对母猪生殖调控的研究 [J]. 中国农业科学，2014，47（18）：3716-3724。

[4] He Changjiu, Wang Jing, Li Yu, et al. Melatonin-related genes expressed in the mouse uterus during early gestation promote embryo implantation [J]. Journal of Pineal Research, 2015, 5 (58): 300 - 309.

[5] Wang Feng, Tian XiuZhi, Zhang Lu, et al. Melatonin promotes the in vitro development of pronuclear embryos and increases the efficiency of blastocyst implantation in murine [J]. Journal of Pineal Research, 2012, 3 (55): 267-274.

[6] Zhou X L, Teng Y, Cao R, et al. Rescue from dominant follicle atresia by follicle-stimulating hormone in mice [J]. Genetics and Molecular Research. 2013, 12 (3): 2945-2952.

[7] Liang Hongyan, Chen Lu, Liu Zhuo, et al. Expression of functional follicle-stimulating hormone receptor and luteinizing hormone/chorionic gonadotrophin receptor in oviduct and uterus in prepubertal gilts [J]. Livestock Science, 2012, 1-2 (148): 74 - 80.

[8] Sun Yongfeng, Zhang Jing Li, Chun jin, et al. Interaction between neurotrophin 4 and gonadotrophin in bovine oviducts [J]. Theriogenology. 2012, 1 (78): 39 - 48.

[9] Zhou X L, Teng Y, Cao R, et al. The interactions between nerve growth factor and gonadotrophins in bovine oviduct [J]. Animal Reproduction Science, 2014, 149 (3–4): 117–123.

[10] Tang KeQiong, Yang Wu Cai, Li Xiang, et al. GDF–9 and bFGF enhance the effect of FSH on the survival, activation, and growth of cattle primordial follicles [J]. Animal Reproduction Science, 2012, 3–4 (131): 129–134.

[11] Li C, Zhu X, Wang C, et al. The expression and putative role of brain–derived neurotrophic factor and its receptor in bovine sperm [J]. Theriogenology. 2012, 3 (77): 636–643.

[12] Wang C Q, Zhang J, Sun Y F, et al. Detection of Neurotrophin–4 (NT–4) in Ejaculated Bull Spermatozoa and its Effect on Spermatozoa Mitochondrial Activity [J]. Reproduction in Domestic Animals, 2013, 48 (1): 131–136.

[13] Sun Yongfeng, Li Chunjin, Sun Yanling, et al. Expression of Neurotrophin 4 and Its Receptor Tyrosine Kinase B in Reproductive Tissues during the Follicular and Luteal Phases in Cows [J]. Asian–Australasian Journal of Animal Science, 2011, 24 (3): 336–343.

[14] Li C, Sun Y, Yi K, et al. Detection of nerve growth factor (NGF) and its specific receptor (TrkA) in ejaculated bovine sperm, and the effects of NGF on sperm function [J]. Theriogenology, 2010, 9 (74): 1615 - 1622.

[15] Wang Yong, Liu Wenjing, Du Juan, et al. NGF promotes mouse granulosa cell proliferation by inhibiting ESR2 mediated down–regulation of CDKN1A [J]. Molecular and Cellular Endocrinology, 2015 (406): 68 - 77.

[16] Zhang Meijia, Su You qiang, Sugiura Koji, et al. Granulosa cell ligand NPPC and its receptor NPR2 maintain meiotic arrest in mouse oocytes [J]. Science, 2010, 6002 (330): 366–369.

[17] W Zhang. Brain natriuretic peptide and C–type natriureticp eptide maintain porcine oocyte meiotic arrest [J]. Cell. Phy. siol, 2015(230):71–81.

[18] Liu Ya, Tian Yuan, Zhao Xijie, et al. Immunization of dogs with recombinant GnRH–1 suppresses the development of reproductive function [J]. Theriogenology, 2015, 3 (83): 314–319.

[19] X. Han, Cao H, Tang J, et al. Active immunization against GnRH reduces the synthesis of GnRH in male rats [J]. Theriogenology, 2013(80):1109 - 1116.

[20] S Wang, Han L, Cao S X, et al. Effect of a DNA vaccine harboring two copies of inhibin α (1–32) fragments on immune response, hormone concentrations and reproductive performance in rats [J]. Theriogenology, 2012(78): 393–401.

[21] Y Liu, Mao X P, Wei Y M, et al. Studies on enhancing embryo quantity and quality by immunization against inhibin in repeatedly superovulated Holstein heifers and the associated endocrine mechanisms [J]. Animal Reproduction Science, 2013(142): 10–18.

[22] LY, Bai liang, et al. Effects of immunization against a DNA vaccine encoding somatostatin gene (pGM–CSF/SS) by attenuated Salmonella typhimurium on growth. reproduction and lactation in female mice [J]. Theriogenology, 2011(75): 155–163.

[23] 张金凤，侯振中. TEAD1 和 YAP1 对牛干扰素 Tau 基因表达调控的研究 [J]. 中国兽医杂志, 2013, 49(5): 26–29.

[24] LingYang, Jian–Guo Li, Bin Wang, et al. Expression of Interferon–Stimulated Gene 15 in Endometrial Explants from Early Pregnant Cows in vitro for 60 Days [J]. Journal of Animal and Veterinary Advances, 2010, 9 (24): 3016–3020.

[25] L Yang, X L, Wang, P C Wan, et al. Up–regulation of expression of interferon–stimulated gene 15 in the bovine corpus luteum during early pregnancy [J]. Journal of Dairy Science, 2010, 93 (3): 1000–1011.

[26] 张宏刚，陈树林，王晓珊，等. 孕牛血清早孕因子的生物活性检测及妊娠率分析 [J]. 动物医学进展, 2010, 31 (8): 30–33.

[27] 李艳艳，胡彦宏，雷静，等. 牛妊娠相关糖蛋白 PAG 对早期妊娠诊断效果的影响 [J]. 家畜生态学报, 2013, 3, 34 (3): 54–57.

[28] 程蕾，王定发，刘晓华，等. ISG15 和 OAS1 在奶牛早期妊娠阶段外周血中的表达规律 [J]. 畜牧兽医学报,

2015，46（1）：77–84.

［29］程蕾，王定发，向敏，等．奶牛早期妊娠阶段外周血中 IFITM1 和 RSAD2 基因的表达［J］．华中农业大学学报，2015，34（3）：15–22.

［30］X L Wang, K Wang, G C Han, et al. A Potential Autocrine Role for Interferon Tau in Ovine Trophectoderm［J］. Reproduction in Domestic Animals, 2013, 48 (5): 819–825.

［31］Zhong Jian Bao, Shuan Zhao, Ihtesham Ul Haq, et al. Recombinant bovine interferon– τ enhances *in vitro* development of bovine embryos by upregulating expression of connexin 43 and E–cadherin［J］. Journal of Dairy Science, 2014, 97 (11): 6917–6925.

［32］黄江南．不同猪种及妊娠子宫内膜中基因差异表达鉴定及特征分析［D］．武汉：华中农业大学，2011.

［33］邓亮，张翔，韩国才．马胚胎附植及其分子调控研究进展［J］．中国畜牧兽医，2011（3）:150–154.

［34］苏晓倩，邓亮，贾瑜，等．马绒毛膜促性腺激素单克隆抗体的制备及鉴定［J］．中国畜牧兽医，2012，39（3）：18–21.

［35］万鹏程，石文艳，代蓉，等．$\alpha v\beta_3$ 整合素在绵羊体外受精胚胎的表达模式研究［J］．新疆农业科学，2014，51（9）：1711–1717.

［36］刘能辉，周昌菊．骨桥蛋白（OPN）在围植入期小鼠子宫内膜中的表达［J］．中国现代医学杂志，2012，22（25）：18–23.

［37］付博，任亮，赵金凤，等．表皮生长因子和胎牛血清对猪体细胞克隆胚胎发育的影响［J］．黑龙江畜牧兽医（科技版），2010（3）：7–9.

［38］孟丽燕，周红林，彭信刊，等．表皮生长因子（EGF）和胰岛素样生长因子（IGF– Ⅱ）对小鼠 1– 细胞胚胎体外发育的影响［J］．生殖与避孕，2011，31（1）：1–5.

［39］马力，袁宁．体外培养时间和表皮生长因子对牦牛卵母细胞成熟及孤雌胚胎体外发育的影响［J］．西南民族大学学报（自然科学版），2013，39（6）：865–868.

［40］张宁，刘萍，郝翠芳，等．IL–1β 对小鼠胚胎体外发育及着床窗口期子宫内膜 MMP–9 与 ICAM–1 表达的影响［J］．青岛大学医学院学报，2012，48（2）：121–124.

［41］刘萍，李允广，徐艳，等．白介素 –1 对小鼠胚胎体外发育及胚胎子宫内膜共培养体系分泌 Hb EGF、$\alpha v\beta_3$ 的影响［J］．中国优生与遗传杂志，2012，20（12）：29–31.

［42］Zhang L, Chen M, Wen Q, et al. Reprogramming of Sertoli cells to fetal–like, Leydig cells by Wt1 ablation［J］. Proceedings of the National Acadamy of Science of the United States of America，2015, 13 (112): 4003–4008.

［43］Li XM, Yu C, Wang ZW，et al. DNA topoisomerase II is dispensable for oocyte meiotic resumption but is essential for meiotic chromosome condensation and separation in mice［J］. Biology of Reproduction，2013, 89 (5): 118.

［44］Jiang ZZ, Hu MW, Wang ZB，et al. Survivin is essential for fertile egg production and female fertility in mice［J］. Cell Death & Disease, 2014, 5 (27):151–154 .

［45］Pan X, Chen X, Tong X, et al. Ppp2ca knockout in mice spermatogenesis［J］. Reproduction, 2015, 149 (4): 385–391.

［46］Luo Z, Liu Y, Chen L, et al. microRNA profiling in three main stages during porcine spermatogenesis［J］. Journal of Assisted Reproduction and Genetics, 2015, 32 (3): 451–460.

［47］Yan P, Xiang L, Guo X, et al. The low expression of Dmrt7 is associated with spermatogenic arrest in cattle–yak［J］. Molecular Biology Reports, 2014, 41 (11): 7255–7263.

［48］Wu J, Liao M, Zhu H, et al. CD49f–positive testicular cells in Saanen dairy goat were identified as spermatogonia–like cells by miRNA profiling analysis［J］. Journal of Cell Biochemistry, 2014, 115 (10): 1712–1723.

［49］Tang F, Yao X, Zhu H, et al. Expression pattern of Ngn3 in dairy goat testis and its function in promoting meiosis by upregulating Stra8［J］. Cell Proliferation, 2014, 47 (1): 38–47.

［50］Zheng Y, Zhang Y, Qu R, et al. Spermatogonial stem cells from domestic animals: progress and prospects［J］. Reproduction, 2014, 147 (3):65–74.

［51］Guo F, Yang B, Ju ZH, et al. Alternative splicing, promoter methylation, and functional SNPs of sperm flagella 2 gene in testis and mature spermatozoa of Holstein bulls [J]. Reproduction, 2013, 147 (2): 241–252.

[52] Yue XP, Chang TC, DeJarnette JM, et al. Copy number variation of PRAMEY across breeds and its association with male fertility in Holstein sires [J]. Journal of Dairy Science, 2013, 96 (12): 8024–8034.

[53] Wu Y, Pei Y, Qin Y. Developmental expression of heat shock proteins 60, 70, 90, and A2 in rabbit testis [J]. Cell Tissue Research, 2011, 344 (2): 355–363.

[54] Lv LX, Ujisguleng B, Orhontana B, et al. Molecular cloning of sheep and cashmere goat Pdia3 and localization in sheep testis [J]. Reproduction in Domestic Animals, 2011, 46 (6): 980–989.

[55] Feng YM, Liang GJ, Pan B, et al. Notch pathway regulates female germ cell meiosis progression and early oogenesis events in fetal mouse [J]. Cell Cycle, 2014, 13 (5): 782–791.

[56] Liu H, Yin FX, Bai CL, et al. TFIIB co–localizes and interacts with α–tubulin during oocyte meiosis in the mouse and depletion of TFIIB causes arrest of subsequent embryo development [J]. PLoS One, 2013(11):800–839.

[57] Bai Y, Yu M, Hu Y, et al. Location and characterization of female germline stem cells (FGSCs) in juvenile porcine ovary [J]. Cell Proliferation, 2013, 46 (5): 516–528.

[58] Yuan J, Zhang D, Wang L, et al. No evidence for neo–oogenesis may link to ovarian senescence in adult monkey [J]. Stem Cells, 2013, 31 (11): 2538–2550.

[59] Peng H, Zhang W, Xiao T, et al. Nlrp4g is an oocyte–specific gene but is not required for oocyte maturation in the mouse. 59. Reproduction [J]. Fertility and Development, 2014, 26 (5): 758–768.

[60] Xiong K, Wu W, Wang X, et al. Mouse oocyte meiosis is disturbed by knockdown of Suv4–20h. Reproduction [J]. Fertility and Development, 2013, 25 (3): 503–510.

[61] Zhang LJ, Pan B, Chen B, et al. Expression and epigenetic dynamics of transcription regulator Lhx8 during mouse oogenesis [J]. Gene, 2012, 506 (1): 1–9.

[62] Zhou Z, Wan Y, Zhang Y, et al. Follicular development and expression of nuclear respiratory factor–1 and peroxisome proliferator–activated receptor γ coactivator–1 alpha in ovaries of fetal and neonatal doelings [J]. Animal Science,2012, 90 (11): 3752–3761.

[63] Zhang B, Wei Q, Shi S, et al. Immunolocalization and expression pattern of Gpr3 in the ovary and its effect on proliferation of ovarian granulosa cells in pigs [J]. The Journal of Reproduction and Development, 2012, 58 (4): 410–419.

[64] Zhang QH, Qi ST, Wang ZB, et al. Localization and function of the Ska complex during mouse oocyte meiotic maturation [J]. Cell Cycle, 2012, 11 (5): 909–916.

[65] Xu J, Wang M, Gao X, et al. Separase phosphosite mutation leads to genome instability and primordial germ cell depletion during oogenesis [J]. PLoS One, 2011, 6 (4):187–193.

[66] Zhao XM, Ren JJ, Zhao SJ, et al. Apoptosis–like events and in vitro fertilization capacity of sex–sorted bovine sperm [J]. Reproduction in Domestic Animals, 2014, 49 (4): 543–549.

[67] Zhao XM, Min JT, Du WH, et al. Melatonin enhances the in vitro maturation and developmental potential of bovine oocytes denuded of the cumulus oophorus [J]. Zygote, 2014, 4 (23): 1–12.

[68] Pan Y, Cui Y, Yu S, et al. The expression of epidermal growth factor (EGF) and its receptor (EGFR) during post–natal testes development in the yak [J]. Reproduction in Domestic Animals, 2014, 49 (6): 970–976.

[69] Su H, Luo F, Bao J, et al. Long–term culture and analysis of cashmere goat Sertoli cells. 98. In Vitro Cellar & Developmental Biology [J]. Animal, 2014, 50 (10): 918–925.

[70] Gu Y, Li Q, Pan Z, et al. Molecular cloning, gene expression and methylation status analysis of PIWIL1 in cattle–yaks and the parental generation [J]. Animal Reproduction Science, 2013, 140 (3–4): 131–137.

[71] Wang S, Pan Z, Zhang Q, et al. Differential mRNA expression and promoter methylation status of SYCP3 gene in testes of yaks and cattle–yaks [J]. Reproduction in Domestic Animals, 2012, 47 (3): 455–462.

[72] Tang KQ, Yang WC, Zhang XX, et al. Effects of polymorphisms in the bovine growth differentiation factor 9 gene on

sperm quality in Holstein bulls [J] . Genetics and Molecular Research:GMR, 2013, 12 (3): 2189–2195.

[73] Zheng L, Zhu H, Tang F, et al. The Tet1 and histone methylation expression pattern in dairy goat testis [J] . Theriogenology, 2015, 83 (7): 1154–1161.

[74] Li M, Liu Y, Wang T, et al. Repertoire of porcine microRNAs in adult ovary and testis by deep sequencing [J] . International Journal of Biological Science, 2011, 7 (7): 1045–1055.

[75] Yan G, Fan Y, Li P, et al. Ectopic expression of DAZL gene in goat bone marrow–derived mesenchymal stem cells enhances the trans–differentiation to putative germ cells compared to the exogenous treatment of retinoic acid or bone morphogenetic protein 4 signalling molecules [J] . Cell Biology International, 2015, 39 (1): 74–83.

[76] Zhu H, Ma J, Du R, et al. Characterization of immortalized dairy goat male germline stem cells (mGSCs) [J] . Journal of Cellar Biochemistry, 2014, 115 (9): 1549–1560.

[77] Niu Z, Hu Y, Liao M, et al. Conservation and function of Dazl in promoting the meiosis of goat male germline stem cells [J] . Molecular Biology Reports, 2014, 41 (5): 2697–2707.

[78] Ma C, Li J, Tao H, et al. Discovery of two potential DAZL gene markers for sperm quality in boars by population association studies [J] . Animal Reproduction Science, 2013, 143 (1–4): 97–101.

[79] Liu Z, Li Q, Pan Z, et al.ne between cattle–yaks and their parents [J] . Animal Reproduction Science, 2011, 126 (3–4): 258–264.

[80] Chen M, Wang H, Li X, et al. PLIN1 deficiency affects testicular gene expression at the meiotic stage in the first wave of spermatogenesis [J] . Gene, 2014, 543 (2): 212–219.

[81] Yang X, Dunning KR, Wu LL, et al. Identification of perilipin–2 as a lipid droplet protein regulated in oocytes during maturation [J] . Reproduction, Fertility, and Development, 2010, 22 (8): 1262–1271.

[82] Sastre D, da Costa NN, de SάAL, et al.Expression of PLIN2 and PLIN3 during oocyte maturation and early embryo development in cattle [J] . Theriogenology, 2014, 81 (2): 326–331.

[83] Zhang RN, Fu XW, Jia BY, et al. Expression of perilipin 2 (PLIN2) in porcine oocytes during maturation [J] . Reproduction in Domestic Animals, 2014, 49 (5): 875–880.

[84] Jia Z, Zhang J, Zeng W, et al. Effects of administration of estradiol and progesterone on ovarian stimulation response, and in vitro developmental competence of oocytes in CIDR–treated calves [J] . Animal Biotechnology, 2014, 25 (3): 179–187.

[85] Wu GQ, Jia BY, Li JJ, et al. L–carnitine enhances oocyte maturation and development of parthenogenetic embryos in pigs [J] . Theriogenology, 2011, 76 (5): 785–793.

[86] Hu J, Ma X, Bao JC, et al. Insulin–transferrin–selenium (ITS) improves maturation of porcine oocytes in vitro [J] . Zygote, 2011, 19 (3): 191–197.

[87] Bao ZJ, Zhao S, Haq IU, et al. Recombinant bovine interferon– τ enhances in vitro development of bovine embryos by up regulating expression of connexin 43 and E–cadherin [J] . Journal of Dairy Science, 2014, 97 (11): 6917–6925.

[88] Mo X, Wu G, Yuan D, et al. Leukemia inhibitory factor enhances bovine oocyte maturation and early embryo development [J] . Molecular Reproduction and Development, 2014, 81 (7): 608–618.

[89] Wang F, Tian X, Zhou Y, et al. Melatonin improves the quality of in vitro produced (IVP) bovine embryos: implications for blastocyst development, cryotolerance, and modifications of relevant gene expression [J] . PLoS One. 2014, 9(4):936–941.

[90] Wang F, Tian X, Zhang L, et al. Beneficial effects of melatonin on in vitro bovine embryonic development are mediated by melatonin receptor 1 [J] . Journal of Pineal Research, 2014, 56 (3): 333–342.

[91] Pang YW, An L, Wang P, et al. Treatment of porcine donor cells and reconstructed embryos with the antioxidant melatonin enhances cloning efficiency [J] . Journal of Pineal Research, 2013, 54 (4): 389–97.

[92] Tian X, Wang F, He C, et al. Beneficial effects of melatonin on bovine oocytes maturation: a mechanistic approach [J] . Journal of Pineal Research, 2014, 57 (3): 239–247.

[93] Zeng Y, Fu X, Zhou G, et al. Expression and distribution of cell adhesion-related proteins in bovine parthenogenetic embryos [J]. The effects of oocyte vitrification. 76. Theriogenology, 2013, 80 (1): 34-40.

[94] Wang LJ, Xiong XR, Zhang H, et al. Defined media optimization for in vitro culture of bovine somatic cell nuclear transfer (SCNT) embryos [J]. Theriogenology, 2012, 78 (9): 2110-2119.

[95] Li C, Sun Y, Yi K, et al. Detection of nerve growth factor (NGF) and its specific receptor (TrkA) in ejaculated bovine sperm, and the effects of NGF on sperm function [J]. Theriogenology, 2010, (74): 1615-1622.

[96] Sun P L, Yang L X, Cui J J,et al. Activation of proacrosin accompanies upregulation of sp32 protein tyrosine phosphor ylation in pig sperm. [J]. Genetics and Molecular Research: GMR, 2013, (12): 6579-6587.

[97] Han Y, Haines C J, Feng H L. Roles of the serine/threonine protein phosphatase 1 on mammalian sperm motility [J]. Arch Androl, 2007 (53): 169-177.

[98] Wu S, Wolgemuth D J. The distinct and developmengtally regulated patterns of expression of members of the mouse Cdc25 gene family suggest differential functions during gametogenesis [J]. Developmental Biology, 1995, 170 (1): 195-206.

[99] Cheng WM, Wu ZH, Zhang X, et al. Effects of different activation regimens on pronuclear formation and developmental competence of in vitro-matured porcine oocytes after intracytoplasmic sperm injection [J]. Reproduction in Domestic Animals, 2012, 47 (4): 609-614.

[100] Li J, Huan Y, Xie B, et al. Identification and characterization of an oocyte factor required for sperm decondensation in pig [J]. Reproduction, 2014, 148 (4): 367-375.

[101] Li Chunjin, Xu Zhou. The potential roles of neurotrophins in male reproduction [J]. Reproduction, 2013, 145 (4): 89-95.

[102] Li Chunjin, Li Chenjiao, Zhu Xiaoling, et al. The expression and putative role of brain-derived neurotrophic factor and its receptor in bovine sperm [J]. Theriogenology, 2012, 77 (3): 636-643.

[103] Li Chunjin, Sun Yongfeng, Yi Kangl, et al. Detection of nerve growth factor (NGF) and its specific receptor (TrkA) in ejaculated bovine sperm, and the effects of NGF on sperm function [J]. Theriogenology, 2010, 74 (9): 1615-1622.

[104] Wang Chunqiang, Zhang Jin, Sun Yongfeng, et al. Detection of neurotrophin 4 (NT-4) in ejaculated bull spermatozoa and its effect on spermatozoa mitochondrial activity [J]. Reproduction in Domestic Animals, 2013, 48 (1): 131-136.

[105] Xiaoli Chen, Huabin Zhu, Chuanhuo Hu, et al. Identification of Differentially Expressed Proteins Between Fresh and Frozen-Thawed Boar Spermatozoa by iTRAQ-Coupled 2D LC-MS/MS [J]. Reproduction, 2014(147): 321-330.

[106] Zhao XM. Apoptosis-like events and in vitro fertilizationcapacity of sex-sorted bovine sperm [J]. Reproduction in Domestic Animals, 2014(49):543-549.

[107] Xiao, Yao Zhang, Hualin Ahmad, Sibtain, et al. Sperm capacitation combined with removal of the sperm acrosome and plasma membrane enhances paternal nucleus remodeling and earlydevelopment of bovine androgenetic embryos [J]. Reproduction, Fertility, and Development, 2013, 4 (25): 624-638.

[108] Li J. et al. Identification and characterization of an oocyte factor required for sperm decondensation in pig [J]. Reproduction, 2014(148):367-375.

[109] Cheng, W-M Wu, Z-H Zhang, et al. Effects of different activationregimens on pronuclear formation and developmental competence of in vitro-matured porcine oocytes after intracytoplasmic sperm injection [J]. Reproduction in Domestic Animals, 2012(47):609-614.

[110] Song Cheng yi, Zhou Hui yun, GaoBo et al.Molecular cloning of pig ZPBP2 and mRNA expression of ZPBP1 and ZPBP2 in reproductive tracts of boars [J]. Animal Reproduction Science, 2010(122):229-235.

[111] Pan D K, Liu J, Mu Y L, et al. Effectof MAS on in vitro maturation of porcine oocytes and development potential of embryos following PA and SCNT [J]. Progress in Natural Science, 2007, 17 (6): 822-826.

［112］周国利，李桢，金海国，等．几种候选基因在牛育种中的研究进展［J］．安徽农业科学，2008，36（2）：557–558.
［113］庞春英，杨春艳，杨炳壮，等．不同品种牛卵泡液对水牛卵母细胞体外受精效果的影响［J］．中国畜牧兽医，2010（4）：162–166.
［114］Zhao XM, Ren JJ, Zhao SJ, et al. Apoptosis-like events and in vitro fertilization capacity of sex-sorted bovine sperm［J］. Reproduction in Domestic Animals，2014，49 (4): 543–549.
［115］赵晓娥，马保华，屈晓君，等．牛性控精子体外受精及受精卵的体外培养［J］．农业生物技术学报，2011，19（6）：1070–1074.
［116］刘新峰，郝志明，史远刚，等．不同培养体系对牛卵母细胞体外受精的影响［J］．安徽农业科学，2011（2）：1049–1050.
［117］丁向彬，王轶敏，郭志林，等．生长因子和体细胞共培养对牛体外受精的影响［J］．天津农学院学报，2011，18（3）：9–12.
［118］庞春英，杨春艳，杨炳壮，等．不同品种牛卵泡液对水牛卵母细胞体外受精效果的影响［J］．中国畜牧兽医，2010（4）:162–166.
［119］丁向彬，王轶敏，郭志林，等．生长因子和体细胞共培养对牛体外受精的影响［J］．天津农学院学报，2011（3）:9–12.
［120］桑国俊，余四九，贺奋义，等．牛体外受精胚胎培养技术研究［J］．畜牧与兽医，2009，41（3）：11–14.
［121］佟桂芝，董正德．奶牛体外受精效果几种影响因素的研究［J］．中国草食动物，2007，27（4）：6–8.
［122］汪立芹，杨梅，陈童，等．不同因素对牛体外受精效果的影响［J］．畜牧与兽医，2009，41（1）：28–40.
［123］刘新峰，郝志明，史远刚，等．不同培养体系对牛卵母细胞体外受精的影响［J］．安徽农业科学，2011（2）：1049–1050.
［124］赵学明，杜卫华，郝海生．影响体外受精生产奶牛性控胚胎的因素［J］．农业生物技术学报，2011，19（5）：843–848.
［125］张媛媛，胡启蒙，王亮亮，等．哺乳动物精子磷酸化蛋白质组学研究进展［J］．中国生物工程杂志，2012，32（4）：76–82.
［126］丁爱军，叶绍辉，苏雷．哺乳动物精子获能机理及体外研究［J］．现代畜牧兽医，2007，4（9）：1672–1692.
［127］程蕾，刘晓华，王定发，等．定时输精对奶牛第一情期受胎率的效果分析［J］．中国牛业科学，2011，37（1）：32–34.
［128］孙丽萍，宋亚攀，瓮士乔，等．奶牛“同期发情 – 定时输精”技术综述［J］. 中国奶牛,2010（7）:34–37.
［129］夏天，陆肖芬，高金銮，等．在适度深，部输精的基础上不同剂量输精的对比试验［J］. 养猪,2010(5)：15–16.
［130］夏天，陆肖芬，高金銮，等．暑热季节不同输精剂量适度深部输精的重复试验［J］．养猪，2011（2）：19–20.
［131］李毅，王国良，赵海明．母猪子宫深部低剂量输精技术应用效果试验［J］．中国畜牧业，2013（11）：66–67.
［132］张腾，渊锡藩，江中良．采用深部输精与常规输精研究不同剂量和有效精子数对经产母猪繁殖力的影响［J］．中国畜牧杂志，2012，48（17）：17–20.
［133］张伟，王世银，赵娜．规模化猪场母猪常规输精与深部输精技术使用效果的比较研究［J］．养猪，2012（5）：37–38.
［134］刘桂武，张灿菲，王连想．猪子宫深部授精技术的研究应用进展［J］．猪业科学，2014（6）：100–102.
［135］Hu JH, Jiang ZL, Lv RK, et al. The advantages of low-density lipoproteins in the cryopreservation of bull semen［J］. Cryobiology, 2011, 62 (1): 83–87.
［136］Shen T, Jiang ZL, Li CJ, et al. Effect of alpha-lipoic acid on boar spermatozoa quality during freezing-thawing［J］.

Zygote, 2015(23):1–7.
[137] Shen T, Jiang ZL, Liu H, et al. Effect of Salvia miltiorrhiza polysaccharides on boar spermatozoa during freezing - thawing [J]. Animal Reproduction Science, 2015(159):25–30.
[138] 刘长彬，倪建宏，曲明悦，等. 性控冻精在肉羊胚胎移植中应用效果的研究 [J]. 黑龙江农业科学，2012（4）：82–86.
[139] 毛凤显，陈浩林，廖梅，等. 腹腔镜输精在贵州白山羊胚胎移植中的受精效果研究 [J]. 黑龙江畜牧兽医，2014（10）：26–27.
[140] 张树山，戴建军，吴彩凤，等. 腹腔镜技术在猪人工授精和胚胎移植中的研究进展 [J]. 上海农业学报，2014，30（1）：111–114.
[141] 余文莉，李树静，刘潇，等. 对奶牛胚胎移植技术产业化的反思 [J]. 中国畜牧杂志，2013，49（4）：51–55.
[142] 张杨，周振勇，张金山，等. 肉牛遗传育种与繁殖技术应用现状 [J]. 中国草食动物科学，2014，34（1）：54–59.
[143] 吴明成，贾世杰，李孝娟，等. 胚胎移植技术在自主培育种公牛中的研究与应用 [J]. 黑龙江动物繁殖，2013，21（1）：30–34.
[144] Quan F, Zhang Z, An Z，et al. Multiple factors affecting superovulation in Poll Dorset in China [J]. Reproduction in Domestic Animals, 2011, 46 (1): 39–44.
[145] 张璐，朱士恩，刘国世，等. 5 个品种优质肉用绵羊的超数排卵与胚胎移植 [J]. 中国畜牧杂志，2011，47（23）：25–28.
[146] 德庆卓嘎. 西藏绵羊胚胎移植引进试验 [J]，当代畜禽养殖业. 2015（2）：9–10.
[147] 和占星，王喆，张继才，等. 全日制放牧 BMY 牛的活体采卵—体外胚胎生产—胚胎移植研究 [J]. 畜牧兽医学报，2013，44（1）：38–48.
[148] 王立志，吴蒙，张秀梅. 大连黑牛 X/Y 精子分离和性控冻精生产技术研究 [J]. 当代畜牧，2014（8）：34–37.
[149] 曾有权，陆阳清，杨小淦，等. 使用流式细胞仪分离精子进行仔猪性别控制的研究 [J]. 畜牧兽医学报，2012，43（7）：1163–1169.
[150] 张兴会，刘兴伟，豆兴堂. 性控技术在绒山羊新品系培育中的应用 [J]. 现代畜牧兽医，2015（5）：59–61.
[151] 梁家攀. 繁殖生物技术在水牛生产中的应用研究 [J]. 浙江畜牧兽医，2013（3）：25–26.
[152] Christian R E, Casida L E. The effect of progesterone in altering the estrus cycle of the cow [J]. Journal of Animal Science，1948(7):540.
[153] Pearce D T, Robinson T J. Plasma progesterone concentrations, ovarian and endocrinological response and sperm transport in ewes with synchronized oestrus [J]. Journal of Reproduction and Fertility, 1985, 75 (1): 49–62.
[154] 喻光敏，白佳桦，刘彦，等. Ovsynch 技术在集约化奶牛场的推广应用效果 [J]. 中国畜牧杂志，2013，49（17）：26–29.
[155] 刘长彬，张宾，李国庆，等. 春季小尾寒羊同期发情及受胎率效果分析 [J]. 甘肃畜牧兽医，2014，9（3）：34–35.
[156] 冯亚杰，王二耀，吴姣，等. 促排卵 3 号在小尾寒羊超排中的应用效果 [J]. 黑龙江动物繁殖，2013，21（6）：19–20.
[157] 田万强，林清，李林强，等. 非繁殖季节奶山羊同期发情处理效果研究 [J]，畜牧兽医杂志，2014（6）:28–31.
[158] 方礼禄，王朝军，徐利，等. 四烯雌酮对乏情母猪同期发情的影响 [J]. 饲料博览，2014（10）：5–7.
[159] Wu CaiYang, Shu JingLi, Yang HuaXie, et al. Two novel SNPs of the typeI gonadotropin releasing hormone receptor gene and their associations with superovulation traits in Chinese Holstein cows [J]. Live stock Science, 2011

(136):164–168.

[160] Wu Cai Yang, Li Guo Yang, Hasan Riazb, et al. Effects in cattle of genetic variation within the IGF1R gene on the superovulation performance and pregnancy rates after embryo transfer [J] . Animal Reproduction Science, 2013 (143):24 – 29.

[161] Yang Dongshan, Yang Huaqiang, Li Wei, et al.Generation of PPARgamma mono–allelic knockout pigs via zinc–finger nucleases and nuclear transfer cloning [J] . Cell Research, 2011, 21 (6): 979–982.

[162] Huang Jiao, Guo Xiaogang, Fan Nana, et al. RAG1/2 knockout pigs with severe combined immunodeficiency [J] . Journal of Immunology, 2014, 193 (3): 1496–1503.

[163] Li Xiaoping, Yang Yi, Bu Lei, et al.Rosa26–targeted swine models for stable gene over–expression and Cre–mediated lineage tracing [J] . Cell Research, 2014, 24 (4): 501–504.

[164] Tong Jia Wei, HengXi Liu, XiaoFang, et al.Production of recombinant human lysozyme in the milk of transgenic pigs [J] . Transgenic Research, 2011, 20 (2): 417–419.

[165] Lu Dan, Li Qiuyan, Wu Zhibin, et al.High–Level Recombinant Human Lysozyme Expressed in Milk of Transgenic Pigs Can Inhibit the Growth of Escherichia coli in the Duodenum and Influence Intestinal Morphology of Sucking Pigs [J] . PLoS One, 2014, 9 (2): 9.

[166] Chen Jian wen, Zhang Yu, Zhang Yuan liang, et al.Construction of multiple shRNAs expression vector that inhibits FUT1 gene expression and production of the transgenic SCNT embryos in vitro [J] . Molecular Biology Reports, 2013, 40 (3): 2243–2252.

[167] Hai Tang, Teng Fei, Guo Runfa, et al. One–step generation of knockout pigs by zygote injection of CRISPR/Cas system [J] . Cell Research, 2014, 24 (3): 372–375.

[168] Tang Maoxue, Zheng Xinmin, Cheng Wenke, et al.Safety assessment of sFat–1 transgenic pigs by detecting their co–habitant microbe in intestinal tract [J] . Transgenic Research, 2011, 20 (4): 749–758.

[169] Zhang Y L, Wan Y J, Wang Z Y, et al. Production of dairy goat embryos, by nuclear transfer, transgenic for human acid beta–glucosidase [J] . Theriogenology, 2010, 73 (5): 681–690.

[170] Wan Yong Jie, Zhang Yan Li, Zhou Zheng Rong, et al.Efficiency of donor cell preparation and recipient oocyte source for production of transgenic cloned dairy goats harboring human lactoferrin[J]. Theriogenology, 2012, 78 (3): 583–592.

[171] Wu Xia, Ouyang Hongsheng, Duan Biao, et al. Production of cloned transgenic cow expressing omega–3 fatty acids [J] . Transgenic Research, 2012, 21 (3): 537–543.

[172] Yu Shengli, Luo Junjie, Song Zhiyuan, et al.Highly efficient modification of beta–lactoglobulin (BLG) gene via zinc–finger nucleases in cattle [J] . Cell Research, 2011, 21 (11): 1638–1640.

[173] Deng S. RNA Interference Against FMDV–3DReplication in Transgenic Goat [J] . Scientia Sinica Vitae, 2013, 43 (5): 404.

[174] Kang Lan, Wang Jianle, Zhang Yu, et al.iPS Cells Can Support Full–Term Development of Tetraploid Blastocyst–Complemented Embryos [J] . Cell Stem Cell, 2009, 5 (2): 135–138.

[175] Han Jianyong, Yuan Ping, Yang Henry, et al. Tbx3 improves the germ–line competency of induced pluripotent stem cells [J] . Nature, 2010, 463 (7284): 1096–1100.

[176] Chen Jiekai, Liu Jing, Han Qingkai, et al.Towards an Optimized Culture Medium for the Generation of Mouse Induced Pluripotent Stem Cells [J] . Journal of Biological Chemistry, 2010, 285 (40): 31066–31072.

[177] Chen Jiekai, Liu He, Liu Jing, et al.H3K9 methylation is a barrier during somatic cell reprogramming into iPSCs [J] . Nature Genetics, 2013, 45 (1): 34–62.

[178] Liu Lei, Luo Guan Zheng, Yang Wei, et al.Activation of the Imprinted Dlk1–Dio3 Region Correlates with Pluripotency Levels of Mouse Stem Cells [J] . Journal of Biological Chemistry, 2010, 285 (25): 19483–19490.

[179] Gao Yawei, Chen Jiayu, Li Ke, et al.Replacement of Oct4 by Tet1 during iPSC Induction Reveals an Important Role

of DNA Methylation and Hydroxymethylation in Reprogramming [J]. Cell Stem Cell, 2013, 12 (4): 453–469.

[180] Fan Nana, Chen Jijun, Shang Zhouchun, et al. Piglets cloned from induced pluripotent stem cells [J]. Cell Research, 2013, 23 (1): 162–166.

[181] Bao Lei, He Lixiazi, Chen Jijun, et al.Reprogramming of ovine adult fibroblasts to pluripotency via drug–inducible expression of defined factors [J]. Cell Research, 2011, 21 (4): 600–608.

[182] Han Xiaoping, Han Jianyong, Ding Fangrong, et al. Generation of induced pluripotent stem cells from bovine embryonic fibroblast cells [J]. Cell Research, 2011, 21 (10): 1509–1512.

[183] Wang J Y, Tbx3 and Nr5 alpha 2 improve the viability of porcine induced pluripotent stem cells after dissociation into single cells by inhibiting RHO–ROCK–MLC signaling [J]. Biochemical and Biophysical Research Communications, 2015, 456 (3): 743–749.

[184] Zhang Wei, Pei Yangli, Zhong Liang, et al. Pluripotent and Metabolic Features of Two Types of Porcine iPSCs Derived from Defined Mouse and Human ES Cell Culture Conditions [J]. PLoS One, 2015,10(4):245–262.

[185] Ji, Guangzhen Ruan, Weimin Liu, Kai et al. Telomere reprogramming and maintenance in porcine iPS cells [J]. PLoS One. 2013, 8 (9):741–750.

[186] Fan Anran, Ma Kuiying, An Xinglan, et al. Effects of TET1 knockdown on gene expression and DNA methylation in porcine induced pluripotent stem cells [J]. Reproduction, 2013, 146 (6): 569–579.

[187] Liu YJ.Comparative Gene Expression Signature of Pig, Human and Mouse Induced Pluripotent Stem Cell Lines Reveals Insight into Pig Pluripotency Gene Networks [J]. Stem Cell Reviews and Reports, 2014, 10 (2): 162–176.

[188] Cao S. Specific gene–regulation networks during the pre–implantation development of the pig embryo as revealed by deep sequencing [J]. BMC Genomics, 2014(15):4.

[189] 陆红梅. 母羊繁殖障碍的因素及处理措施 [J]. 中国动物保健，2011（3）：42–45.

[190] 陈鑫发. 解决母羊繁殖障碍的有效措施 [J]. 畜牧兽医科技信息，2013（12）：50.

[191] 惠勃琴. 引起母羊繁殖障碍的几种因素 [J]. 畜禽饲料，2011（12）：25.

[192] 王宏博，郭江鹏. 不同营养水平对滩 X 寒杂种母羊繁殖性能的影响 [J]. 草业学报，2011（6）：305–316.

[193] 史金科，王合娣. 营养缺乏与羊繁殖障碍的关系 [J]. 草食动物，2014（3）：53–54.

[194] 张春香，任有蛇，岳文斌. 营养对母羊繁殖性能影响的研究进展 [J]. 中国草食动物，2010（6）：62–64.

[195] 张璐，朱士恩，李树静，等. 5 个品种优质肉用绵羊的超数排卵与胚胎移植 [J]. 中国畜牧杂志，2012，47（23）：25–28.

[196] Zhang L, Chai M, Tian X, et al.Effects of melatonin on superovulation and transgenic embryo transplantation in small–tailed han sheep (Ovis aries) [J]. Neuroendocrinology Letters, 2013, 34 (4): 294–301 .

[197] 柴孟龙，刘国世，汪锋，等 . 肉用黑萨福克绵羊超数排卵和配种授精方案的优化 [J]. 中国畜牧杂志，2012（7）: 34–37.

[198] Deng S, Li G, Zhang J, et al. Transgenic cloned sheep overexpressing ovine toll–like receptor 4 [J]. Theriogenology, 2013, 80 (1): 50–57.

[199] 张航，秦文向，刘国世. 影响山羊体内原核胚生产的因素研究 [J]. 中国畜牧杂志，2014（19）：28–32

[200] 李辉. 母羊生殖性不孕症的治疗 [J]. 畜牧兽医科技信息，2011（9）：44.

[201] 赵学敏. 母羊子宫内膜炎的防治 [J]. 农村养殖技术，2012（16）：29.

[202] 梁淑兰，卢少达. 提高肉羊繁殖率的措施 [J]. 养殖技术顾问，2014（9）：48–49.

[203] 马友记，李发弟. 中国养羊业发展现状与发展趋势分析 [J]. 中国畜牧杂志，2011（7）：22–25.

[204] 陈志林，冯美莹，陈预明，等. 公猪繁殖障碍的表现与致病机理 [J]. 猪业科学，2014（6）：30–34.

[205] 宫本芝，谭成立，王美玲. 猪的繁殖性能障碍原因分析 [J]. 山东畜牧兽医，2010（1）：9–11.

[206] 欧秀琼，王金勇，钟正泽，等. 热应激对种猪繁殖力的影响及对策 [J]. 畜牧与兽医，2011（7）：90–93.

［207］谭溪清，罗凤珍．水帘降温设施在公猪舍的应用效果研究［J］．当代畜牧，2012（5）：6–7.
［208］田允波．热应激与母猪繁殖［J］．养猪杂志，1996（2）：17–18.
［209］纪洪刚，石锡芬．猪繁殖障碍性疾病发生的原因及控制措施［J］．农业开发与装备，2015（1）：167.
［210］江晓群，杨斌．毒素对母猪繁殖功能的影响［J］．北方牧业，2014（12）：19.
［211］陈志林，吴同山，陈预明，等．公猪受精蛋白的研究进展及应用前景［J］．猪业科学，2014（8）：108–109.
［212］陈志林，陈预明，吴茂柏，等．新型激素制剂 FG600 对不发情母猪诱情效果及繁殖性能的影响［J］．猪业科学，2014（5）：51–53.
［213］陈志林，陈预明，袁梦，等．新型激素制剂 FG600 对后备母猪同期发情及繁殖性能的影响［J］．猪业科学，2014（12）：102–104.
［214］罗金，杨菁，程琰，等．小鼠富含半胱氨酸分泌蛋白 –1DNA 疫苗免疫避孕效果的评价［J］．生殖与避孕，2013（3）：145–148.
［215］陈志林．国外种猪繁殖技术进展［J］．中国猪业，2015（3）：37–41.
［216］张守全．工厂化猪场人工授精技术的应用［J］．辽宁畜牧兽医，1999（6）：5–7.
［217］Darwin L. Reicks，温鹏．空气过滤系统在猪场的应用［J］．今日养猪业，2010（2）：29–32.
［218］李琼华，覃树华．国内首家高效空气过滤系统公猪站［J］．广西畜牧兽医，2012（1）：34–35.
［219］陈斌．遗传原因造成种猪繁殖障碍的综合分析［J］．猪业科学，2014（6）：46–48.
［220］伍少钦，吴志君，肖有恩，等．空气过滤技术在规模猪场的应用［J］．养猪，2011（5）：73–75.
［221］刘芳，路永强，何忠伟，等．奶牛养殖业发展路径选择研究［J］．农业展望，2013（4）：60–65.
［222］瞿自明，宋富源，熊三友，等．北京市奶牛子宫疾病研究概况［J］．中国兽医科技，1986（7）：23–26.
［223］王军，曹梅艳，姜才，等．内蒙古局部地区奶牛不孕症的调查及子宫内膜炎性不孕症奶牛子宫内细菌分离鉴定［J］．中国奶牛，2008（4）：43–46.
［224］陈波．奶牛热应激及应对措施［J］．中国奶牛，2014（1）：56–59.
［225］宁波市三生药业有限公司．国家三类新兽药——戈那瑞林（生源）［J］．黑龙江动物繁殖，2011，19（2）：42–44.
［226］蒋兆春，苏德辉，奚晋弗，等．奶牛繁殖障碍中草药防治技术与作用机理［J］．中兽医学杂志，1999（2）：23–27.
［227］刁其玉．优质后备奶牛的营养与培育［J］．乳业科学与技术，2009（3）：101–105.
［228］杨通广，李艳华，郑维韬，等．奶牛隐性遗传缺陷脊椎畸形综合征的 SSCP 分析［J］．中国奶牛，2009（5）：25–28.

撰稿人：田见晖　朱士恩　刘国世　韩建永　曾申明　王　栋
傅祥伟　刘　彦　李俊杰　冯　涛　周　虚　杨利国
张守全　朱化彬　赵学明　白佳桦　安　磊　滑国华

动物营养与饲料科学发展研究

一、引言

动物营养学是研究动物摄入、消化、吸收和利用营养物质的过程及其与生命活动、动物生产关系的一门应用基础科学，主要研究动物维持生命活动、生长、繁殖和生产过程所需要的各种营养物质的种类及其理化特性和营养生理作用，并揭示动物摄入营养物质不足或过量对动物生产和健康的影响；研究动物对必需营养素的消化吸收和代谢利用的规律及其调节机制，探索提高饲料利用效率的方法和途径；研究动物在不同生理阶段、不同生产目的、不同生产水平及不同环境条件下对各营养物质的需要特点和饲养标准；研究营养与动物健康及产品品质的关系等。动物营养学是现代动物养殖业和饲料工业发展的重要支柱学科。

动物生理学、动物生物化学、微生物学、细胞生物学、动物免疫学、分子生物学等是动物营养学的重要基础学科。以上基础学科的理论及技术与传统动物营养学交叉融合，促进了动物营养学理论和饲料科学技术的极大发展。应用现代分子微生物学分离鉴定出了一些功能微生物，开发出了动物肠道微生态调节益生菌添加剂；针对饲料原料中养分的结构特点开发出了提高饲料养分利用率的酶制剂；动物营养学与动物免疫学交叉，形成了新兴学科免疫营养学，研究免疫反应对动物营养代谢的影响以及营养素对动物免疫机能的调节作用，为研究营养与动物健康的关系提供理论基础，为后抗生素时代的生物饲料技术开发奠定了科学基础；动物营养学与现代分子生物学交叉形成了新兴学科分子营养学，研究营养素发挥生物学作用的基因和蛋白质表达调控的分子机制以及评估动物营养状况和营养需要量标准的分子生物学指标。

近几年来，我国动物营养学科无论在学科理论、研究方法和应用技术，还是在人才培养、条件建设等各方面均取得了显著进步。发表的 SCI 收录论文数量和质量大大提高，专利技术数量大幅增加，一批科技成果获得省部级和国家级科技奖励；涌现出了创新能力突出的一批杰出中青年科技人才（院士、长江学者、国家杰出青年基金和优秀青年科学基金获得者、全国农业科研杰出人才、省级学者等）和科研创新团队（国家自然科学基金委创新研究群体、教育部创新团队等）；科研平台建设成效斐然，动物营养学国家重点实验室、农业部动物营养学科群重点实验室、国家饲料工程技术研究中心、生物饲料安全与污染防控国家工程实验室及一些省级重点实验室和工程技术研究中心的仪器设备先进，研究设施装备精良，为学科可持续强劲发展奠定了坚实基础。

二、2010—2015 年我国动物营养与饲料科学发展现状

（一）猪营养研究进展

我国现代养猪业正经历由粗放经营向精细化管理转变，其养殖模式也以分散养殖逐步向规模化养殖发展，随着养猪产业链的延伸以及人们对健康养殖的高度重视，猪营养研究的深度和广度得到了显著提升。其研究深度从传统的猪营养需要、饲料营养价值评定、营养与猪肉品质、配方应用技术等领域深入到营养代谢及其调控机制、营养素与基因的互作规律；其研究广度已拓展到营养与健康、营养与环境、营养与福利等研究领域，并取得了突出成果。

1. 猪营养需要与代谢调控

揭示了营养素对母猪繁殖性能、仔猪肠道健康和免疫抗病功能的营养调控及其分子机制，提出了母猪系统营养原理和猪抗病营养理念，并探究了提高蛋白质利用效率的关键技术。以低氮排放为前提，探究了氨基酸（赖氨酸、蛋氨酸、色氨酸、苏氨酸、支链氨基酸、苯丙氨酸、精氨酸）之间的比例，确立了猪最佳生长和最佳胴体品质的净能需要量和赖氨酸净能比，解决了以消化能和代谢能为基础配制日粮时的猪胴体增肥问题。获得了低氮日粮条件下猪各生长阶段的标准回肠可消化氨基酸平衡模式，形成了一套覆盖猪生长阶段的低氮日粮综合技术体系。确立了猪不同生长阶段的钙磷比以及锌、铜、铁和硒在母猪上的推荐添加剂量及其最佳添加形式，比较研究了无机和有机微量元素对猪的营养生理功能，探讨了日粮总纤维、可溶性纤维、不溶性纤维的表观消化率与有效能的关系。研究成果“母猪系统营养技术与应用”（2010）、“仔猪健康养殖营养饲料调控技术及应用”（2011）分别获国家科技进步奖二等奖。

2. 营养与猪肉品质研究

在国家“973”项目的支持下，立足于我国丰富的猪遗传资源优势，从不同层面（包括胴体品质的评定、解剖学与感官评定、化学测定、物理测定以及生理学及生物化学测定等方面）研究了日粮中能量水平、蛋白质水平、矿物元素（锌、铜、铁、磷）以及多种添加剂（有机铬、L- 肉碱、精氨酸、色氨酸、维生素 E、维生素 B_2 等）对猪肉品质的影响。并且从肉质形成的分子机理、营养和环境对其调控的机制等方面研究了国外引进品种与我

国地方品种在营养物质代谢、肠道结构和微生物菌群、缓解环境应激等方面的差异以及这些差异与肉质形成之间的关系，揭示了我国地方猪肉风味前体物形成的特点，探讨了我国地方猪肉质优良性状形成的分子基础，挖掘了一些调控肌内脂肪沉积的地方猪基因。同时揭示了精氨酸、亮氨酸及其代谢产物、共轭亚油酸等对猪皮下和肌内脂肪沉积的差异性调控和肌纤维发育的 myostatin 信号通络，探索了母体和新生期营养对猪肉品质的影响及其机制。

3. 营养与健康

研究了氨基酸（赖氨酸、含硫氨基酸、苏氨酸、支链氨基酸以及谷氨酰胺）、维生素（维生素 A 与 β - 胡萝卜素、维生素 E、维生素 D 以及维生素 C）、微量元素（研究比较深入的是锌与硒，其次是铜、铁、锰等）以及非营养饲料添加剂对断奶仔猪、生长肥育猪、母猪的肠道健康和整体健康的影响，探索了营养源及其组合增强猪只抗病力和作用机理。饲用抗生素滥用可能导致动物源性食品药物残留等食品安全问题以及耐药菌株的出现危及人类疾病治疗的公共卫生隐患问题。在饲用抗生素替代技术方面，在国家“863”项目和“十二五”科技支撑计划的支持下，研究了 pBD2、C-BF、乳铁蛋白、鲎素、sublancin 等抗菌肽的杀菌机制及其在改善猪免疫功能和肠上皮功能中的作用及其机理，探索了乳酸杆菌调节仔猪肠道优势菌群、免疫功能和肠道屏障功能的作用及其对肠道营养物质代谢的调控。开发了一系列微生物制剂、植物提取物和抗菌肽等潜在饲用抗生素替代产品，并研究了其配套使用技术。研究成果“仔猪肠道健康调控关键技术及其在饲料产业化中的应用”（2010）获国家科技进步奖二等奖。

4. 猪饲料营养价值评定

在农业行业公益性专项的支持下，建立了样品采集、有效能和回肠标准可消化氨基酸测定技术规程，组织全国猪营养与饲料研究大协作，总结调研了 1911—2013 年中、美、澳、日、荷兰等国家主要饲料资源的营养价值史料，采集了覆盖全国的主要饲料原料样品，全面测定了其常规养分含量，建立了参考系标样。测定了青稞、木薯、红薯干等新型非常规饲料原料的养分含量，发现了影响饲料有效养分含量的关键化学组分及其组合效应，建立了玉米、玉米蛋白粉、玉米胚芽粕、玉米 DDGS（酒糟中蛋白饲料）、豆粕、小麦、小麦麸、次粉、葵花粕、花生粕、菜籽粕、棉籽粕和米糠的基于化学分析值的消化能、代谢能和标准回肠可消化氨基酸的数学估测方程，为猪配合饲料的实时测料配方奠定了基础。研究了生长猪绝食代谢和基础代谢产热规律，测定了玉米、玉米 DDGS、小麦、小麦麸、豆粕、棉籽粕和菜籽粕的净能值。建立了仿生酶法测定主要猪饲料原料、配合饲料消化能和代谢能的技术体系。

5. 猪分子营养研究

随着分子生物学与现代自然科学技术的快速发展，基因组学、蛋白组学、代谢组学、表型组学、生物信息学等研究方法以及基因芯片、免疫组化、RT-PCR、免疫印迹、质谱、基因敲除、放射性元素标记等新技术逐步为我国猪营养研究者所利用，研究水平大幅提升。营养素不仅是核酸与蛋白质的合成原料，也是中间代谢的辅酶、激活剂或抑制剂，并且可为代谢提供能量。目前主要研究进展包括确立营养素在体内的转运、分配规律，揭示营养素与肌肉和脂肪发育、营养素与肠道微生物及其相关基因表达之间的关系，这为揭示营养与吸收利用、猪繁殖和健康、肉品质之间的代谢网络提供可能，并为营养干预和调控提供可能。另外，在猪分子营养上的一些研究成果（如宫内发育迟缓影响新生仔猪小肠功能的分子机制、功能性氨基酸调控仔猪蛋白质合成机制）也得到人类营养方面的认可和借鉴，并在国际上取得了一定影响力。

（二）家禽营养研究进展

与之前的增量式发展相比，近五年的研究热点逐步转向环境友好、饲料资源研发、营养代谢机理以及新种质配套数据研究等，体现出家禽营养领域逐渐向低碳、可持续发展以及深入理论研究等更高层次发展的趋势。

1. 肉鸡

肉鸡营养学科的研究方法和手段有了很大进步，蛋白质组学、代谢组学、宏基因组学等理论和技术广泛用于揭示饲料营养代谢和调控作用机理的研究，为营养学科的快速发展奠定了较好的基础。

（1）在营养需要方面，以粪便污染物减排为目标，研发了低蛋白、低磷、微量元素减量日粮，成功将白羽肉鸡粗蛋白水平降低 2 个百分点以上，并重新确定了微量元素的推荐添加水平；提出了肉鸡非植酸磷、色氨酸、蛋氨酸、胆碱等需要量参数。在全面研究黄羽肉鸡能量、氨基酸、维生素、微量元素的营养需要基础上，起草了《黄羽肉鸡饲养标准》并列入农业行业标准制订计划，基于白羽肉鸡生长模型建立了能量和氨基酸的动态营养需要模型。

（2）在营养代谢调控方面，探讨了营养素对肉鸡生长发育、肠道健康、免疫功能、抗病抗应激、肉品质的影响，发现了功能性氨基酸、微量元素、酶制剂、益生菌和益生素等多种营养和饲料因素可提高肉鸡对代谢病、肠道感染性疾病等的抗病力，酵母、甜菜碱、植物提取物等饲料添加剂对鸡肉风味物质沉积和脂肪代谢具有调控作用，探明了多种营养素和饲料添加剂具有抗应激功能及其作用机制，揭示了氨基酸、小肽、磷、微量元素等营养物质吸收的分子基础和调控机制，发现了母体和胚蛋营养干预可影响肉鸡胚胎发育和子代生长性能。

（3）在饲料营养价值评定方面，初步建立了肉鸡净能评定方法，尝试开展了饲料原料的净能评定。建立了标准磷利用率评定方法，评定了无机磷源和植物性饲料中磷的生物利用率。提出了 DDGS、棉粕、菜粕等非常规蛋白原料在黄羽肉鸡饲料中的高比例应用技术；评价比较了不同形态微量元素的相对生物利用率。

（4）在饲料安全方面，证实了植物提取物、微生态制剂等对肉鸡的促生长作用及其机理；研究了抗营养因子、变质、长期储存和霉菌毒素污染饲料对肉鸡生长和健康的危害，为完善饲料有害成分限量和原料质量标准提供了依据。

研究成果“肉鸡健康养殖的营养调控与饲料高效利用技术”（2011）获国家科技进步奖二等奖。

2. 蛋鸡

“养重于防，防重于治”的健康养殖理念在“十二五”期间得到了蛋鸡业界人士的普遍认可。围绕质量 - 生态 - 健康的可持续发展方向，蛋鸡营养与饲料科技在以下方面取得重要进展：

（1）在可持续发展与营养需要方面，重视提高饲料效率、发展节粮型饲料工业以及减少营养素的环境排放，建立了蛋鸡产蛋期生殖系统营养保健技术。大力开发非常规饲料，研究了转基因玉米、小麦、棉粕、DDGS 等在蛋鸡日粮中的应用。以减少粪便、粪氮、粪磷排泄量和粪臭味为目标，开发了酶类、微生态类和植物提取物类新型添加剂，保障蛋鸡产业的可持续发展。推进了我国自有品系（如京红 1 号父母代种鸡、商品代蛋鸡、新杨绿壳蛋鸡等）的营养需要量基础数据的积累。

（2）在动物福利与健康方面，针对蛋鸡生产中存在的应激、料粪、脂肪肝、产蛋疲劳综合征等问题，建立了蛋鸡免疫平衡、肠道健康、肝脏健康和骨骼健康营养调控技术。

（3）在提高蛋产品品质方面，以提高卵磷脂、多不饱和脂肪酸（n–3 多不饱和脂肪酸）含量为目标，建立了鸡蛋脂质营养调控技术。针对蛋鸡生产中存在的破壳蛋、软皮蛋和沙皮蛋等问题，以碳酸钙为切入点，建立了鸡蛋蛋壳质量营养调控技术。此外，针对褐壳蛋鸡腥味蛋问题，研究了 FMO_3 基因型与鸡蛋鱼腥味的关系以及相应的日粮氯化胆碱和双低菜籽粕适宜添加水平。

（4）在饲料安全方面，针对饲料原料中存在的有毒有害物质，如霉菌毒素、重金属、抗营养因子等，建立了饲料“不良”成分即时测定技术，同时利用饲料加工工艺（微生物发酵、高温膨化、蒸汽加压等）、吸附剂、酶制剂（植酸酶、非淀粉多糖酶等）、微生态制剂等建立饲料“不良”成分有效去除技术。

3. 水禽

针对水禽养殖对环境特别是水体的污染，肉鸭网上养殖技术、蛋鸭笼养技术、鹅旱养喷淋技术等水禽旱养技术得到了进一步的优化和推广应用。水禽旱养技术的研究应用极大促进了水禽饲养方式转变，大幅度缓解了水禽养殖对环境的污染。针对水禽营养需要数据严重缺乏现状，我国学者通过剂量反应饲养试验研究获得了北京鸭、小体型地方品种肉鸭、蛋鸭、鹅等不同水禽品种能量蛋白质、氨基酸、维生素、矿物元素等主要营养素需要量参数。制定并颁布了我国第一部水禽饲养标准——《NY/T 2122—2012　肉鸭饲养标准》，对我国水禽饲料的科学配制和高效利用发挥了重要的指导作用。在饲料营养价值和饲料资源开发利用方面，进一步完善了鸭鹅饲料代谢能、氨基酸等生物学利用率评定技术，开发了基于鸭消化道酶谱的饲料有效能评定的仿生酶法评定技术。完成了 30 余种鸭饲料原料和 28 种鹅饲料原料代谢能、氨基酸利用率等饲料营养价值参数的测定。系统研究了菜籽粕、棉籽粕等非常规饲料原料中抗营养因子及有毒有害物质对水禽的危害及体内存留规律，获得了部分非常规饲料原料在水禽饲料中的安全使用限量。在水禽营养研究技术方面，传统营养研究技术依然占主导地位，但分子生物学技术已经开始应用于水禽分子营养研究领域，采用基因检测技术、蛋白质组学技术研究了氨基酸、维生素等营养素对鸭鹅等水禽体内靶向组织和器官营养素营养代谢相关功能基因、差异表达蛋白质等调控作用，为揭示水禽产品品质形成的营养调控机制提供了必要的理论基础。研究成果“北京鸭新品种培育与养殖技术研究应用”（2013）获国家科技进步奖二等奖。

（三）反刍动物营养研究进展

“十二五”期间我国牛羊等反刍动物产业发展速度快，上升幅度大，产业的发展加速了对科技的需求，同时本领域的科学技术进步支持了产业生产的发展。与猪、家禽营养研究相比，反刍动物营养与饲料学科相对基础薄、难度大，然而这几年来科技工作者基于行业发展的需要，并借鉴国外反刍动物营养研究的精髓方法，同时注重基础研究和前沿研究方向的开拓，取得了重要进展。

1. 饲养标准

科学的饲养标准对于动物养殖具有重要意义，我国反刍动物不仅数量庞大且品种多样，因此在实际养殖过程中，需要结合不同品种动物的营养需要量进行日粮的配制，这就要求有针对性地建立科学的饲养标准。依托国家产业技术体系平台，运用比较屠宰、呼吸测热、碳氮平衡等经典方法，系统研究了杂交肉用羊（杜泊 × 小尾寒）不同生理阶段（育肥期、空怀期、妊娠期、泌乳期）对可代谢蛋白质、代谢能、净能、中性洗涤纤维、酸性洗涤纤维、5 种常量矿物元素（钙、磷、钠、钾、镁）以及 4 种微量矿物元素（铜、铁、锰、锌）的需要量，在国际上填充了杜寒杂交肉羊营养需要量研究上的空白。同时完善了奶牛、水牛、奶山羊、绒山羊等对能量和蛋白质的营养需要量以及矿物元素的需要量参数；首次在国际上提出了牦牛的能量需要量；初步建立不同反刍动物的饲料数据库已经。预计牛羊等反刍动物的营养需要量和相应的饲料营养参数数据库将陆续建立并出版，为牛羊等反刍动物的饲料配制提供科学依据，逐步用我国的标准代替外来的标准。

2. 饲料资源的开发与利用

反刍动物饲养是节粮型的，粗饲料的利用至关重要。经过体外、半体内和大量动物饲养试验，研发出了木本饲料、灌木饲料的营养价值特征和生产中的实用技术；同时在青贮饲料的发酵制备技术、提高秸秆利用的生物技术、秸秆的爆裂技术等方面有显著成果，并在生产中得到应用。

3. 甲烷排放的调控

甲烷对大气环境的破坏力度巨大，农业领域畜牧养殖所排出的甲烷约占三分之一，而动物养殖 97% 的甲烷来自牛羊等反刍动物。减少二氧化碳和甲烷排放主要在牛羊养殖领域展开，开展了系统的甲烷排放研究，建立了肉羊甲烷排放估测模型并探索了最佳日粮配制技术；研究了奶牛甲烷体外估测模型和有效减排措施；开展减少甲烷排放的饲料与添加剂技术研究，有效减少了甲烷排放。

4. 常规营养素的功能研究

常规营养素在反刍动物上的应用研究也取得了一系列被国际上认可的成果。在氨基酸研究方面，报道了亮氨酸、赖氨酸、色氨酸、谷氨酰胺、苯丙氨酸在反刍动物上具有提高动物生产性能、调控相关酶分泌、调节肝脏细胞代谢的作用。在脂肪酸研究方面，发现了丁酸、异戊酸、γ－氨酸丁酸等短链脂肪酸以及 α－亚麻酸等不饱和脂肪酸具有调控生产性能和脂肪酸代谢的作用。在维生素研究方面，发现维生素 A 能够促进奶牛抗氧化能力、生物素可改善泌乳奶牛肢蹄健康状况。

5. 犊牛羔羊早期断奶技术

幼龄反刍动物的培育直接关系到其成年生产性能的发挥，因此围绕犊牛羔羊早期断奶技术上开展了一系列研究，包括代乳品与全乳的比较、代乳品理化性质、蛋白含量、能量含量、饲喂量、氨基酸水平及比例、适宜脂肪水平、开食料、断奶日龄等。成果“早期断奶犊牛生理营养与饲料配制关键技术研究与应用”于 2012 年获北京市科学技术奖一等奖。

6. 估测模型研究

模型的建立有助于更好地研究反刍动物营养，建立了包括甲烷排放测定、饲料养分消化率和有效能、奶牛乳成分变化、奶牛泌乳期泌乳曲线模型、蛋白质采食量、粪能排出量等一系列具有较高实用价值的估测模型；此外，明确了蛋白质结构与功能、乳能值与乳成分、尿嘌呤衍生物排出量与微生物蛋白质合成量、聚类分析粗饲料分类、氮沉积和氮采食相关、饲料磷真消化率和饲料磷瘤胃降解率的回归等相关关系。

研究成果“优质乳生产的奶牛营养调控与规范化饲养关键技术及应用”（2012）、“奶牛饲料高效利用及精准饲养技术创建与应用”（2014）分别获国家科技进步奖二等奖。

（四）水产动物营养研究进展

我国水产养殖业正处于由粗放养殖向现代生态养殖转型过渡的关键时期，生态养殖新模式正在逐步兴起，传统的粗放、高耗和污染型养殖方式正在加速消减。全新的养殖模式给我国水产动物营养与饲料科学的研究提供了前所未有的机遇和挑战。近五年来，我国水产营养与饲料科学研究不断向新的领域拓展，不管是研究的广度和深度，还是理论学术水平，都快速靠拢国际领先水平，并继续围绕我国养殖水平高、养殖产量大的大宗淡水养殖品种——鲤鱼、草鱼、鲫鱼、团头鲂和罗非鱼等开展了较为系统的相关研究。

1. 营养素与鱼类消化吸收能力

在国际上首次系统研究了主要营养素对淡水鱼消化吸收能力的影响及其作用的信号分子机制。与陆生动物相比，鱼类的消化吸收能力很弱，因此提高鱼类的消化吸收能力是提高营养物质消化吸收、改善鱼类生产性能的关键之一。首次系统研究揭示了 10 种必需氨基酸（赖氨酸、蛋氨酸、色氨酸、苏氨酸、精氨酸、亮氨酸、组氨酸、异亮氨酸、苯丙氨酸和缬氨酸）、3 种脂溶性维生素（维生素 A、维生素 E 和维生素 K）、10 种水溶性维生素（硫胺素、核黄素、烟酸、维生素 B_6、泛酸、生物素、叶酸、维生素 C、肌醇和胆碱）、6 种矿物元素（磷、镁、铁、锌、铜和锰）和 6 种添加剂（谷氨酰胺、谷氨酸、甘露寡糖、酶解蛋白、共轭亚油酸和乳酸菌）等可通过提高鱼类肠道蛋白酶、脂肪酶和淀粉酶活性的方式增强淡水鱼的消化能力；探明了主要营养素通过 Nrf2 和 TOR 信号通路调控鱼消化器官抗氧化酶的基因表达、增强其抗氧化能力、保证消化器官结构完整和功能正常、促进肠细胞生长发育的作用机制。

2. 营养素与鱼体健康

系统研究了主要营养素，包括 6 种氨基酸（苏氨酸、色氨酸、亮氨酸、异亮氨酸、缬氨酸和苯丙氨酸）、3 种矿物元素（磷、铁和锌）、6 种维生素（维生素 A 、硫胺素、吡哆醇、泛酸、胆碱和肌醇）以及 10 种添加剂（蛋氨酸羟基类似物、木聚糖酶、地黄、香菇多糖、壳寡糖、乌梅、枯草芽孢杆菌、绿原酸、乳酸杆菌和酵母多糖）对鱼类免疫力和疾病抵抗力的改善及其作用规律。探明了主要营养素和添加剂可通过促进免疫器官的生长发育，提高免疫细胞对病原菌的识别、黏附、抑菌和杀菌能力以及调控免疫因子基因表达，增强鱼体疾病抵抗力的作用机制。我国学者还先后揭示了主要营养素通过 Nrf2 和 TOR 信号通路调控提高鱼肠细胞和肠道蛋白质合成能力、增强肠道物理屏障功能的作用机制。

3. 营养素与鱼产品品质

开展了主要营养素对水产品品质的影响及其作用分子机制。已研究了 7 种氨基酸（色氨酸、精氨酸、亮氨酸、组氨酸、异亮氨酸、苯丙氨酸和缬氨酸）和 4 种矿物元素（锌、铜、铁、磷）对鱼肉营养成分（水分、蛋白、脂肪和灰分含量）、口感（胶原蛋白含量、pH、剪切力、系水力）和加工特性（烹饪损失等）的改善作用。初步探明了主要营养素通过 Nrf2 和 TOR 信号通路调控抗氧化酶的基因表达、提高肌细胞膜和肌浆蛋白的抗氧化性、保证肌膜结构完整和功能正常、提高鱼产品品质的分子机制。

4. 鱼类蛋白源高效利用

测定了淡水养殖主要品种的主要蛋白质原料（鱼粉、肉骨粉、大豆粕、棉籽粕、菜籽粕、花生粕、玉米蛋白粉、蝇蛆粉、血粉、蚕蛹粉、膨化羽毛粉、酶解羽毛粉、蛋白肽和玉米干酒糟）中干物质、粗蛋白质、粗脂肪、总磷、总能和氨基酸的表观消化率。研究了植物蛋白源替代鱼粉后添加合成赖氨酸、蛋氨酸和苏氨酸对主要养殖淡水鱼的摄食、营养素消化利用、生产性能、免疫功能和产品品质影响的相关研究，为合成氨基酸在淡水鱼配合饲料中的合理应用提供了重要的理论支撑。

5. 主要淡水养殖品种的营养需要量

我国学者继续推进大宗淡水养殖主要品种的主要营养素需要量研究，同时在国际上率先开展同一品种不同规格主要养殖淡水鱼类的主要营养素需求量研究，并已取得一系列数据。研究确定了：①建鲤幼鱼期锌、铁、磷、色氨酸、苏氨酸、组氨酸、缬氨酸、苯丙氨酸、亮氨酸、维生素 K、肌醇、硫胺素和生物素的需要量；②草鱼生长中期的蛋白质、赖氨酸、蛋氨酸、苏氨酸、色氨酸、精氨酸、亮氨酸、异亮氨酸、苯丙氨酸、缬氨酸、组氨酸、磷、锌、铜、铁、锰、胆碱的需要量，生长后期苏氨酸的需要量，幼鱼期的蛋白质、赖氨酸、蛋氨酸、精氨酸、缬氨酸、异亮氨酸、维生素 A、核黄素、生物素、泛酸和钴的需要量以及能蛋的适宜比例，稚鱼期蛋白质、硫胺素、叶酸和肌醇的需要量以及 DHA/EP 的适宜比例；③异育银鲫幼鱼期蛋白质、脂肪、碳水化合物、赖氨酸、蛋氨酸、苯丙氨酸、缬氨酸、维生素 K、胆碱、肌醇和锌的需要量和适宜的能量蛋白比，鱼种适宜脂肪水平；④团头鲂幼鱼期磷、精氨酸、肌醇、维生素 C 和吡哆醇的需要量；⑤罗非鱼幼鱼蛋氨酸、苏氨酸、亮氨酸、异亮氨酸、维生素 E、泛酸、烟酸、胆碱、磷、脂肪、必需脂肪酸、铁、铬、铜、硒和钴的需要量以及钙磷的适宜比例，生长中期维生素 C 和烟酸的需要量，生长后期维生素 C 和烟酸的需要量。这些研究成果为我国淡水鱼配合饲料的进一步精准化奠定了坚实的基础。

研究成果“建鲤健康养殖的系统营养技术及其在淡水鱼上的应用”（2013）获国家科技进步奖二等奖。

（五）特产动物营养研究进展

我国特产动物饲料及其营养需求的研究起步较晚，当前仍以营养需要量研究为主。近几年随特产动物养殖规模的提升以及在饲料资源不足、价格上涨的形势下，加强了新型饲料原料和添加剂的开发利用，分子营养研究也取得了新进展。

1. 营养需要量研究

（1）家兔：发现添加适宜赖氨酸、蛋氨酸、苏氨酸、色氨酸等均对家兔生长具有一定促进作用，饲适宜精氨酸对繁殖母兔具有改善繁殖性能的作用。明确了家兔除少量必需脂肪酸外对脂肪无特殊需要。发现了家兔尤其是生长兔饲粮必须提供最低限的纤维，以保证家兔进行充分消化防止腹泻发生。发现了高剂量维生素 E 也具有改善兔肉品质的作用。研究了微量元素（铜、铁、锌、硒、碘和钴等）对生长兔肉、獭兔的生物学效应及对长毛兔产毛量的影响。

（2）水貂：确定了不同生长阶段不同性别的水貂代谢能需要量。确定了以干粉日粮为基础的育成期、冬毛生长期、繁殖期、准备配种期、妊娠期和泌乳期水貂适宜蛋白水平，证实了水貂第一限制性氨基酸为含硫氨酸。明确了鱼油是育成期雄性水貂的理想脂肪来源，而雌性水貂理想的脂肪来源为猪油。系统研究了水貂不同生长期铜、锌、锰的需要量。

（3）狐：研究了不同蛋白质、赖氨酸和蛋氨酸水平对银黑狐生长性能、血清生化指标及氮代谢的影响。系统研究了日粮脂肪类型和水平对蓝狐消化代谢规律的影响。证实了育成期银狐以豆油作为日粮脂肪主要来源，而冬毛期以混合油脂（鸡油：豆油＝1：1）作为日粮脂肪主要来源效果最佳。明确了育成期雌性银狐适宜添加铜源为柠檬酸铜，研究了饲粮锰水平对育成期和冬毛期乌苏里貉生长性能、营养物质消化率及氮代谢的影响。

（4）鹿：集中研究了梅花鹿饲粮适宜的粗蛋白和氨基酸水平，为精细化日粮配制奠定了基础。证实了生长期梅花鹿全混合日粮适宜精粗比为45∶55，生茸期为55∶45。研究了梅花鹿生长期及生茸期锌、铜需要量。

成果“水貂、蓝狐精准营养研究与饲料高效利用技术”于2014年获吉林省科技进步一等奖。

2. 新型饲料原料和添加剂开发利用

（1）家兔：主要着眼于开发新的潜在饲料资源、牧草资源和加工副产品等，如意大利黑麦草、谷草、葛藤粉、松针粉、香菇菌糠、金针菇菌渣等；检测了燕麦壳、青蒿粉、花生壳、大豆秸、醋糟、桂闽引象草、茭白叶、多花黑麦草等粗饲料的常规成分及表观消化率，确定了它们作为饲养家兔的粗饲料原料的适宜比例。添加剂方面主要在降低死亡率、促生长、提高免疫力、肠道内环境稳态和肉品质等方面不断创新，如添加葡萄籽提取物原花青素、单宁酸、黄芪多糖、复合芽孢杆菌制剂、葡萄糖氧化酶等。

（2）水貂：发现了添加适宜复合酶、乳酸杆菌、磷酸、柠檬酸、乳酸等可明显改善饲料的消化利用率，并提高其生产性能。

（3）蓝狐：以鱼粉、膨化玉米、肉骨粉、玉米蛋白粉、豆粕等为主要原料，系统开展了不同生物学时期干粉日粮主要营养参数的研究工作，证实了适宜剂量的复合酶制剂、植酸酶制剂及益生素EM制剂均能有效提高蓝狐的消化、代谢机能，增强机体的免疫机能，提高蓝狐的生产性能。

（4）鹿：针对添加物对增茸效果的影响等领域开展应用性研究。评价了鹿饲料利用，一般采用消化代谢率、瘤胃有效降解率、尿嘌呤衍生物组成及排出量估测瘤胃微生物对饲料的分解利用情况等，采用尼龙袋法评定棉籽粕、玉米胚芽粕、菜籽粕、干酒糟及其可溶物、玉米蛋白粉、玉米纤维及羊草的蛋白质在梅花鹿瘤胃中的降解率。

3. 分子营养

大量研究集中在主要营养物质（脂类、碳水化合物、蛋白质和氨基酸、维生素、矿物质元素等）调控营养代谢相关基因的表达、基因调控对毛囊发育和生长速度及基因与生长发育关联等方面；涉及的基因有IGF1、IGF1-R、PPARγ、INSIG-2、MSTN、MyoG、GHRP-6等，涉及的信号通路有Wnt信号通路、PPAR信号通路、维生素合成与代谢途径通路等。研究完成了美国短毛黑水貂线粒体全基因组测序，分析了碱基对组成特点，注释了13个编码蛋白的基因，筛选了特异性片段位点，设计合成了特异性引物，成功实现在毛皮动物饲料或肉制品中快速准确检测水貂源性成分的目标。蓝狐分子营养研究主要集中于脂肪调控代谢相关基因。

（六）饲料及添加剂研究进展

动物营养与饲料科学学科正处于战略转折期，其研究领域正在实现由整体层次向机体—器官—组织—细胞—分子层次深入、向环境层次扩展的历史性跨越，与之对应的饲料与饲料添加剂的研发与应用也正逐步从宏观向微观领域深入，并更加关注其对动物健康和环境保护的影响。近五年的研究内容主要围绕新型饲料原料的开发与利用、饲料添加剂的开发与利用、生物饲料的开发与应用以及精准、快速的饲料分析检测和营养价值评定方法等几个方面，研究方向仍然以猪、家禽、反刍动物等畜禽饲料营养和水产动物饲料营养为主，以特产动物饲料营养为特色养殖。

1. 饲料资源

我国是世界第一养殖大国，肉类、禽蛋和养殖水产品总量多年来均居世界首位，但常规饲料原料严重不足对我国养殖业发展所带来的制约越来越突出。随着农业部《饲料原料目录》的实施，近五年来，我国学者在积极开发非常规饲料资源方面做出了积极的贡献。随着玉米等谷物生产燃料乙醇得到广泛应用，我国的干酒糟及其可溶物（DDGS）年产能力达 400 万吨以上。我国玉米 DDGS 的猪代谢能值与玉米相近，氨基酸总量达 20.3%，粗蛋白质含量是豆粕的 62%，有效磷含量是玉米的 1.67 倍，消化率可达 85%，在饲粮中可起到替代玉米和豆粕的作用。另外，我国的杂粕（主要包括棉籽粕、菜籽粕、花生粕、向日葵粕、亚麻籽粕、茶籽粕、麻风树饼粕、小桐子粕等）由于氨基酸组成不平衡及利用率低、生物毒素含量高，限制了其在畜禽饲料中的使用。针对此问题，我国学者开发了各种杂粕生物高效转化技术，在脱毒杂粕的使用方面取得了一定效果。此外，研究了诸如昆虫干粉、植物精油、小麦水解蛋白和加工副产物等非常规饲料，证明了其可替代部分豆粕的饲养效果。同时，在提高养殖业饲料转化效率方面，棉、菜籽粕蛋白质（赖氨酸）消化利用率已由传统的 65% 以下提高到 80% 左右，无鱼粉低豆粕日粮已大面积推广应用，显著节约了蛋白质饲料资源。开发了油脂饼粕、谷物副产物发酵和酶解关键技术，发酵棉、菜籽、大豆饼粕、发酵戊聚糖浆、酶解小麦蛋白等产品能显著节约蛋白质饲料、提高动物生产性能，同时减少抗生素使用。开发了益生菌发酵前包被生产应用新技术，解决了乳酸菌长期以来活菌含量低、抗逆性差、成本高的“瓶颈”难题。优化了新型糖萜素、腐殖酸生物饲料、朴茹多糖、中短链脂肪酸结构脂等抗生素替代物利用技术，逐步建立了粮油资源转化饲用抗生素替代物开发利用技术体系。

我国学者对发酵和酶解等生物饲料的工艺和营养价值评价研究在国际上均走在前列。固态发酵可提高棉籽粕的小肽含量，真蛋白质含量提高 10% 左右，且游离棉酚含量显著降低。固态发酵菜籽粕中异硫氰酸酯含量降低，噁唑烷硫酮可完全降解。另外，小麦水解蛋白富含谷氨酰胺，用其饲喂断奶仔猪，能明显改善生长性能和肠道健康。在饲料分析检测技术方面，开发并不断优化了仿生消化法测定畜禽的饲料能量消化率的方法，并大量采集饲料样品，利用近红外反射光谱技术建立了快速测定饲料原料有效营养成分的方法。

2. 饲料添加剂

目前饲料工业行业产能过剩情况非常严峻，不但要面对产能过剩所带来的压力，更要面对因养殖行业下行所带来的市场萎缩负担。然而，生物技术饲料添加剂产业却因其在扩展非常规饲用资源开发效率、节约饲料成本、提升饲料营养价值空间、促进动物健康、提高动物生产性能、改善动物产品品质等多方面的积极作用以及在安全、高效、环保等方面的突出特点，在面对饲料工业转型期，不仅有效支持了养殖行业与饲料工业行业的持续发展趋势，且相对其他添加剂产业发展现状表现出逆势上扬的积极发展态势。

（1）饲用酶制剂

我国目前允许使用的饲用酶制剂种类达13种，植酸酶、碳水化合物酶等应用价值已经得到普遍肯定，霉菌毒素解毒酶和抗氧化酶等新的酶制剂种类和应用技术研究发展迅速。近五年以来，我国在产酶编码基因的克隆与基因工程改造、酶蛋白质工程改造、高效表达、自动化控制发酵工艺、超滤膜与空气绝对过滤、稳定化后处理等方面的研究发展快速靠拢国际领先水平，并继续围绕我国饲料资源复杂、养殖技术水平差异大、养殖动物品种繁多等特点，逐步建立起了较为系统的饲用酶制剂产品设计与配套应用技术理论体系和实践技术。研究成果“饲料用酶技术体系创新及重点产品创制”（2014）获国家科技进步奖二等奖。

（2）饲用生物活性肽

生物活性肽一方面能通过神经、内分泌系统对动物体发挥调控作用，通过对自由基的清除发挥抗氧化作用，还能与菌类细胞膜结合互作发挥杀菌作用；另一方面，具有来源较为广泛、应用效果明晰以及极高的食用安全性等特点，如乳类蛋白、植物蛋白、水产类蛋白、昆虫类蛋白中均可分离出生物活性肽。近年来，生物活性肽愈发受到各科研机构的重视，对于其生理效果、作用机制、制备方法及应用方案等方面的研究也愈发地深入。我国目前已经发现几百种生物活性肽，其中饲料添加剂领域主要研究对象是抗菌肽和免疫调节活性肽以及抗氧化肽。

抗菌肽是动物机体先天免疫系统的重要效应分子，因其具有广谱高效抗菌活性、细胞选择性及不易产生耐药性等特点，一直被人们认为是抗生素的理想替代品。我国学者发现抗菌肽主要通过细胞膜损伤和胞内损伤两种主要作用机制杀灭或抑制有害微生物，并在体内表现出维持动物肠道屏障功能、抗感染反应、招募免疫细胞、促进上皮损伤修复、促进细胞吞噬细菌等重要作用。而且，动物内源性抗菌肽的表达还可以通过营养手段，如多糖、氧化锌、丁酸钠等靶向调控。在抗菌肽获取方面，我国科研工作者建立了天然分离、外源诱导与基因工程改造微生物发酵高效表达、人工设计合成等多种生产技术。其中，研究建立了芽孢杆菌、白蚁、桔小实蝇、牛红细胞等20多种天然来源抗菌肽分离技术；诱导方法包括沙门氏菌和大肠杆菌等病原性诱导，紫外线、超声波、热处理、电击和 γ-射线辐照等物理性诱导，农药和肌胞注射液等化学性诱导及饥饿等生理性诱导；建立了毕赤酵母和大肠杆菌及干酪乳杆菌等原核表达、绵羊成纤维细胞等真核表达、植物反应器以及转基因动物4类主要的表达载体，其中以毕赤酵母和大肠杆菌表达效率较为突出；人工设计合成研究方面现已开发出了具有良好抗菌生物学活性及安全性的抗菌肽VK、α-螺旋抗菌肽LK、抗菌肽LFB15-MA12及抗菌肽AMP-D等。通过对天蚕素、鲎素抗菌肽、防御素、富含脯氨酸的抗菌肽、富含甘氨酸的抗菌肽、抗真菌肽等作用机理的研究发现，抗菌肽主要表现出控制幼龄动物腹泻、调节动物免疫功能、改善肠道健康与内环境、提高动物体生产性能和产品品质的效果，并从动物微生物疾病隐患的特点研究了抗菌肽选择和配套使用技术。

免疫调节活性肽具有相对分子量小、生物学活性高、免疫原性弱及稳定性强等特点，主要针对免疫力低下及自免疫疾病动物的健康需要。我国近年来研究的免疫调节活性肽包括羊胎盘肽、鹿茸血蛋白酶解小肽、大豆水解活性肽、油菜花粉十二肽、花生多肽、法氏囊活性肽等来源于动物、植物、微生物及化学合成 4 类免疫活性肽。目前，我国对免疫活性肽作用机制的研究尚浅，现有的研究认为其可能以调节内分泌和旁分泌信号通路的方式参与到免疫调节中去。免疫活性肽的应用效果表明其具有良好的免疫增强作用，并表现出生产性能的改善等表观效应。

抗氧化肽可与自由基结合从而阻碍自由基对机体组织的破坏，且具有高效性、高稳定性、极高的食用安全性和营养性特点。外源性抗氧化肽主要包括植物源性抗氧化肽和动物源性抗氧化肽两大类。我国研究人员近年来先后研究了大豆、花生、小麦、豌豆等植物籽实类原料和苜蓿叶、紫菜、马铃薯等非植物籽实类原料通过蛋白酶水解后制备抗氧化肽以及鱼类、两栖类、昆虫类等蛋白酶制备抗氧化肽技术，先后建立了凝胶分离技术、超滤技术、离子交换色谱技术和高效液相色谱等抗氧化肽的纯化技术。外源性抗氧化肽不仅因其疏水氨基酸含量、抗氧化氨基酸含量和化学结构等因素具有直接的抗氧化功能，其于体内或具有更为复杂的作用机制，而这些机制亟待研究。通过对肌肽和大豆酶解小肽等在动物生产中的应用研究发现，抗氧化肽在降低过氧化物、提高动物抗氧化能力、提高动物生产性能以及肉品质等动物产品品质方面都具有一定的积极效果。

（3）功能性碳水化合物

在功能性寡糖方面，目前研究较多的功能性寡糖有甘露寡糖、大豆寡糖、果寡糖、壳寡糖、异麦芽寡糖、木寡糖、卡拉胶寡糖、褐藻寡糖、低聚乳果糖、异麦芽酮糖、低聚龙胆糖等。先后建立了淀粉酶系多酶协同法转化淀粉液制备低聚异麦芽糖和低聚龙胆糖、蔗糖酶法水解制备低聚果糖、蔗糖和乳糖酶解后合成低聚乳果糖、高浓度乳糖微生物发酵制备低聚半乳糖、虾蟹和昆虫的外壳及藻类和菌类的细胞壁酸生物酶降解法或氧化降解法制备壳聚糖、芽孢杆菌和卡塞尔等细菌产生的甘露聚糖酶水解制备甘露聚糖以及玉米芯、稻壳、蔗渣、麸皮等酸或酶水解法等研究技术。发现了功能性寡糖的作用机理，如通过促进有益微生物生长、结合和吸附外源致病菌的途径调节动物肠道微生物区系，基于物理刺激和有益菌代谢产酸促进动物消化道的发育，通过激活动物机体体液免疫和细胞免疫来提高动物机体免疫力，从而表现出对动物生产性能的改善作用。此外，首次精确明确了不同链长和分子量大小的寡糖具有益生效应上的很大差别，并研究证实了寡糖与活菌制剂配合使用具有更好的添加效果。

功能性多糖可分为细菌多糖、真菌多糖、高等植物多糖和半合成多糖（如硫酸化多糖）。功能性多糖的活性机理包括：非特异性免疫调节；促进细胞因子基因表达；结合淋巴细胞或巨噬细胞表面的多糖受体，影响淋巴细胞的信息传递过程、基因表达和细胞功能；抑制体内自由基的产生，发挥抗氧化作用，抑制病毒吸附和干扰病毒复制过程与增强机体免疫力起到抗病毒作用；降低高血脂模型动物血清中胆固醇、甘油三脂及低密度脂蛋白胆固醇的水平，升高高密度脂蛋白胆固醇的含量，调节脂肪代谢。功能性多糖在养殖业上的应用途径包括用作免疫调节剂，增强疫苗效果；作为益生元，提高生产性能和饲料利用率；用作病毒防控剂，降低发病和死亡率。

（4）微生物制剂

微生物活菌制剂有利于宿主肠道微生物平衡，按菌种组成的不同可分为乳酸杆菌类、芽孢杆菌类、酵母菌类、放线菌类、光合细菌类和复合微生物制剂等。我国研究与应用较多的是乳酸菌、酵母菌、粪链球菌及芽孢杆菌。目前关于微生物制剂的作用原理有：①构建优势种群。正常微生物群中少数优势种群对整个肠道菌群起决定性作用，当其缺乏时即导致微生态失调，而使用微生物制剂能够有效地补充、恢复优势菌群，保持微生态平衡。②生物夺氧效应。微生态制剂中的好氧微生物利用氧气从而减小肠道中氧气含量，从而促进厌氧微生物的生长增殖，促进肠道微生态平衡。③屏障作用。饱和肠黏膜的吸附位点致使病原菌无法在肠黏膜上定植，即为生物屏障。添加微生态制剂可以竞争性地和病原菌表面的受体结合，从而阻止病原菌与肠壁受体结合。④“三流转运”机制。微生态制剂能够刺激寄生免疫细胞的活性，增强吞噬细胞的吞噬能力和 B 细胞产生抗体的能力，提高免疫球蛋白水平，从而保证微生态系统中基因流、能量流和物质流的正常运转。⑤正常微生物群促进营养物质利用效率。微生态制剂可以促进维生素等营养物质的吸收利用，也可以合成蛋白质和维生素，同时产生多种消化酶，协同寄主增加对饲料的消化和吸收，显著提高饲料消化率。我国近年来开展了微生物活菌制剂应用的大量研究，结果表明微生态制剂能够改善肠道健康、缓解不良应激、改善畜舍环境、改善畜产品品质，具有在一定程度上替代抗生素的效果。

（5）植物提取物

植物提取物因其具有提高动物生产性能、无残留和无抗药性等特点，备受我国科研人员关注，根据其成分的不同，可分为营养强化剂、调味剂、免疫增强剂、促生长剂、防腐剂、抗氧化剂、动物产品品质改良剂等。综合我国近年来对猪和鸡等动物的研究，植物提取物研究对象主要包括丝兰植物提取物、桂花植物提取物、菊芋植物提取物、泡桐花黄酮、植物精油、苜蓿皂苷、桉多酚和山莓醇等，在动物生产中应用效果良好，不同程度提高了动物的生长速度，降低了料重比，改善了动物生产性能。因植物提取物并非单一物质，可为酸、多酚、多糖、萜类、黄酮、生物碱等化合物，故其对动物体的助益也有不同。除了在生产性能上呈一致的促进趋势外，像酸类、酚类等植物提取物进入动物肠道后能够影响肠道 pH 值、消化酶活性、小肠绒毛等生理特征，还可使细菌细胞壁蛋白质变性，导致细菌细胞壁结构发生变化，引起细菌死亡；另以丝兰提取物为代表的植物提取物在降低养殖环境氨气浓度方面有积极作用，可促进环境污染问题的控制；还有研究表明植物提取物可促进免疫器官发育，提高血清免疫指标，进而影响畜禽免疫机能。研究成果“中草药微量活性物质识别与获取的关键技术及应用”（2014）获国家科技进步奖二等奖。

（6）核苷酸

核苷酸作为机体内一种重要的含氮小分子，对于机体维持其免疫系统正常功能、胃肠道发育、肝功能、脂代谢等都有重要影响，在动物生产中的应用具有无毒、无害、无残留的特点，并具有促进动物生长和改善肉品质的作用。动物器官、海产品及豆科籽实中嘌呤、嘧啶、核酸含量丰富，而谷物籽实中含量一般较低。综合近年我国研究工作者的研究报道，核苷酸对生物体生命活动具有多方面的功能，如调节食欲、促进肠道发育、促进损伤肠道修复、影响肠道微生物的生长、维持肝脏功能、维持机体免疫功能、抗氧化应激能力、影响脂类代谢、改善肉品质和影响性腺的生长发育等功能。

（七）动物消化道微生物研究进展

营养物质是动物生命与生长的物质基础，而消化道是动物机体将饲料转化成营养物质的首要场所，也是氮、磷排泄和甲烷排放的关键部位。动物消化道内栖息着数量庞大、复杂多样的微生物菌群，这些微生物及其代谢产物与动物健康、生产性能、繁殖性能、产品品质等生命和生产活动性状的表现密切相关，并可能在动物遗传或表观遗传中发挥重要作用。因此，开展营养 - 宿主 - 肠道微生物互作及其调节机制研究，对于动物和人类健康保护、安全畜产品生产、生态环境保护有重要意义和应用前景。近年来，随着微生物组学、代谢组学等技术的发展，消化道微生物在营养代谢中的作用及机制研究已取得重要进展。

1. 消化道微生物多样性分析

微生物未培养技术的发展与应用突破了传统分离培养检测方法的限制，目前采用的主要技术手段包括 16S rRNA 基因克隆文库、变型梯度凝胶电泳（DGGE）、末端限制性酶切片段长度多态性（T-RFLP）等，这些技术已被广泛地应用于不同日粮处理条件下不同动物种类、不同品种及不同部位微生物（细菌、甲烷菌、真菌等）菌群多样性的分析，但这些方法仍然难以全面反映复杂的动物消化道微生物群落结构。近年来，高通量测序技术和数据分析方法的发展及其在动物消化道微生物研究中的应用为解决这个问题提供了新的契机，454 焦磷酸测序、Miseq 等高通量测序技术也已被广泛应用于动物消化道微生物多样性的分析。与此同时，由于传统的分离纯培养研究方法能够获得新的微生物菌种，便于微生物生理功能与代谢的研究，因此，微生物分离、鉴定及其代谢特性研究仍是动物消化道微生物研究的一个重要方向。2010 年以来，新的纤维降解菌、产乳酸菌、脂肪酸氢化菌、蛋白分解菌、真菌及甲烷菌等微生物种类相继被分离出来，加深了人们对消化道微生物结构和功能的认识。

2. 利用元基因组学方法发掘利用微生物功能基因

元基因组是指自然环境中所有微生物的基因组，包含了可培养和未培养的微生物基因组。元基因组学研究借助于大规模测序并结合生物信息学工具，可发现大量无法得到的未知微生物的新基因或新的基因簇，对了解消化道微生物区系组成、进化历程和代谢特点，挖掘具有应用潜力的新基因具有重要意义，并为认识微生物对各种营养物质利用提供了新的认知思路。反刍动物瘤胃微生物生态群落是一个非常复杂的生物体系，有着巨大的基因资源以及丰富的生态资源。我国研究者先后从奶牛瘤胃微生物 BAC 文库中克隆出新的乙酰 CoA 羧化酶基因、木聚糖酶基因、脂肪酶基因、脲酶基因；从奶牛瘤胃微生物 Fosmid 文库克隆出了蛋白酶、二肽基肽酶Ⅳ基因；从大额牛瘤胃微生物 Fosmid 文库中克隆出了羧甲基纤维素酶、木聚糖酶。另外，研究者在湖羊瘤胃 Fosmid 文库筛选了纤维素酶和木聚糖酶基因的基础上，通过家蚕表达系统表达上述酶基因，开发出了饲用纤维素酶和木聚糖酶。

3. 消化道微生物代谢与宿主交互作用

消化道内微生物及其代谢产物与宿主肠上皮组织存在广泛的互作机制，同时微生物对肠腔内的营养物质进行代谢，微生物菌群的改变常常伴随肠道内环境功能的改变，进而导致机体整体代谢稳态的变化。研究结果表明，日粮模式会对奶牛瘤胃内 LPS 等异常代谢产物产生影响，随日粮精料比例的升高，瘤胃 pH 值下降、异常代谢产物 LPS 及生物胺浓度升高，而瘤胃中拟杆菌门菌群（革兰阴性菌）比例下降是致 LPS 升高的主要因素；研究还发现，给奶牛机体静脉注射 LPS，瘤胃菌群组成发生改变，瘤胃发酵活性降低，进而加重瘤胃功能失调。仔猪研究表明，抗性淀粉能促进肠道食糜中有益菌增殖，降低致病性大肠杆菌数量，同时提高仔猪盲肠及结肠内容物总 SCFA 的浓度，特别是丁酸的浓度及摩尔比，从而有利于维持仔猪后肠肠细胞的完整性及功能。动物小肠菌群对宿主的营养和健康至关重要，体外试验结果表明猪小肠肠腔内微生物可快速并大量利用氨基酸，这种利用与代谢受添加的谷氨酰胺和精氨酸的调节，并且具有一定的肠段特异性和细菌种属特异性，但肠壁紧密连接微生物的功能则有所不同，它们更倾向于氨基酸的合成且菌群多样性高于肠腔内，而肠壁松散连接微生物菌群则既利用也合成氨基酸。

4. 消化道甲烷生成与调控

甲烷是引起全球气候变化的重要温室气体，畜禽养殖规模的扩大使家畜胃肠道和粪尿的甲烷排放增加，加剧了温室效应。通过调控动物消化道微生物区系、抑制胃肠道甲烷的产生是减少畜禽甲烷排放的主要措施之一，具体可通过三种途径实现。第一，通过抑制动物消化道甲烷菌生长，减少甲烷菌数量。最新研究表明皂甙、植物精油、延胡索酸二钠等均表现出了良好的抑制效果。第二，通过阻断产甲烷菌内甲烷的生成途径减少甲烷产生。甲基转移是所有底物生成甲烷的共有步骤，其关键酶和辅助因子是甲基辅酶 M 还原酶和甲烷蝶呤，后者由 β-RFA-P 合酶催化合成。因此，抑制这些关键酶和因子的合成将减少甲烷的生成。研究者最新发现了一种新的化合物 3-Nitrooxypropanol，该物质是溴乙基磺酸的结构类似物，它可通过抑制甲基辅酶 M 还原酶活性降低甲烷生成，体内体外试验都表现出了良好的抑制效果。第三，减少 H_2 的生成，增加 H_2 的利用，进而降低甲烷生成量。

研究者通过分离、纯化还原型乙酸生成菌，研究了其营养和生化特性及其与甲烷菌间的竞争关系，为定向调控瘤胃内氢去路、减少能量损失提供了理论依据。

三、本学科国内外发展比较

2010—2015 年，以解决养殖业可持续发展面临的资源短缺、动物产品质量和安全、环境污染三大课题为研究方向，我国动物营养学科在仔猪肠道健康的营养调控、母猪系统营养、优质乳生产的奶牛营养调控、饲料用酶技术和肉鸡健康养殖的营养调控等方面取得了突出成绩，分别获得了国家科技进步奖二等奖。在猪营养方面，以肠道健康为出发点，通过营养手段优化消化道微生物与机体代谢的互作、调控机体内源性抗菌免疫肽的表达，以维护肠道屏障，改善免疫功能，从而保障动物健康；从肉质形成的分子机理、营养和环境对其调控的机制角度，揭示了我国地方猪肉风味前体物形成的特点和我国地方猪肉质优良性状形成的分子基础。这些研究一直处于国际领先水平。在生物饲料添加剂方面，研究工作大部分都接近国际同类先进水平，部分达到了国际领先水平。如酶制剂研究的进步有效突破了受发达国家多年的垄断制约困境，并进一步研发了针对我国养殖动物品种和饲料原料组成特点的高效酶制剂产品，在其应用技术方面建立了较完善的评价技术体系；分离鉴定了一批具有我国资源特色的饲用生物活性肽，并初步构建了其在微生物中的高效表达系统；挖掘出了较为丰富的功能性寡糖和多糖资源，并建立了较为系统的作用机理理论基础。在水禽方面，获得了大量肉鸭、蛋鸭、鹅等水禽氨基酸、维生素、矿物元素营养需要参数，相关数据达到 300 项以上。每年发表的 SCI 收录论文 90% 以上均为我国学者撰写。可以说我国在水禽营养与饲料科学研究方面的深度和广度与国外水禽养殖国家相比一直处于国际领先水平。在肉鸡研究方面，我国在白羽快大型肉鸡营养需要研究方面与肉鸡养殖业发达国家基本处于并行水平，目前得到了快大型白羽肉鸡和黄羽肉鸡营养需要和饲料添加剂适宜添加量等参数 100 多个，测定肉鸡常规和非常规饲料原料有效能值、氨基酸利用率、有效磷等可利用养分参数 2000 多个，起草农业行业标准“黄羽肉鸡饲养标准”，建立了“肉鸡饲料原料数据库”和“黄羽肉鸡常用配合饲料原料的 ENIV 值数据库”。但在以下几个方面，与发达国家的动物营养学科仍然存在一定差距。

（一）营养需要量与饲养标准

营养配方的科学化与精准化已成为养殖业的发展方向和迫切需要。虽然我国已初步形成了主要养殖畜种如猪、肉鸡、蛋鸡、肉羊等营养需要量研究体系，但与国外注重的精细化营养和标准化养殖体系相比，还存在着明显的差距。如我国猪饲养标准已出台 10 年之久，目前已不能满足当下的需求；家禽饲养品种繁多，营养相关基础数据仍然远远不足；主要淡水鱼品种草鱼、鲤鱼、鲫鱼等需要量存在巨大差异，还需要不断研究和完善。

（二）饲料营养价值评定与饲料加工工艺

营养价值评定是研究其营养需要量的基础，也是配制最佳饲料配方的关键，而饲料加工工艺是饲料生产中一个重要的环节，是确保饲料工业健康稳定发展的支柱之一。在饲料营养价值变异性分析方面，国外以精细品控为目标，重视原料产地、品种、干燥、储存、加工（粉碎、制粒等）等环境条件的影响，正在建立有关饲料有效养分的动态数据库，力求把饲料有效养分波动对成品饲料的影响降至最低。而我国在饲料营养价值评定上相对粗放，因此，针对南、北方各地区季节、气候和饲料原料特点，尽快研究不同区域主要饲养模式下的动物营养供给量和饲料配制技术，当属我国饲料生产急需解决的任务。在饲料加工工艺方面，我国在饲料加工工艺学与动物营养学的结合方面与发达国家差距较大，这也使得饲料加工工艺方面的研究成果和人才无法满足饲料工业发展的需求。原料加工处理过程会影响动物对营养物质的消化利用，在以后研究中应该加快相关研究。

（三）饲料及添加剂

饲料成本占养殖业成本的2/3，饲料核心技术是添加剂技术。因此，开发利用我国现有饲料资源、研制高效安全的新型添加剂一直是畜牧业和饲料业的优先课题。在饲料资源开发方面，我国现有饲料资源和饲料增值转化技术与西方发达国家相距较大。我国饲料用粮长期处于供不应求的状态，特别是蛋白饲料短期内难以摆脱依靠进口的局面，能量饲料和牧草缺口则呈扩大趋势，已严重威胁我国粮食安全。同时，粮食（谷物）加工副产物（包括米糠、麦麸、玉米皮、糟渣类等）的有效能量转化率只有40%左右，油料加工副产品的蛋白质转化为动物蛋白效率只有30%左右。相比之下，美国等国有丰富的玉米、大豆资源和辽阔富饶的牧草，且很重视资源保护和非常规饲料资源开发，粮油资源下脚料营养品质均很高。发达国家十分重视各类饼粕等副产品资源的深度开发和综合利用，研究起点高、技术领先。如美国油脂加工厂中油脂的产值仅占工业总产值的1/3，而综合利用的产值可达总产值的2/3，由饼粕生产的浓缩蛋白（含蛋白质70%）等蛋白质饲料的工业化生产技术均有突破。另外，利用粮油资源转化饲用抗生素替代产品等功能活性物质也具有很大发展潜力，有待开发粮油资源功能活性成分。在饲料添加剂方面，虽然酶制剂、饲用生物活性肽、功能性寡糖、微生态制剂等研发工作取得了长足的进步，但现有研究主要局限于一些表型指标，需要借助现代分子生物学、蛋白组学、代谢组学等前沿技术研究添加剂产品的作用和代谢机制、提升生产效率的理论和技术、生物活性成分的稳定性及产品后处理加工技术等关键科学问题。产品应用效果的稳定性和标准化评估技术体系也需要加大研发力度不断完善。

（四）母体营养与表观遗传学

表观遗传学是当今动物营养学研究的热点。表观遗传学弥补了经典遗传学的不足，随着研究的深入，研究者逐渐认识到表观遗传性状往往都和营养、发育、分化、进化等生命过程密切相关。基因的表达决定表型，而营养可以对基因的表达起调节作用。表观遗传学研究有助于解释携带相同核苷酸序列的细胞或有机体在不同营养物暴露下产生不同反应的现象，饲粮营养素可以通过影响 DNA 甲基化和组蛋白修饰及相关酶的活性来调节基因表达。国外已开展相当数量的研究，主要是母体营养对于子代影响的研究，包括研究母体妊娠期不同营养素（如氨基酸、微量元素等）饲喂或添加水平对胎儿生长、免疫及相关基因表达的影响，而我国在该方面的研究尚处于起步阶段。

（五）消化道微生物和肠道健康

随着微生物组学、代谢组学等技术的发展，消化道微生物在营养代谢中的作用及机制、肠道微生物对动物健康的影响及调节等已成为动物营养学的前沿领域。目前国内的研究大多集中在微生物菌群对摄入或内源性的大分子碳水化合物、蛋白质、脂肪酸等的代谢，并分析微生物与机体代谢互作产生的各种代谢物质，如短链脂肪酸、氨基酸和小肽、多胺、胆酸盐以及甲基供体等。但这些代谢产物如何对肠上皮组织乃至整个机体的物质代谢和免疫稳定发挥作用还不清楚。到目前为止，我国在畜禽消化道微生物多样性的相关研究积累了大量研究数据，但是影响宿主代谢的关键功能菌鉴定及其作用模式问题仍然悬而未决。另外，消化道微生物在代谢疾病中的角色已在模式动物上被广泛研究，但从营养学角度，消化道微生物代谢对畜禽肠道内营养素代谢以及机体整体代谢的作用的研究薄弱，作用机制仍不清楚。要解决这些问题，不仅需要综合利用元基因组学、转录组学、蛋白组学、代谢组学和微生态学方法，而且必须充分利用多维数据分析方法，以此来研究消化道微生物群落与宿主的交互作用，这可能成为揭示消化道微生态与畜禽健康和疾病关系的新突破口。

四、我国动物营养与饲料科学发展趋势及展望

当前，我国畜牧业正处于从组织、细胞、分子多层次研究重新转向动物机体整体营养研究的关键时期，迫切需要发展新的技术和基础理论。动物营养学科跨越式发展所带来的新理论、新方法和新技术是现代畜牧业成功转型的基础之一。动物营养学正从传统的只关注营养素本身向以营养与遗传、环境互作为重点的更深入、更全面、更系统的方向发展。从营养、遗传和环境结合处着手，将营养与动物优良生产性状遗传潜能及动物养殖环境相结合，围绕动物营养代谢过程、调控和最终生成产品这一主线，采用多学科交叉结合开展研究，从分子、细胞、组织器官和整体不同层次系统揭示畜禽健康、高效、优质、安全生产中营养代谢和调控的基本规律及机制；建立营养素安全、高效利用的理论和方法体系，从根本上拓展动物营养学研究的内涵和外延，为建立现代动物营养学新体系奠定理论和方法学基础。

（一）动物营养学科的发展思路和目标

1. 发展思路

以“保持特色、突出重点、交叉合作、顶天立地、强化队伍”为学科发展的总体思路。

2. 发展目标

在现有基础上，通过应用动物生理学、生物化学、微生物学、免疫学、遗传学、生物工程技术及各种组学方法，系统地揭示动物机体内营养物质代谢规律、机理和营养物质间的互补、拮抗关系以及动物体内微生态环境等，通过系统营养调控，提高畜禽的免疫能力和饲料的利用率，减少对环境的污染，达到可持续发展的目的，同时改善畜产品的品质和安全性。

（二）动物营养学科研究的重点领域规划

1. 营养与畜产品品质

随着人们生活水平的提高，对优质动物产品的需求量越来越大。研究表明，影响动物产品（肉、蛋、奶等）品质的因素除遗传和环境因素外，主要受营养因素影响，日粮能量、蛋白质、维生素、矿物元素及添加剂等都对动物产品品质产生重要影响。在我国，肉类仍然是动物蛋白主要来源，肉品质除了其嫩度、系水力、pH 值和瘦肉率外，我国消费者比较关注的是肉色、香、味，另外肉的安全性也是人们重点关注的重要质量指标。但肉质形成却有其内在的机制，特别是其形成的生理生化和分子生物学基础还有待进一步研究。我国乳及乳品的消费近年上升很快，但我国乳特别是牛乳的乳蛋白、乳脂率等这些品质与欧美等国家相比还有较大的差距，反刍动物养分的吸收转运、泌乳及乳品质形成的机制仍处在“暗箱”之中，很多基础性研究工作还十分缺乏。蛋品也是我国消费者摄食动物蛋白的重要来源，禽蛋蛋白和蛋黄品质、营养与功能指标是人们关注的重点，但这些品质和相关性状的形成机制目前还不明了。因此，亟须研究以下科学问题：营养素与畜禽机体蛋白、脂肪（肌内脂肪）、肌红蛋白等沉积的相关基因表达的影响及调控机制；肉、乳、蛋品质形成规律及其调控机制；畜禽产品有害物质形成机理及控制途径；基于全基因组、转录组、蛋白组和代谢组水平多层次解析营养物质代谢及调控肉、蛋和奶质性状的机制研究等。

2. 营养素代谢调控及高效利用

畜禽生产的本质是营养素的加工转移过程。动物以日粮中碳水化合物、脂肪、蛋白质等碳氮有机营养物质为底物，通过体内合成代谢和分解代谢，实现在靶组织定向沉积与转化，目前对其所涉及的代谢规律及其调节机制仍然了解不足。分析营养物质的数量和比例在不同生理阶段和环境条件下对畜禽体内代谢规律的影响，对于揭示畜禽代谢的调节机制具有重要意义。通过分析营养流经过消化、吸收在各消化器官和靶组织中的碳氮化合物的组成变化以及生长因子、激素、酶等代谢网络中的功能基因的表达，揭示日粮供给与动物生产性能间营养素利用所涉及的代谢与分配机制、调节因子和调控途径，对于了解和优化畜禽碳氮营养供给，建立精确、动态、模型化的营养需要量，实现健康、高效的饲养目标具有重要意义。因此，亟须研究以下科学问题：营养素感应受体及其介导的相关信号转导通路；营养素吸收、沉积与排放规律及调节机制；胃肠道微生物与营养素消化、吸收和代谢的相互关联及调节机制；日粮模式对营养素在动物体内消化吸收利用的影响及其机制；畜禽碳氮营养代谢组学模式识别系统的建立与优化；饲料加工过程中饲料组分变化及抗营养因子控制机制。

3. 营养素的表观遗传效应

畜禽健康产品的生产关系着人类健康。遗传改良和营养供给的优化显著提高了畜禽生长效率，高强度的代谢过程致使集约化养殖的畜禽抗病力显著下降。特殊生理阶段营养及环境刺激诱发的表观遗传修饰可改变畜禽后期生长的基因表达模式，从而出现不同表型。而且，这种表观遗传修饰如果影响到生殖细胞的表观遗传改变，则可将这些遗传信息传递给下一代，从而产生表观表现型遗传传代现象。但现有研究无法回答营养素究竟在特定的时间点以何种方式调控表观遗传修饰位点，营养素在染色质层面如何影响细胞因子转录、表达以及细胞因子的表达模式是否具有可传代性等。特殊生理阶段营养素调控基因程序化表达的记忆性和可传代性也是摆在我们面前的一大生物学难题。因此，亟须研究以下科学问题：营养素调控的表观遗传标记及其机理；影响畜禽营养代谢和生产性状的表观遗传学机制；营养素与畜禽表观遗传网络的互作及其机制；肠道微生物代谢物与畜禽表观遗传修饰的关联及机制；营养素调控畜禽免疫效应的表观遗传学机制；营养素调节畜禽繁殖性能的分子机制。

4. “肠道微生物—营养—宿主”互作及其调节机制

随着微生物组学、代谢组学等技术的发展，肠道微生物在营养代谢中的作用及机制、肠道微生物对动物健康的影响及调节等已成为动物营养学的前沿领域。肠道微生物对饲料中营养素的代谢、吸收的作用及其机制研究正在推进；肠道微生物对动物免疫屏障乃至动物健康的影响已有一些研究与突破，动物营养领域正试图从调节、保障肠道微环境稳态的角度改进动物生产，从而达到安全、优质生产的目的；肠道微生物对动物机体代谢与动物健康的影响及其机制研究正成为热点；将“宿主－微生物”作为一个整体，结合系统生物学方法，揭示“营养－宿主－微生物”互作及其调节机制已成为动物营养学重要的研究内容。但是，从营养学角度，肠道微生物代谢对畜禽肠道内营养素代谢以及机体整体代谢作用的研究薄弱，作用机制仍不清楚。营养－宿主－微生物之间的能量流、物质流及信息流及其调控机制也是学科和产业发展亟待解决的问题。因此，亟须研究以下科学问题：营养素结构、畜禽生理状态与肠道微生态的互作及机制；肠道微生物及其代谢产物与畜禽表观遗传修饰的关联及机制；肠道微生物与机体整体代谢的关联及调节机制；肠道微生物及其代谢与肠上皮感应、宿主内分泌系统的互作及机制；肠道微生物介导的畜禽免疫系统发育与免疫调节功能及机制；畜禽胃肠道功能微生物组学研究。

5. 营养与环境

畜禽养殖环境不仅影响畜禽健康和畜禽优良遗传性能发挥，而且对周边生态环境具有很大影响，严重时可造成环境污染。规模化、集约化生产已成为我国畜禽养殖的主要方式。规模化生产中的大群体、高密度和工厂化生产模式，使得畜禽舍内环境质量恶化，为某些疾病的发生和传播创造了有利条件。近年来，畜禽重大疫病不断出现，严重威胁到人畜健康及畜产品质量安全。对畜禽环境的影响因素、因子间相互关系及作用机理等方面的基础研究已经成为新的研究热点。此外，随着我国畜禽饲养规模的扩大，畜禽氮、磷等污染物排放也不断增加，不仅造成饲料资源浪费，而且加剧了环境污染。畜禽的氮、磷、甲烷等问题已成为制约我国畜牧业可持续发展的主要因素。因此，畜禽温室气体、氮、磷等污染物的产生、排放与处理问题亟待研究。

6.“营养－动物源性食品－人类健康”交叉整合研究

以往畜牧生产总是着眼于动物生产性能，尽管目前人们已经比较关注动物健康和安全优质的畜产品，但更值得关注的是“基于人类健康的畜产品生产”。营养不仅仅影响动物健康和生产性能，更是通过动物产品影响人类健康，但目前从饲料营养角度，以畜禽为载体，探讨不同动物源食品对人类健康的影响，从而反馈指导动物营养的研究还很少。动物生产具有精准的调节机制，营养通过对机体表观遗传修饰、microRNA、lncRNA 等多种方式改变营养素（如碳氮营养素、微量元素等）靶向分配和沉积以及代谢规律和调节机制，影响机体免疫、生长性能及产品品质，从而改变肉蛋奶等动物源食品中营养素的结构、组成和配比，最终对人类健康产生不同的影响。深入了解这些差异，才能从人类健康角度揭示营养与动物特定功能性状间的调控机制和途径，这对于精确营养供给、实现靶向性状调控、改善人类膳食健康具有重要意义。因此，通过饲料营养、食品营养和人类疾病研究的大交叉，以人类健康为出发点，反过来指导开展动物营养方面的深化和创新研究，只有在这方面取得一些创新的交叉成果，才能进一步体现目前和未来的畜牧科学研究不仅仅是产业提升，更是社会服务的功能。

—— 参考文献 ——

[1] 尹靖东，李德发．猪肉质形成的分子机制与营养调控［J］．动物营养学报，2014，26（10）：2979–2985.

[2] 呙于明，刘丹，张炳坤．家禽肠道屏障功能及其营养调控［J］．动物营养学报，2014，26（10）：3091–3100.

[3] 朱伟云，余凯凡，慕春龙，等．猪的肠道微生物与宿主营养代谢［J］．动物营养学报，2014，26（10）：3046–3051.

[4] 汪以真．动物源抗菌肽的研究现状和展望［J］．动物营养学报，2014，26（10）：2934–2941.

[5] 陈代文，毛湘冰，余冰，等．猪抗病营养研究进展［J］．动物营养学报，2014，26（10）：2992–3002.

[6] 刘建新，李珊珊，张彬，等．改善奶牛氮磷利用效率的营养策略［J］．动物营养学报，2014，26（10）：3129-3134.
[7] 刁其玉．微生物制剂在幼龄反刍动物营养与饲料中的应用［J］．动物营养学报，2014，26（10）：3159-3167.
[8] 曹志军，史海涛，李德发，等．中国反刍动物饲料营养价值评定研究进展［J］．草业科学，2015，24（3）：1-19.
[9] 周小秋，冯琳，姜维丹，等．营养与鱼类免疫研究进展［J］．动物营养学报，2014，26（10）：3175-3184.
[10] 高秀华，吴学壮，张铁涛．我国珍贵毛皮动物（貂、狐、貉）饲料营养研究进展［J］．动物营养学报，2014, 26（10）：3185-3190.
[11] Li G, Yao W, Jiang H. Short-chain fatty acids enhance adipocyte differentiation in the stromal vascular fraction of porcine adipose tissue[J]. Journal of Nutrition，2014（114）:1887-1895.
[12] Ren W, Chen S, Yin J, et al. Dietary arginine supplementation of mice alters the microbial population and activates intestinal innate immunity[J]. Journal of Nutrition, 2014, 144(6): 988-995.
[13] Li CM, Yan HC, Fu HL, et al. Molecular cloning, sequence analysis and function of the intestinal epithelial stem cell marker bmi1 in pig intestinal epithelial cells[J]. Journal of Animal Science，2014, 92(1):85-94.
[14] Zhao K, Liu HY, Zhou MM, et al. Insulin stimulates glucose uptake via a phosphatidylinositide 3-kinase-linked signaling pathway in bovine mammary epithelial cells[J]. Journal of Dairy Science，2014, 97(6): 3660-3665.
[15] Zhao K, Liu HY, Zhao FQ，et al. Protein kinase C regulates glucose uptake and mRNA expression of glucose transporter (GLUT) 1 and GLUT8 in lactating bovine mammary epithelial cells[J]. Journal of Dairy Science, 2014, 97(7): 4329-4332.
[16] Zeng QJ, Wang LN, Shu G, et al. Decorin-induced proliferation of avian myoblasts involves the myostatin/Smad signaling pathway[J]. Poultry Science，2014, 93(1):138-146.
[17] Fang XL, Zhu XT, Chen SF, et al. Differential gene expression pattern in hypothalamus of chickens during fasting-induced metabolic reprogramming: Functions of glucose and lipid metabolism in the feed intake of chickens[J]. Poultry Science，2014, 93(11):2841-2854.
[18] Zhou JC, Han D, Jin JY, et al. Compared to fish oil alone, a corn and fish oil mixture decreases the lipid requirement of a freshwater fish species, *Carassius auratus gibelio*[J]. Aquaculture，2014（428-429）:272-279.
[19] Shan T, Ren Y, Wang Y. Sirtuin 1 affects the transcriptional expression of adipose triglyceride lipase in porcine adipocytes[J]. Journal of Animal Science，2013, 91(3): 1247-1254.
[20] Gao YH, Han FF, Huang X, et al. Changes in gut microbial populations, intestinal morphology, expression of tight junction proteins and cytokine production between two pig breeds after challenge with *Escherichia coli* K88: a comparative study[J]. Journal of Animal Science，2013（91）: 5614-5625.
[21] Mao HL, Mao HL, Wang JK, et al. Effects of *Saccharomyces cerevisiae* fermentation product on *in vitro* fermentation and microbial communities of low-quality forages and mixed diets[J]. Journal of Animal Science，2013（91）: 3291-3298.
[22] Han FF, Gao YH, Luan C, et al. Comparing bacterial membrane interactions and antimicrobial activity of porcine lactoferricin-derived peptides[J]. Journal of Dairy Science，2013, 96(6):3471-3487.
[23] Chen X, Jiang W, Tan H, et al. Effects of outdoor access on growth performance and meat characteristics of broiler chickens[J]. Poultry Science，2013, 92(2):435-443.
[24] Wang XQ, Yang F, Lin C, et al. Dietary Supplementation with the Probiotic Lactobacillus fermentum I5007 and the Antibiotic Aureomycin Differentially Affects the Small Intestinal Proteomes of Weanling Piglets[J]. Journal of Nutrition，2012, 142(1):7-13.
[25] Ma X, Ding W, Wang JJ, et al. LOC66273 Isoform 2, a Novel Protein Highly Expressed in White Adipose Tissue, Induces Adipogenesis in 3T3-L1 Cells[J]. Journal of Nutrition，2012, 142(3): 448-515.

[26] Zhang ZY, Jia GQ, Zuo JJ, et al. Effects of constant and cyclic heat stress on muscle metabolism and meat quality of broiler breast fillet and thigh meat[J]. Poultry Science, 2012, 91(11):2931–2917.

[27] Guo J, Shan T, Wu T, et al. Comparisons of different muscle metabolic enzymes and muscle fiber types in Jinhua and Landrace pigs[J]. Journal of Animal Science, 2011, 89(1): 185–191.

[28] Kang P, Toms D, Yin Y, et al. Epidermal growth factor–expressing *Lactococcus lactis* enhances intestinal development of early–weaned pigs[J]. Journal of Nutrition, 2010, 140(4): 806–811.

[29] Shan T, Ren Y, Liu Y, et al. Breed difference and regulation of the porcine Sirtuin 1 by insulin[J]. Journal of Animal Science, 2010, 88(12): 3909–3917.

[30] Zheng KK, Zhu XM, Han D, et al. Effects of dietary lipid levels on growth, survival and lipid metabolism during early ontogeny of *Pelteobagrus vachelli* larvae[J]. Aquaculture, 2010（299）:121–127.

[31] Shi XM, Zhou FG, Li XJ, et al. Central GLP–2 Enhances Hepatic Insulin Sensitivity via Activating PI3K Signaling in POMC Neurons[J]. Cell Metabolism, 2013, 18(1): 86–98.

[32] Liu YF, Xia X, Xu L, et al. Design of hybrid b–hairpin peptides with enhanced cell specificity and potent anti–inflammatory activity[J]. Biomaterials, 2013, 34(1): 237–250.

[33] Wang JJ, Wu ZL, Li DF, et al. Nutrition, Epigenetics, and Metabolic Syndrome[J]. Antioxidants &Redox Signaling, 2012, 17(2): 282–301.

[34] He Q, Tang H, Ren P, et al. Dietary supplementation with l–arginine partially counteracts serum metabonome induced by weaning stress in piglets[J]. Journal of Proteome Research, 2011, 10(11): 5214–5221.

[35] Wang XQ, Wu WZ, Li DF, et al. Temporal Proteomic Analysis Reveals Continuous Impairment of Intestinal Development in Neonatal Piglets with Intrauterine Growth Restriction[J]. Journal of Proteome Research, 2010（9）: 924–935.

[36] Jin W, Cheng Y, Mao S, et al. Isolation of natural cultures of anaerobic fungi and indigenously associated methanogens from herbivores and their bioconversion of lignocellulosic materials to methane[J]. Bioresource Technology, 2011（102）:7925–7931.

[37] Zhang X, Li H, Liu G, et al. Differences in plasma metabolomics between sows fed dl–methionine and its hydroxy analogue reveal a strong association of milk composition and neonatal growth with maternal methionine nutrition[J]. British Journal of Nutrition, 2015, 113（4）: 585–595.

[38] Dai ZL, Li XL, Xi PB, et al. L–Glutamine regulates amino acid utilization by intestinal bacteria[J]. Amino Acids, 2013（45）:501–512.

[39] Li ZP, Liu HL, Jin CA, et al. Differences in the methanogen population exist in sika deer (Cervus nippon) fed different diets in China[J]. Microbial ecology, 2013, 66(4): 879–888.

撰稿人：刁其玉　冯定远　朱伟云　齐广海　李爱科　李福昌　呙于明
汪以真　吴　德　周小秋　林　海　高秀华　谯仕彦

家畜环境卫生学与家畜生态学发展研究

一、引言

家畜环境卫生学（Domestic Animals and Environmental Hygiene）为畜牧学和兽医学的专业基础课，其宗旨是维护动物健康，揭示动物对环境适应性，用动物自身生理与行为反应去判定环境之优劣，依赖家畜健康管理实现畜牧业高产，增加农民收入；用健康动物产出优质动物性食品，维护食品安全声誉，使消费者安心；延伸大爱无疆的传统美德，以人工智能设备减少从业人员的劳动强度，与自然社会经济条件相适应，倾注爱心构建牛棚、马厩、猪圈、禽窝和羊圈，引入环境控制设备，制订防寒防暑策略与技术方案，保障环境清新，改善动物福利；天人合一、道法自然，倡导资源循环利用，绿色节能，恪守环境保护基本国策，实现畜牧业的可持续发展。

资源循环利用、绿色建筑、动物福利、低碳生活为时代强音，环境保护乃基本国策。我国从人口大国大踏步地迈向经济强国，对动物性食品的数量与质量的需求增加，提高畜牧生产的转化效率涉及为家畜提供适宜环境、合适的畜床、构建“经济适用房”、避免雾霾侵扰。为了避免畜牧场废弃物对环境污染，国家和各级政府逐渐增加了对农业环境公益事业投入，增加公益性科研项目；为了发展现代化农业，建立国家产业体系岗位科学家制度，环境岗位科学家针对产业发展，一方面为家畜提供好的环境，另一方面减少环境污染；国家制订农牧结合、粪便收集、储存、处理等技术标准，设立相应公共处理设施，并且补贴推广环境保护关键技术，在长三角地区环绕太湖水环境污染的综合治理取得丰硕成果，为国家环保公益事业积累宝贵经验。

家畜环境科学研究面向生产实际，近年又积累了许多科研成果，夏季牛棚的冷风机降温、冬季犊牛岛御寒、饮用温水系统改善消化道环境减少冷损伤与热损失、福利笼具的开发与行为学研究、慢性应激的生理学解析，诸多家畜环境卫生学科学工作者之勤勉劳动的结晶为畜牧业与社会发展做出了杰出的贡献。

二、本学科研究领域发展现状

（一）动物福利与健康生产

畜牧生产的目的是多快好省地生产安全动物性食品、优质裘皮毛等轻纺工业原料、农业交通动力和体育健身的马匹等伴侣动物。健康生产一直是家畜卫生学的核心问题，动物福利的概念包含生理健康与心理健康两个方面，心理健康与家畜环境卫生学的管理学理念、与行为学“因势利导、调教使役”学科应用着眼点一致。因此，与世界动物伦理潮流相呼应，家畜生理学、家畜行为学、环境卫生学、环境工程学和人文社科专家学者都加入到动物福利研究的行列，动物福利研究奋起直追成为后起之秀，成果显著。

1978 年在西班牙马德里召开的世界应用动物行为学第一大会，标志着家畜行为学研究与应用已经走上应用之路。东北农学院的许振英先生和李世安教授、南京农学院的韩正康教授参加马德里大会。李世安教授开始行为学教学、出版教材和研究生的培养工作，包军博士 90 年代归国后，经过 10 余年的努力工作，打造动物行为学博士学位学科点，出版《家畜行为学》，研究方向紧紧围绕母猪群饲散养、替代限位栏大方向，科学研究行为规癖及其脑的生理机能，成果已与国际接轨。韩正康教授在 80 年代初组织动物行为文献翻译工作，家畜生理学教研室一直持续进行营养生理学研究工作。赵茹茜博士组织农业（公益）项目动物福利的研究工作。杨晓静、赵茹茜主编《猪福利评价指南》，山东农业大学林海博士参与该项目，主编《家禽养殖福利评价技术》，并且制定“肉鸡福利养殖环境评价方法”（山东省地方标准，DB37T 1609—2110）和“蛋鸡福利养殖环境评价方法”（山东省地方标准，DB37T 1607—2010）。同时，吸引人文学科的研究者加入研究团队。此外，在动物健康与运输应激和畜产品品质方面，研究报告数量较多，多为研究热应激学者的成果。中国农业大学李保明博士团队从环境工程学角度，切入动物行为与福利、人工智能与环境控制改善动物福利，每年召开动物福利应用国际研讨会，以开放的姿态面向社会，研究成果与国际接轨。跨学科联合推动动物福利研究深入展开，颜培实、连新明博士的“动物福利”国家精品视频公开课将动物福利概念面向社会。但是，培养家畜行为学博士研究生导师屈指可数。

1. 产蛋鸡福利笼具的研究

家畜行为学研究起步于 20 世纪 80 年代，从工厂化畜牧业的鸡猪入笼、高密度饲养，到鸡啄肛、啄羽、猪咬尾等转嫁行为出现，人类强行为鸡去喙、为猪断尾技术使动物因欲求不满，失宜行为花样翻新，层出不穷，以规癖等异常行为标示的心理危机呈现内向化，动物失去了适应外界环境的趣味，丧失战斗力。否定之否定，动物福利的理念逐步深入人心。去笼养化（Cage-free）在动物福利大背景下成为欧盟的方向，环境丰富的福利笼（Furnished cage）的研究在欧盟各国陆续展开。我国包军、李保明和林海等研究团队开展了相关研究。

环境丰富的福利笼添加栖架、沙盘等家具素材以求符合鸟类树上树下栖息生态的特征，依旧坚持笼养，而非散放饲养。研究证实，产蛋鸡饲养密度对趴窝、站立和行走等一般行为影响突出，在 8 只鸡组中，站立与趴窝时间显著增加，减少了栖架的利用频率和走动时间；产蛋鸡在夜间对木质栖架选择性高，白昼在铁质栖架上频繁地转换姿势，而在木质栖架上探究行为显著增多，可见产蛋鸡更喜好木质栖架[1]。

在监测度量福利笼架饲养条件下的动物福利方面，发声监测相比于许多生理参数的监测来说，具有无接触、应激小等优点，特别是随着数字化音频分析技术和自动识别方法的发展，蛋鸡发声信息可以通过数字处理技术定量研究，进而实现不同行为状态的自动监测与分类识别。研究表明，蛋鸡发声中，14.8% 为混合声，无法进行定义；85.2% 的蛋鸡叫声代表了 4 类不同的行为和情感，产蛋叫声占 42.2%，愉悦叫声占 21.6%，争斗声音占 5.9%，而尖叫声占 15.5%、且其声强级可达 65.2 dB。在传统的舍饲笼养模式下，偶尔可以听见蛋鸡产蛋后发出“咯咯”声，可见栖架模式下蛋鸡的生长天性能够得到充分的表达，产蛋前的寻巢、产蛋中的俯卧、产蛋后“咯咯”的叫声均有效地表达了蛋鸡自然行为和生理活动[2]。由于该报告的鸡蛋的哈氏单位数值很低，动物福利的改善未见提高鸡蛋品质的效果[3]，可见，鸡蛋收集到测试时间间隔过长对于鸡蛋品质有无影响尚难定论。

2. 构建新型蛋鸡栖架立体散养系统

为了改善蛋鸡居住条件，新型栖架立体散养系统（Perch system）主要包括产蛋区、栖杆休息区、采食饮水区、网上活动区以及沙浴区等。栖架散养系统主要包括 2 层产蛋箱（位于顶部，分为上下层）、3 层采食槽、2 条饮水线（乳头式饮水器）、12 根长为 75cm 的栖杆（16.4cm/ 只）以及面积为 1.05m^2 的沙浴区域，各层平台与网面均采用金属网上铺设塑料网，总面积为 32625cm^2（593cm^2/ 只）。

实验研究表明，从整个周期来看，栖架散养系统中蛋鸡的平均产蛋率为 92.8%，与笼养系统差异不显著；栖架散养系统中鸡蛋的平均重量要大于笼养系统；栖架散养系统中蛋鸡饲料利用率显著优于笼养组；蛋品质（蛋形指数、蛋壳强度、蛋重、蛋黄重、蛋白高度、蛋黄颜色、哈氏单位、蛋壳重、蛋壳厚度以及蛋壳颜色等指标）无显著差异。该系统可以较好地满足蛋鸡活动、栖息、产蛋及采食等行为，鸡可自由表达天性，同时增强腿部力量。与传统的蛋鸡笼养相比，新型栖架立体散养系统可显著提高蛋鸡生产性能和改善蛋鸡福利[4]。

3. 肉鸡冷水栖架饲养技术

根据肉鸡栖息行为，建立了以抗热应激为主的夏季冷水栖架饲养技术。冷水栖架可提高肉鸡就栖率，既可缓解夏季热应激，又可改善高饲养密度的不利影响[5]。

冷水式多功能栖架主要由温度控制器、混水桶、软管、栖架、电磁阀、水泵组成，通过温度控制器感知混水桶内温度，将水的冷量传导给栖息在栖架上或栖架旁的家禽，满足炎热季节家禽降温、缓解热应激的需要。同时栖架可增加家禽饲养环境的丰富程度，满足家禽福利生产的需要，显著降低夏季肉仔鸡热应激水平，增重性能提高 7.8%，饲料转化效率提高 2.7%；胸、腿肌率提高 8.0% 以上[6]。山东农业大学林海团队研究结果获得国家实用新型专利证书（证书号：1707277）。

肉鸡由于体重生长快、腿弱，胸肌摩擦地板易发水肿，不仅诱发感染疾病，也可降低白条鸡的商品外观价值。提高栖架的利用率，可提高肉鸡的健康水平和经济形状，夏季冷水栖架显著降低肉鸡体温（降低 1.0 ~ 1.5℃），起到缓解热应激的效果[7]。脚垫炎和跗关节损伤是肉鸡福利的突出问题。因肉鸡生长速度快，生长后期活动能力差，常在饮水乳头下躺卧，此处垫料潮湿加之排泄物增加，是导致肉鸡脚垫炎和跗关节损伤的主要原因。夏季冷水栖架可以明显改善肉鸡福利，降低脚垫炎和跗关节损伤的发生，改善羽毛的清洁度[8]。肉鸡应激机理和综合防制技术获山东省科学技术进步奖二等奖（JB2012-2-108-D01）。

4. 母猪群饲模式的探讨

饲养模式是妊娠母猪最主要的福利问题。妊娠母猪的限位栏饲养，可以减少建筑投资，方便生产者的饲养管理，但是给母猪健康状态带来了较大的影响。欧盟已经规定禁止使用母猪限位栏，即在欧盟成员国内，母猪从怀孕第 29 天到分娩前一周只能进行群养。母猪群饲系统（Sows group-housing system）就是把几头、几十头妊娠母猪或哺乳母猪放在一起饲养的方式。群养符合猪的生活习性，妊娠母猪与哺乳母猪的限位笼饲养模式为世人诟病。东海老淮猪场获得动物福利五星级金猪奖，在欧洲难以看到的人猪互动在东海种猪场随时可见，处处可见，证实猪的动物福利在中国。我国畜牧学泰斗许振英先生一直呼吁母猪群饲模式，包军博士一直实践着许老的主张，通过行为研究揭示原理。

空间狭小的限位笼内的妊娠母猪较多出现无食咀嚼等规癖行为且处在慢性应激状态，与限位笼养相伴母猪的皮质醇浓度逐渐增加，唾液淀粉酶含量逐渐减少。而群养模式下的妊娠母猪也限饲，而且群饲组唾液皮质醇和淀粉酶含量一直保持较高水平不变，可见限饲不是规癖产生缘由[9]。民猪与大白猪、长白猪的杂种母猪都能很好地适应东北夏季多变环境条件舍外散放饲养[10]，两种母猪在舍外散养条件下，生产成绩长白猪和民猪组合较好，可能源于长白猪的改良力度。另外，在 40 多年前许老指导筛选育成我国第一个瘦肉猪品种三江白猪亲本时，长白猪和民猪的组合被选用，后来东北地区育种工作也证实这一点。从维持行为与哺乳行为的观察中，随日龄和周龄的变化规律在杂交组合间未见显著差异，规律具有普遍性都适合于放养[11]。

为了母猪群养单饲面向生产，李保明博士设计了水冷式猪床以提高夏季降温效果，在夏季 23 ~ 27℃时，猪选择在舍外运动场躺卧为 77%；舍温＞ 27℃，躺卧在降温猪床的次数逐渐增多，27 ~ 31℃时，为 50%，当舍温＞ 31℃时达 75%。对照组，猪躺卧在舍内的百分比均高于降温猪床。可见高温时猪倾向选择水冷式猪床，但观察发现 61cm 门幅狭窄限制猪对其利用，需要修正[12]。冬季，在加宽为 70cm 水冷式猪床，舍温 8 ~ 12℃，覆盖 PVC 软帘有增温作用，但两头妊娠母猪挤在一个猪床的群集行为乃增温保暖要素，且冬季加帘水冷式猪床未见在猪床排粪现象[13]。在猪体图像处理算法研究和猪体尺检测算法研究中，采用尺度不变特征转换（Scale-invariant feature transform，SIFT）算法进行猪体尺测点匹配，利用高斯滤波和中值滤波对噪声进行消除，可有效获得猪体轮廓。福利化健康养猪关键技术研究与应用获得农业部中华农业科技奖二等奖（2014）。

选取后备母猪分别采取限位栏以及完全群养的饲养模式进行饲养并采集母猪唾液、初乳、仔猪血样进行分析，观察记录母猪行为、繁殖性能。研究发现：限位栏与群养对母猪繁殖性能影响不明显；母猪初乳常规指标及 T3、T4、PRL 浓度无明显差异；群养组 F1 代仔猪血液总胆固醇及低密度脂蛋白水平显著高于限位栏组；群养组母猪积极社会行为的次数显著增加，母猪空咬次数和刻板行为的持续时间显著降低[14]。

5. 慢性应激问题初探

畜牧生产存在许多亚临床症状，所谓慢性应激现象，以往的研究证明产蛋鸡对噪声敏感，李剑虹博士研究发现肉鸡在高分贝噪声条件下，采食量增加，生产性能提高[15]。AA 肉鸡在社会隔离（Social isolation）、高密度（High density）、频繁干扰（Interference）和散养（Cage free）条件下，高密度对增重影响最大，散养组的胸肌蛋白含量高、脂肪含量低且增重快，笼养组以单笼饲养脂肪含量最高[16]，应与笼养的运动量较小相关。饲养密度、性别、氨基酸水平均影响肉鸡的生产水平，林海博士的研究表明：高饲养密度降低肉鸡的平均日增重和饲料效率，它对于公鸡生长的不利影响主要见于 1 ~ 21 龄，而母鸡则在 35 ~ 42 日龄；饲粮中的赖氨酸水平与饲养密度对肉鸡生长性能和胴体组成没有互作效应，提示肉鸡赖氨酸需要量不因饲养密度而改变；肉鸡腿疾和脚垫损伤主要与饲养密度和性别有关[17]。

家畜极易对集约化生产环境产生慢性应激反应，家畜产生沮丧（Frustration）或抑郁（Depression），在圈养环境下常常表现异常或刻板行为，特别是刻板行为被认为是慢性应激或抑郁的结果。包军博士研究团队继 2000 年研究鸦片基因型与刻板行为的关联之后，寻找瞳孔光反射（Pupillary light reflex）与抑郁的关联，研究结果表明：限位栏饲养模式下的母猪瞳孔反射为 14.0 秒，群饲母猪的瞳孔反射为 8.2 秒，延迟仅 6 秒钟。遇强光照射瞳孔会缩小，在 6500Lux 照度下，两者差异不显著，群饲变化比率偏大[18]。行为学观察表明：瞳孔反射大于 10 秒组，坐、咬饲槽和无食咀嚼等异常行为增多，而修饰行为减少，即瞳孔反射延迟意味着学习无力化与内向化，并且血清中多巴胺和五羟色胺增加。从五羟色胺与无食咀嚼的关系可见，中等水平五羟色胺增加，可提高无食咀嚼的频度，更高浓度五羟色胺有缓解作用，多巴胺和五羟色胺都是调节抑郁症药物，动物自体刻板行为一方面反应环境不适宜和学习无力化，另一方面也意味着高浓度五羟色胺与刻板行为减少，动物体靠高水平多巴胺、五羟色胺和鸦片的分泌以行为内向化自娱自乐。

奶牛妊娠期多与泌乳期重合，妊娠与产奶双重压力下易产生慢性应激。为探讨不同妊娠阶段对荷斯坦奶牛心率变异性（Heart rate variability，HRV）的影响，王广猛硕士[19]剖析不同妊娠阶段奶牛自主神经系统的特点，在奶牛群中选择健康、处于不同妊娠阶段的 4

岁荷斯坦奶牛 12 头，其中妊娠前期、妊娠中期和妊娠后期各 4 头。于每日 7:00、13:00 和 18:00 测定奶牛呼吸数和直肠温度，连续 24h 记录奶牛心率变异性数据，并采集尿液样品以检测尿液皮质醇及胰岛素含量。结果表明：妊娠后期活动量（ACT）、皮质醇、胰岛素显著升高，妊娠中期 R-R 时序标准差（SD）、高频成分（HF）显著降低；不同妊娠阶段荷斯坦奶牛直肠温度、呼吸数不存在显著差异。这说明妊娠中、后期迷走神经活性减弱，自主神经活性受到抑制，心脏自主神经调节功能减弱，奶牛生产者在关注妊娠后期的同时也要关注妊娠中期奶牛的健康问题。

在现代养猪业中，母猪繁殖性能是衡量养猪生产经济效益的重要指标之一。母猪不同体况对其繁殖性能影响很大，是对其进行育种选择、饲养阶段划分及营养供给的重要依据之一。由于背膘厚度与体脂含量密切相关，背膘厚度常作为反映母猪营养状况的重要指标。母猪膘情适中对其繁殖性能有积极的影响，能够显著提高产仔数、产活仔数；且背标厚度适中组胎盘效率显著高于背膘厚度厚组。将背膘厚度 20mm 作为分界线，20mm 内的母猪背膘厚度越大越好，超过 20mm 则不利于母猪的繁殖性状[20]。母猪脂肪代谢与产仔、泌乳的关联研究正在继续深入研究其分子生物学机理。

（二）家畜的环境应激与防寒防暑技术

用家畜的生理状态考察环境对健康与免疫力的影响，以行为反应揭示心理需求，评价家畜环境优劣，把握家畜的环境需求，建立环境标准，提出环境管理的理念和防寒防暑等环境控制技术，一直是环境卫生学的核心内容。猪与鸡的环境控制技术起步较早，蛋鸡的规模化生产超过 80%，肉猪和肉鸡约 70%，奶牛的规模化饲养不足 60%，而肉牛在我国南方与北方长期放牧饲养、散养于山地、水田和北方草原，福利问题压力颇小，但是，规模化养牛的兴起、牛的环境控制问题、犊牛的防寒和肉牛防暑问题突出。

东北农业大学、南京农业大学和中国农业科学院北京畜牧兽医研究所先后构成国内家畜环境生理与能量代谢、环境营养的研究团队，并且强化国际交流与合作，加之从国外引入人才，使研究工作与国际接轨，各具特色。但我国该领域研究团队分布不均匀，西部几乎为空白，且由于国家重视经济发达省份的援藏工作，许多内地省份的环境研究工作甚至落后于西藏地区。

在环境热应激（Thermal stress）研究方面，南京农业大学颜培实博士团队从体温日节律与防暑策略、耐热系数与能量代谢和器官损伤、体感温度与棚舍环境调节、心率变异性与慢性应激、运动与优质猪肉生产和发酵床饲养技术等理论与环境管理技术结合角度进行科学研究与研究生培养。林海博士团队在采食量调节机理和家禽环境控制方面，张宏福博士团队在有益菌、空气质量等环境与营养结合角度开展环境研究工作；张敏红博士团队从铬缓解环境应激的机理角度拓展到温热环境的综合评价与热应激机制与营养调控方面；顾宪红博士团队在饲养密度、玩具、热应激等方面开展研究工作；华南农业大学杨琳博士团队在环境与营养方面取得一定成绩。

在环境工程与畜舍设计方面，中国农业大学李保明博士团队在畜舍环境控制的人工智能、动物福利饲养模式、饲养设备的开放方面独具特色，获得国内外同行认可。刘继军教授团队开展的畜舍设计与防暑降温、防寒隔热面向国内企业，脚踏实地为各气候区域的畜舍建设与畜牧场规划服务。华中农业大学齐德生博士团队在饲料卫生学研究领域独树一帜，近年也向发酵床养猪、羊舍的环境控制拓展。

总体而言，国内研究团队人数少，一些生理学者也加入环境生理学研究，一些工程自动化的研究者也瞄准畜舍环境控制，研究成果可以与国际接轨。

1. 温热环境与畜牧生产

温热环境（Thermal environment）对家畜营养代谢的影响一直是家畜环境与营养研究的重点。张敏红博士报道了环境高温与饲粮的粗蛋白质（CP）水平对 28 ~ 42 日龄肉鸡生产性能、氮代谢和氮排放的影响：环境高温会降低 28 ~ 42 日龄肉鸡的生产性能，且主要由热应激引起的采食量降低所致；32℃高温下，饲粮 CP14% 低氮组肉鸡的呼吸数显著增高，高温增加血清尿酸与尿素氮，降低血清总蛋白浓度；日变循环高温导致肉鸡生产性能、氮利用率显著降低，氮排放增加应补充人工合成 EAA[21]。高温可显著降低肉鸡血浆锌离子浓度，肝脏、胰腺及十二指肠锌离子浓度和金属硫蛋白（MT）含量，且锌离子浓度和 MT 含量的下降不是由热应激导致的肉鸡采食量下降引起的[22]。环境温度从 10℃上升到 18℃时，肉鸡的日采食量和日增重均升到最高，饲料效率较低，26℃时，饲料效率和解偶联蛋白 mRNA 的相对表达量较低，肉鸡摄入能量以热能形式损失较少且血糖水平较低，反映了肉鸡在此温度条件下能量利用效率较高。故从生产性能和能量利用效率角度考虑，28 ~ 42 日龄的 AA 肉鸡适宜环境温度为 22 ~ 26℃[23]。

在产蛋鸡上，高温显著抑制蛋鸡卵泡发育，表现为产蛋数量下降、卵巢重量降低、大卵泡数量减少，同时颗粒细胞层细胞色素 P450 胆固醇侧链裂解酶（P450scc）mRNA 的表达量以及黄体酮（P4）分泌量均显著减少；氧化损伤表现为蛋鸡血浆、肝脏和卵黄中丙二醛（MDA）水平上升；高温环境下补充 250IU · kg^{-1} 维生素 E，可显著降低蛋鸡血浆、肝脏和卵黄中 MDA 水平，同时显著缓解高温对卵泡发育的抑制[24]。在热应激检测方面，生理指标谋求无痛非侵入指标的探讨，粪便皮质酮代谢产物含量白天和夜间均没有显著的波动，对急性高温应激反应敏感，可作为一项非侵入指标对肉鸡热应激做出及时评价[25]。急性热应激处理导致鹅心脏损伤，血清肌酸激酶（CK）、HSP70mRNA 的表达水平出现显著升高[26]。

在南京，断乳仔猪身体发育不完善，对系统机能的总体调节能力差，体温调节机制不成熟，易受到热应激的伤害。通过对断乳仔猪在高温状态下和常温状态下的心率变异性的差异情况进行研究，发现高温条件下，试验个体的窦性心律 NN 间期的标准差、窦性心律相邻 N-N 间期差的均方根、高频成分、低频成分显著降低，一定程度上反映了高温使动物产生热应激，影响断乳仔猪植物性神经系统，并在心率变异性方面得以反应[27]。

高温条件下，育肥猪胴体重和皮下脂肪厚有所降低，肾周脂肪占胴体的比例有提高趋势，背最长肌（LM）脂质含量有降低趋势，持续高温各部位脂肪组织中脂蛋白酯酶LPL的含量与脂肪沉积的规律相一致，表明持续高温可能通过调控脂肪酸的摄入，影响育肥猪不同部位脂肪的沉积。环境高温抑制皮下脂肪、肾周脂肪、LM和肝脏组织中脂肪酸的从头合成，高温增加LM中cAMP含量、激素敏感脂酶HSL的磷酸化，促进脂肪的分解[28]。

各种类型铬与热应激的研究是张敏红博士的长期课题，近年该团队从仔猪早期断奶综合征的角度对二氢杨梅素（DMY）和吡啶甲酸铬（CrPic）进行研究，发现早期断奶仔猪日粮添加DMY能够显著抑制XO产生的过氧化，减轻早期断奶对仔猪肠上皮细胞的损伤，增强修复功能，促进肠上皮细胞的增殖分化，促进肠绒毛隐窝结构的发育，提高仔猪的生产性能[29]。在猪的模型上，获得CrPic有益于促进肌肉中RNA含量和改善胆固醇的浓度，为基础的代谢及其潜在的临床应用提供数据，有益跨界到人类保健相关研究[30]。

2. 空气卫生问题

工厂化生产导致饲养的高密度，易引发空气质量问题。其中，畜牧生产的氨气排放已成为全球重要的污染源。氨气是鸡舍中产生的有害气体之一，也是舍内$PM_{2.5}$气体主要成分，氨气易溶于水，可以通过侵染伤口和黏膜产生危害，亦可以透过肺泡危害动物健康，氨气在家禽业中的危害一直是人们所关注的重点问题，需要探讨不同氨气浓度对肉鸡生长性能及肉质性状的影响。中国农科院修建的人工气候舱具有调节与监测空气中NH_3浓度的功能，为空气卫生环境研究奠定了基础。肉仔鸡进入30mg/kg氨气浓度环境内，血氨水平会显著升高，且血氨水平随入舱时间的延长而上升。高湿度下入舱3周，血清白细胞介素1β（IL-1β）含量增加。氨气对免疫机能的损伤随着入舱时间的延长，机体获得一定的适应不良环境的能力，对机体的免疫抑制效应具有降低趋势，但70mg/kg NH_3+85%RH对肉仔鸡的免疫抑制不可缓解[31]。氨气危害评价研究需要更深入研究。

鸡舍内氨气浓度达到25mL/m^3时，影响肉鸡的生长性能及肉质性状，且随着氨气浓度的增加，影响加剧，暴露在高浓度氨气中的肉鸡其腹脂率、胸肌滴水损失率增加。建议鸡舍内氨气浓度控制在25mL/m^3以内[32]。肉鸡生产过程中舍内氨气（NH_3）、甲烷（CH_4）和二氧化碳（CO_2）浓度变化，在夏季测试没有检测到N_2O的排放，NH_3浓度介于0.30 ~ 19.2mg/m^3，我国农业行业标准14mL/m^3。舍外平均氨气浓度为1.75mg/m^3，舍内全期平均7.1mL/m^3，优于我国农业行业标准[33]，比起气候舱假定值低许多。

3. 寒冷地区养牛生产

犊牛岛（Calf hutch）的原意是为解决密闭畜舍空间的犊牛呼吸道疾病、消化道疾病的交叉感染而设计。另一方面，为避免因人工喂乳，犊牛吸吮行为缺失、欲求不满，转嫁衍生相互吸吮脐带葛藤行为而导致的损伤。犊牛出生时，具有富含线粒体的褐色脂肪组织临界温度为5℃，在加拿大和北海道，即便是冬天，牧民往往将刚刚出生后的犊牛放到开放式小犊牛栏圈（犊牛岛）中，以改善空气质量，牺牲温热环境，提高犊牛育成率。

哈尔滨的一月平均气温为 -20.6℃，在黑龙江等高寒地区，犊牛岛不能满足犊牛生长发育所需温热环境条件。东北农业大学王庆镐先生为环境卫生学科的奠基人，其寒地环境控制理念就是保温隔热的小圈，即于运动场覆盖塑料薄膜，晴天吸收太阳辐射之温室效应，还可以调节换气量，所谓双重小气候畜舍。为了提高寒区犊牛的健康水平和成活率，东北农业大学试验设计了一种适用于寒区的犊牛岛，但是忽略了犊牛岛隔热设计，犊牛在犊牛栏中生活，双重小气候犹存，但差强人意。

在 -28.6℃条件下，犊牛岛采食休息区和运动区的平均气温分别为 -1.0℃和 -5.2℃，相对湿度分别为 89.3% 和 81.5%，二氧化碳浓度分别为 7324mg/m^3 和 6751mg/m^3。亦即，双重小气候的温度差 4℃，二氧化碳和水汽相差较少，换气量调节未能显现[34]，生产成绩亦同常规[35]。说明犊牛岛的外围护结构的保温隔热能力仍需加强，通风换气系统仍需进一步完善。扩大犊牛舍长度，增加隔热水平，舍内气温比舍外气温平均高 16℃，而舍外气温每下降 1℃，犊牛舍内气温下降 0.9℃。相对湿度小于 80%，改善了温热环境条件，换气量偏低[36]。改善保温隔热设计：墙体采用无机玻璃钢热阻值高达 4.02（m^2·℃）/W，屋顶彩钢保温板其热阻值为 2.40（m^2·℃）/W，结果表明犊牛岛休息区的平均气温、平均内表面温度分别为 0.9℃和 5.7℃，相对湿度 65%，温室型犊牛舍内设置犊牛岛既为犊牛创造了更加舒适的温热环境，也避免了进行充分通风时冷风对犊牛的吹袭；1 ~ 60 天犊牛的发病率和死亡率降为 33% 和 0，而传统犊牛舍却高达 71.4% 和 28.6%[37]。改进效果较为明显，可见，加强犊牛岛的隔热，可减少传热损失，提高空气温度。

4. 温水系统

为了解决寒冷地区泌乳牛冬季饮用热水的问题，设计并制作了奶牛场太阳能热水工程。温水系统（Thermostatic apparatus for drinking water）采用太阳能热水工程和电热水槽为泌乳牛提供恒温饮水，结果表明泌乳牛群呈现出集中式饮水，泌乳牛舍内的供水系统在短时间内能够提供大量的热水，在舍外气温 -25.3℃、舍内 -3℃的条件下，太阳能热水工程可提供 14.6℃的饮用水，可提高产奶量 2.6kg/（头·天），电热水槽可提供 7.9℃的饮用水，可提高产奶量 1.3kg/（头·天），均可增加经济效益[38]。

在宁夏，平均舍外气温 -10℃，冬季肉牛饮用 10℃左右的温水，能显著提高日增重 0.4kg/d，育肥效果好[39]。太阳能热水器可提供 900kg 热水，晴天水温一般可达到 40 ~ 45℃，高温时可达到 50 ~ 55℃；供给牛饮水时与 600kg 凉水混合（共 1500kg），流出水温度可保证 25 ~ 30℃，流到食槽内牛只饮用时，水温平均可达 20℃。在甘肃，舍外平均气温 -13℃，饮温水与饮 4℃冷水的牛日增重分别为 1.85kg/d 和 1.63kg/d，提高 0.22kg/d[40]。李婧的研究表明，冬季饮用温水，可减少肉牛产热量，差异不显著，江淮地区环境温度在肉牛等热区内，风速成为影响产热量的关键因素[41]。冬季饮用温水与瘤胃环境、微生物多样性的关系有待进一步剖析，反之，冷水对瘤胃发酵、升温消耗能量、降低饲料的利用率需要细致研究，研发安全节能、廉价实用的牛恒温自动饮水系统将是今后研究的重点与难点。

5. 南方防暑技术

（1）喷雾联合悬挂式风机。为缓解南方肉牛夏季生产过程中的热应激，采用喷雾联合悬挂式风机的降温措施对不同品种肉牛的降温效果进行了研究。结果表明：在 30 ～ 40℃、相对湿度小于 80% 的条件下，喷雾运行阶段处理舍空气温度平均可降低 2.1℃，相对湿度增加 5.8%，西门塔尔杂交牛直肠温度降低 0.3℃，未超过 39℃（注：防暑临界体温），呼吸频率 11 次 / 分，日增质量提高；锦江黄牛体温未超过 38.5℃，呼吸频率 14 次 / 分，日增质量提高 0.19kg/d，提高率为 27.5%[42]。具有瘤牛血液的锦江黄牛更适于在湘赣等湿热地区，而且锦江黄牛具有维持较低体温的特点，日增重一般比西门塔尔低，在夏季其日增重相差无几，地方品种适应值得挖掘利用。

在河南许昌，夏季气温在 22 ～ 33℃内变动，早晨相对湿度达到 90%，白昼相对湿度不足 70%，在肉牛舍进行间歇性喷淋吹风和吹风，可不同程度地降低西门塔尔肉牛的呼吸频率，提高日采食量、日增质量和生产效益，且以间歇性喷淋吹风的效果最佳，值得在生产中推广[43]。

（2）冷风机 – 风管。冷风机风管（Cooling fan–duct）利用湿帘降温冷风机 – 纤维风管系统，通过射流送风方式对肉牛舍进行局部降温。湿帘冷风机对牛舍密闭性要求低，安装维护方便。湿帘冷风机风量为 13000m^3/h，总输出风压 150Pa。风机装于端墙外，高出地面 30cm，湿帘水源为 15 ～ 20℃的地下水。在环境温度 31 ～ 38℃、相对湿度小于 80% 的安徽亳州，降温幅度普遍在 3℃以上，风速 0.7 ～ 1m/s，相对湿度低于 80%，换气量降低[44]。值得注意的是气温在 14:00 达到最高，对照舍的西门塔尔公牛体温达到 39℃（防暑临界体温），18:00 气温达到 39.5℃，试验舍公牛的体温仅 39℃，延缓了高温应激，试验舍公牛的日增重提高 0.38kg/d。在环境温度 27 ～ 40℃、相对湿度最高达 90% 的江西高安，风管高度 2.1m，该降温系统可以使处理舍内温度比对照舍降低 4.9℃，最大降幅 6.3℃，舍内湿度不超过 80%，牛的呼吸频率平均降低 12 次 /min，日增质量提高 0.37kg/d，极大缓解了肉牛的热应激[45]。对照舍每日白昼相对湿度在 50% 以下，试验舍湿度在 75% ～ 80%，考虑高湿与牛趴卧区风速降低的关系，风管高度应适当降低。

6. 牛棚的温热环境调节特点

温热环境影响饲料的采食量及利用率，也影响肉牛的健康和增重，了解热带牛棚（Cattle shed）的温热环境特点有利于肉牛的环境管理。

为了解热带地区双坡式棚舍散栏饲养模式下的环境特征，魏天盛硕士在湛江测定了肉牛舍的温度、湿度、气流、PM_{10} 等指标。结果表明：棚舍内外温湿度几乎相同，换气量超过了最大换气量，PM_{10} 优于卫生标准，温湿指数范围为 78 ～ 85，处于热应激状态。考虑气流影响的体感温度范围为 25 ～ 30.5℃，晴天的 14:00 和 19:00 时风速为 0.95 ～ 1.30m/s，气流显著地减少了高温的影响。棚顶隔热能力差，晴天棚顶内外表面温差不足 1℃，棚顶内表面最高可达 60.8℃，此时的舍内气温仅为 33.4℃，棚舍自然换气调节是环境控制的主体[46]。四面开放的棚舍可以保持良好的通风，既满足夏季最大换气量的需求，使牛舍内外温度相差不多，又可以保证冬季牛舍内良好的空气卫生环境质量。此类型的牛舍适用于热带地区，有一定推广价值[46]。

为了解亚热带双坡隔热棚舍系饲养模式下的环境特征和隔热性能，研究人员测定了灵璧肉牛舍棚舍围护结构的总热阻、总衰减度、总延迟时间，并同设计要求的参考值进行比较。结果表明：夏季牛舍内温度 23.0 ~ 29.5℃，考虑气流影响的体感温度为 23.3 ~ 26.8℃，降低了近 3℃，气流有利于降温，畜舍满足最大换气量的需求。冬季牛舍内温度为 -1.3 ~ 9.7℃，舍内外温差小于 1℃，湿度变化范围很大，平均值介于 55% ~ 85%。PM_{10} 浓度均低于卫生学标准。牛舍棚顶外表面温度随时间的变化有较大的波动，夏季最高温度可达近 60℃，早晚温度低，中午温度高。而棚内表面温度的变化幅度较小，尤其在棚外温度最高的中午，棚内、外表面的温差可达 19℃。冬季最低温度可以降到 -12.3℃，而棚内温度最低也只降到 -1℃。棚顶冬季总热阻为 0.372（$m^2 \cdot K$）/ W，夏季总热阻为 0.411（$m^2 \cdot K$）/ W，总衰减度为 4.3，总延迟时间为 0.2h。棚顶隔热层降低了棚外向舍内的辐射热，有效降低了舍内的温度，有利于夏季的防暑降温[47]。

为了解亚热带无隔热层钟楼式单层彩钢瓦屋面棚舍拴系饲养模式下的环境特征，研究人员在凤阳测定了肉牛舍。棚舍自然换气调节是环境控制的主体，适当架高棚顶、开设钟楼换气口有利于畜舍通风换气。冬季舍内温度为 -1 ~ 7.5℃，舍外温度为 -3.3 ~ 5.5℃，温差仅 2℃，舍内风速为 0.2 ~ 0.4m/s，舍外风速为 1.01 ~ 2.53m/s。舍内湿度高于舍外，超过了肉牛生长的适宜湿度范围，NH_3 浓度优于卫生标准，冬季棚舍四周围挡塑料薄膜减少了换气量，保温作用弱，空气质量下降[48]。舍内温度与屋顶内表面辐射热强度呈正相关，屋顶辐射热每增加 1mW/m^2（屋顶内表面温度上升 0.4℃），舍内空气温度就升高 0.21℃。经测算，屋顶高 4m 以上可减缓太阳辐射对舍温的影响，应因地制宜选择畜舍类型、屋顶高度与隔热层厚度[49]。

7. 防寒与防暑策略

我国南方气候特征表现为夏季闷热，冬季阴冷，该气候特征对畜牧业负影响颇深。现有研究报道很少系统性地提出该气候特征下肉牛体温调节特性及温热环境综合评价指标。前人对牛体感温度（Effective temperature，ET）的研究多集中于夏季高温，鲜有冬季寒冷环境条件下的牛体感温度研究。针对我国南方气候条件对牛的影响，确定冬季和夏季牛体感温度公式具有实用价值。

我国南方牛舍多以棚舍为主，其通风换气量大，牛舍内环境特点与以往的研究有一定的差异。选择西门塔尔牛，测定其环境干球温度（*DBT*）、湿球温度（*WBT*）和风速（*V*）及其皮温，结果表明干湿球温度与皮温呈正相关。

冬季肉牛的体感温度公式：$ET=0.81DBT+0.19WBT-2.99V$（$r=0.87$，$P<0.001$）

夏季肉牛的体感温度公式：$ET=0.28DBT+0.72WBT-1.93V$（$r=0.93$，$P<0.001$）

可见，为了改善温热环境，冬季的重点是防冷风、调整北侧卷帘；夏季的重点是通风除湿[50]。

前述的防暑技术，冷风机与湿帘的降温原理相同，但是湿帘需要畜舍封闭，南方棚舍较多，冷风机无需过多考虑封闭问题。

8. 运输应激问题

近距离运输应激对育肥牛的影响研究表明，体重下降，血液指标升高，母牛抗应激能力高于公牛[51, 52]。参苓白术散等复方中药能缓解运输应激对犊牛的刺激[53, 54]，中草药复合添加剂可以稳定肉牛长途运输后的体温和血液生化指标变化，具有提高日增重和减少发病率的作用[55]。延胡索酸泰妙菌素、泰乐菌素对长途运输后肉牛的抗应激和促生长均有一定作用[56]，运输应激作用下结合珠蛋白、还原型谷胱甘肽、铜蓝蛋白含量的升高有利于提高机体的抗应激能力，免疫球蛋白 G 显著降低可导致机体的抗病力下降[57]、运输中应激指标变幅大，高峰可持续至 5h，冬季 3h 开始下降[58]。运输应激初期（2h），多数组织出现毛细血管扩张充血、细胞肿胀等急性病理性变化。运输 3 ~ 4h 各组织的病理改变与初期相似但有所加重，运输 5h 心脏出现心肌纤维的断裂，胸腺、脾、肾出现功能衰竭等现象[59]。皮质酮激素（CORT）和促肾上腺皮质激素（ACTH）含量在 3h 运输后显著提高，5h 运输后下降并与 0.5h 运输后相近。滴水损失随运输时间延长而增大，5h 运输后滴水损失最大，设静养时间对滴水损失影响较小[60]。随着应激时间增加，大鼠空肠损伤逐渐加重且 Hsps mRNA 表达量升高，表明 Hsps 的表达量与运输应激造成空肠的损伤严重程度有关。运输应激后表达量急剧升高的保护性分子 Hsps 是动物抵抗运输应激的重要机制之一[61]。维生素 C、维生素 E、GABA、KHCO 和酸枣仁汤等抗热应激复合添加剂可以缓解出栏肉牛由运输引起的应激[62-64]。日粮中添加维生素 E、槲皮素和止痢草油均能增加动物采食量和体重，改善动物的生长性能。α – 硫辛酸在动物体内发挥自由基清除能力、抑制脂质自氧化的作用最强，止痢草油对机体总抗氧化能力增强作用较明显，槲皮素、维生素 C、维生素 E 在抑制脂质自氧化和增强抗氧化酶活力均有效果，这 5 种抗氧化剂在运输应激大鼠中均具有一定的抗运输应激作用[65]。

（三）粪便处理模式、工艺与公益政策

从畜牧业外围来看，畜牧业受土地资源与环境容量的制约日益明显，畜牧业布局受社会经济、城镇化与新农村发展的影响加剧，加上相关新环保法规、新标准的颁布实施，畜牧场粪便污染治理压力进一步加大；从畜牧业内部结构来看，产业规模、布局、饲养方式、饲养规范都处在转型升级阶段，与其相适应的粪便处理模式仍然是影响我国畜牧业可持续发展的重点问题。

我国畜牧业以猪、鸡、牛为主要饲养动物，规模化比例大，生产过程中产生的排泄物较多。据统计，2011 年我国家畜粪便的产生量为 21.2 亿吨，约是稻秆产生量的 3.26 倍，其中，牛粪便产生量较大。从区域来看，畜牧业大省或单位土地载畜量较高的省份（直辖市）问题最为突出；同时也应注意到，东北区域虽然种植地相对广阔，但迄今并没有将此优势发挥于家畜粪便的资源化利用。从粪便成分来看，猪鸡粪便比牛粪复杂，如重金属、

抗生素等残留。从根本上看，农牧日益脱节，粪便作为问题在环保的高压下来解决，处理与利用链条不完整，全链条经济有效性和可操作性差，处理成本上升。从土地承载力看，在畜牧场有效半径范围内缺乏足够的土地利用家畜粪便，或者缺乏必要的粪肥运输和施用的基础设施设备[66]。

从家畜粪便用途来看，目前我国主要作为农田肥料、能源沼气、培育生物等原料加以资源化利用，其中作为有机肥这一最主要途径因其使用效益不高而受阻，存在“最后一公里”问题；鼓励家畜粪便资源化利用的政策不断加强，但可操作性问题还亟须落实与解决；家畜粪便管理过程的气体排放控制问题日益突出。粪便由过去单纯的处理环节发展到从收集（舍内清粪工艺）至运输、储存、施用的全过程管理。

1. 清粪模式、地板类型、饮水设施、舍内通风

家畜粪便管理始于畜舍内的清粪，清粪模式既影响粪便形态特性、舍内空气质量，又受制于人工、舍内地板的设计或选用、饮水设施（如水禽、蛋鸡、猪），并要求配套相应的舍内通风环控系统，这些是一个整体。目前规模化饲养场倾向于生产工艺紧凑、高效率、机械化、自动化的清粪工艺，例如蛋鸡传送粪便带（Manure-belt）、猪牛舍的刮粪板（Manure-board scraping）等。

规模养鸡场采用人工方式清理蛋鸡粪便占55%，采用刮粪板方式占49%，没有农户采用传送带清理蛋鸡粪便，其中刮粪板方式清理蛋鸡粪便可以有效减少蛋鸡粪便清理投入[66]。人工清粪、刮粪板清粪和传送带清粪技术的综合效能分值分别为77.72、85.83和87.36，其中传送带清粪和刮粪板清粪技术综合效能得分均显著高于清粪技术得分；采用传送带清粪技术时，饲养规模越大，其综合效能评价得分就越高；刮粪板清粪技术适用于中等规模（20万~50万只存栏蛋鸡）的蛋鸡场[67]。

人工清粪牛舍内的NH_3和含湿量日平均浓度高于刮粪板清粪舍，两个舍的PM_{10}含量基本一致。根据日变化曲线，NH_3的产生受机械清粪的影响很大，在机械清粪过程中NH_3浓度提高70%~75%，在刮粪后一个小时内舍内氨气浓度会回落到刮粪前水平的80%~85%，舍内NH_3浓度均在20mL/m^{3}以下，符合欧盟畜舍空气卫生要求。人工清粪舍NH_3浓度在26mL/m^{3}左右，达到国家技术规程要求。NH_3和CH_4还受肉牛行为的影响，肉牛的排尿、反刍、活动量都会影响舍内气体的含量[68]。

牛粪通过筛分晾晒后可以作为泌乳牛垫料，铺垫3 h后垫料中的环境性乳房炎致病菌数并未显著增加，不会增加泌乳牛患环境性乳房炎的风险。使用牛粪垫料可以增加泌乳牛的趴卧时间，缩短趴卧前的准备时间，并增加每天趴卧的次数，但牛粪垫料使泌乳牛后躯的清洁度降低[69]。

发酵床（Bio-bed system）养猪对肥育猪生产性能及肠道有益菌和有害细菌都有明显的影响。与传统养猪相比，发酵床养猪在日增重、料肉比、肠道有益菌等方面都有一定程度的提高，而对肠道有害菌有明显的抑制作用，实验组猪肠道内乳酸菌和大肠埃希菌的数量与对照组相比增多，没有检测到沙门菌，健康和生长发育较好。因此，发酵床养猪对猪肠道内的有益菌的生长有明显的促进作用，对致病菌的生长有明显的抑制作用[70]。

2. 粪便处理模式、工艺

我国现有的畜牧场粪便处理利用模式、工艺主要途径有三种情形，其一，新鲜粪便直接运输和施用；其二，简单堆沤发酵以半成品施用；其三，加工成有机肥出售，目前绝大部分是亏本运营。此外，也有部分固体粪便用于制取沼气，小部分粪便先采用昆虫等动物（如蝇蛆、蚯蚓、水虻等）进行转化，再施行二次发酵生产有机肥，但仍处在小中试水平，尚不足以满足规模化饲养场的粪便处理需求。

生产有机肥是我国畜牧场粪便处理利用的主要模式；古今中外实践证明，堆肥（manure composting）让粪便回到农田是治理粪便、利用粪便的根本出路。目前在生产上采用最多的工艺是条垛式堆肥和槽式堆肥，但因厂房简陋、深加工设备闲置、发酵过程散发臭气、辅料来源受限，制约了有机肥的生产。

如何管理堆肥、减少甲烷的排放量是低碳畜牧业关心的要点。在蛋鸡粪和锯末堆肥过程中，堆肥初期 CH_4 排放量最大，翻堆对堆肥升温期 CH_4 的排放没有显著影响，但在堆肥高温期和降温期，与不翻堆相比，高翻堆频率（4 次 /d 和 2 次 /d）会减少 CH_4 的排放[71]。

尸体堆肥（Composting animal mortalities）是一种经济实用、环境友好的死亡动物尸体处理方法，在美国、加拿大和澳大利亚等国已成功应用于日常死亡和突发疫情染疫动物的无害化处理。尽管农业部于 2013 年 10 月印发的《病死动物无害化处理技术规范》将发酵法列为病死动物无害化处理的主要方法，但由于国内相关研究非常有限，无法支持死亡动物尸体堆肥处理技术的生产应用。针对生产中死猪难处理的问题，董红敏博士对死猪堆肥技术进行了试验研究。试验采用箱式堆肥方法，设置不同通风速率，结果表明：大于 100L/（m^3·min）堆肥箱内平均温度超过 55℃的时间 34 天，6 周后死猪仅剩下大部分骨骼，降解率 95%，试验 14 天后大肠菌群数即能满足相关标准的无害化要求；有机质（干基）质量分数在 47% ~ 48%，全氮和全磷（干基）的质量分数达 5.7% ~ 6.4%，超过“有机肥料”标准的总养分≥ 5% 的技术指标要求。死猪堆肥无害化处理并将其转化成有机肥料，将为中国规模化猪场的死猪处理提供新的技术选择[72]。

利用强制通风密闭箱式堆肥系统处理死鸡。在冬季和春季进行两期堆肥处理死鸡试验，结果表明：冬季和春季堆肥试验过程中，各通风处理条件下死鸡的分解率均在 85% 以上，冬季堆肥试验通风量为 35L/（m^3·min）时，处理效果最好，死鸡分解率为 90.5%；春季堆肥试验通风量为 45L/（m^3·min）时，处理效果最好，死鸡分解率为 90.2%[73]。

为了探明猪粪与死猪同步堆肥在外界低温环境条件下的运行效果及其处理负荷，试验设置双层死猪处理组、单层死猪处理组和无死猪对照组，采用有效体积 0.95m^3 堆肥箱、供以 100L/（m^3·min）的通风率对 4.6 ~ 21.4kg 保育期死猪进行冬季堆肥处理，每层 3 头死猪，总质量在 28.0 ~ 30.0kg。试验期间外界环境日平均温度为 –11.2 ~ 2.7℃、最低温度为 –17.8℃，堆肥箱内温度在试验启动后 3 ~ 5 天上升到 50℃以上，双层死猪和单层死猪处理组的箱内日平均温度超过 50℃的天数分别为 32 天和 23 天，满足相关国家标准的无害化要求；堆肥 6 周和 8 周后，死猪降解率分别为 93.6% 和 96.8%，死猪仅剩下部分骨骼，单层与多层死猪堆肥的降解率差异不显著，高 1m 的堆肥箱中可同时处理两层死猪。因此，将猪粪堆肥的原料制作方法用于死猪堆肥，动物尸体降解需要时间在 6 ~ 8 周，该方法可使猪场的猪粪堆肥与死猪处理同步进行，即使在中国北方也能实现周年运行[74]。

3. 家庭农场粪便的分散处理与集中处理模式

家庭农场对支撑我国畜牧产业、振兴农村经济、发展新农村都是重要单元，而种养结合是关键。环保成了家庭农场发展的制约，其根本是没有实施好农业用地规划，种养脱节，在环保高压下转而以对待传统工业废弃物的办法直接面对饲养废弃物处理、以图达标排放，逆道而行，其结果不仅增加饲养成本、失去与同行的竞争力，而且也增加了监管难度。家庭农场相对规模小，有配套农地，具有种养结合优势、综合效益明显、采用分散处理模式的优势，但目前普遍存在综合利用不到位的情况，要么配套设施不到位，要么设施不启用，监督难到位。采用集中处理模式关键在于运营机制的建立与落实，实现家庭农场种养循环、粪污高效利用。

4. 粪便处理的区域差异化

粪便处理在我国不同区域间差异很大，这主要与地区气候特点、饲养模式、土地与种植业资源、社会经济状况、监管力度等不同有关。总体而言，南方畜牧业面对的环保压力比北方大。

南方区域趋向于集约化处理工艺，东北区域关键问题在于缺乏冬季低温运行、春季施用、夏秋储存以及粪便运输等相关配套设施与机制，西北高寒地区以中小型、简易高效为特征。不同区域都要考虑粪便处理不及时、不彻底对当地地表水与地下水的污染问题以及空气污染问题。

5. 粪便处理公益政策

资源、环境、社会经济与政策高度影响畜牧业的空间分布与粪便的处理，家畜粪便问题的形成与社会发展变化的驱动二者之间有着密切的关系，畜牧业又是民生工程，养畜必有粪，因此需要一种集政府、社会力量的长效机制来保障家畜粪便的妥善处置。

迄今为止从国家到地方，通过标准化畜牧场建设、沼气工程等项目已明显加大了对畜牧业的扶持力度，但还需要培育和大力拉动、规范有机肥市场，鼓励和增加使用有机肥的“有利可图”、提高积极性，加大废弃物转化能源的补贴，扩大废弃物管理设施设备（农机）补贴，完善和规范畜牧业环保设施建设、畜牧业环保设施维护与运行资金的补贴，进一步强化土壤有机质改良计划，调整城市污泥管理办法，只有这样才能最终推动家畜粪便向农田肥料转化，促进畜牧环保设施的作用发挥。

6. 粪便沼气处理清洁发展机制方法学和技术开发

中国农业科学院农业环境与可持续发展研究所董红敏等人的“畜禽粪便沼气处理清洁发展机制方法学和技术开发与应用”成果获得科技进步奖二等奖。

清洁发展机制（Clean development mechanism，CDM）是《京都议定书》确立的发达国家与发展中国家之间的温室气体减排合作机制。发达国家通过以技术和资金投入的方式与发展中国家合作实施具有的项目，其所实现的温室气体减排转让给提供技术和资金的发达国家缔约方用于履行其在议定书下的义务。目前已建立了户用沼气 CDM 项目减排量核算的计算公式和户用沼气 CDM 的监测方法，该方法学的建立使得包括我国和广大发展中国家开发量大、分散的户用沼气 CDM 项目成为可能，对定量核算农村沼气减排贡献并获得经济补偿具有重要意义；该方法学的提出了丰富了农业温室气体研究的理论和方法，并被联合国清洁发展机制专家委员会批准为“农户/小规模农场的农业活动甲烷回收方法学，成为定量核算和监测户用沼气温室气体减排效果的国际通用方法”。

目前不少猪场使用水泡粪清粪工艺清理猪粪便，同时对水泡粪清理的粪污进行沼气工程处理，但不同水泡粪贮存条件对其粪污后续厌氧发酵的影响尚不清楚。通过将猪粪和尿液通过不同贮存温度（20℃，30℃）和时间（7d，14d，21d）组成 6 种前处理条件，模拟不同条件水泡粪出水，研究水泡粪物料特性对出水厌氧发酵的影响，结果表明水泡粪出水的单位挥发性固体（VS）的厌氧发酵产气率在 369.2 ~ 702.0mL/g，厌氧发酵前 7 天的日产沼气量一直处于较高水平，之后快速下降，厌氧发酵 10 天后产气基本处于较低水平且下降平缓；氨氮对厌氧发酵有显著的抑制作用，水泡粪出水氨氮浓度大于 3000mg/L，对厌氧发酵的抑制作用显著增加。水泡粪物料总固体物含量越高，厌氧发酵产气越低，据此建议适当缩短水泡粪的时间，以提高后续厌氧发酵产气量[75]。

创建了“CDM 工艺”，实现了我国家畜粪便处理利用工艺的新突破。提出了水解与机械相结合的高浓度粪便除砂技术、高浓度原料低能耗搅拌技术、冬季厌氧罐增温保温技术、沼液浓缩和利用技术，该创新工艺实现了大型沼气高浓度粪便、高容积产气率常年持续稳定运行，比常规工艺产气率提高 50%，为开发 CDM 项目和保证 CDM 项目温室气体减排效果奠定了技术基础，在国内首次研究集成了适用于不同规模化畜牧场的粪便沼气处理 CDM 技术模式，建立了 CDM 项目开发可行性指标和基线监测等技术规程，为促进国际环境补偿机制的应用提供了工具。在国内率先开展不同规模（农村用户、典型规模化畜牧场、特大型畜牧场）粪便沼气处理 CDM 项目技术示范，在实现废弃物多级综合利用、减少污染和减排温室气体排放的同时，通过国际 CDM 机制兑现了沼气建设环境效益的经济价值。

（四）农牧结合物质循环及其经济性

在我国传统农业中，种植业和畜牧业之间这种相互依赖的物质循环与能量利用实现了传统农业的持续发展。然而，随着现代农业规模化生产的快速发展，特定的小区域生态环境中种植业与畜牧业之间原有相互依存的物质循环和能量利用关系被彻底打破。

为了实现畜牧业产生的粪肥能在种植业中得到充分利用与转化，针对我国地域广阔、四季分明、南北与东西差异引起的种植业与畜牧业差异较大等特点，我国各地均开展了形式多样的农牧结合方式，以实现农牧结合物质循环，并探索出多种具有较好经济效益的种养结合生态模式，已在类似的生态条件下进行示范与推广应用。

2010 年畜牧业的化学需氧量、氨氮排放量分别达到 1148 万吨、65 万吨，占全国排放总量的比例分别为 45%、25%。全国共有 24 个省份的畜牧场（小区）和畜牧生产专业户化学需氧量排放量占到本省农业源排放总量的 90% 以上。畜牧业污染已经成为环境污染的重要来源。

因此，目前我国如何开展农牧结合进行物质循环利用，探讨实现农牧业高产高效的种养模式与配套规模及其农牧结合产业中关键配套技术，采取相应的技术措施对畜牧业排泄物进行资源化利用与无害化处理，提高畜粪在种植业中的应用，减少或避免畜牧业排泄物对环境污染与浪费，提高农牧结合产业中的经济与社会效益并进行示范与应用，成为该领域的热点和难点。

1. 畜牧区域规划

我国气候包含雷州半岛以南热带、讷河寒带、齐齐哈尔以南的温带和江淮以南的亚热带，自然条件包括占国土面积 52% 的东部农区和占 48% 的西部牧区，但是牧区畜牧业受自然条件影响大，人类干预能力低，仅仅生产 2% 畜产品和占 3% 的畜牧业产值，农区畜牧业可持续发展问题仍任重道远。农区畜牧业的快速发展加快了环境污染，山东、黑龙江、河北、辽宁、河南和内蒙古 6 个省区的规模化生产的 COD 排放量合计占到全国的 50% 以上，黄淮海区的河南、山东以及河北省始终为全国家畜年产污量最高的地区，东北三省和四川年产污量的高增长率奋起直追，东部以猪鸡污染为主，西部以草食家畜污染为主，环境保护工作形势严峻[76]。以土地对粪便处理与利用的消纳能力确定畜牧业的饲养数量与发展速度，已经刻不容缓地列入议事日程，各级政府必须重视做好区域规划（Regional planning）。

牧区畜牧业依赖自然资源，现存家畜分布格局乃必然选择，应当尊重。呼伦贝尔温凉半湿润牛、马、羊气候区以放牧为主，数质量并重，保持草地生态平衡，采取划区轮牧制度，放牧与舍饲、半舍饲养模式相结合，缓解草场压力，防止草场退化。锡林郭勒温凉半干旱草原草场牛、马、羊气候区以舍饲为主，因地制宜进行生态移民，减少经济活动对天然草地的依赖。鄂尔多斯温暖半干旱羊、牛、马气候区草场沙化和退化严重，应采取生态保育的措施，恢复草场，限期退耕还草，恢复植被。鄂尔多斯西部温暖半干旱绵羊、山羊、骆驼气候区应以优先修复利用与限制开发相结合，建舍饲养半细毛羊。阿拉善温热干旱山羊、骆驼气候区应采取压缩家畜数量与种草育草相结合，逐步恢复退化草地[77]。

2. 农牧结合生产模式

由于我国地域辽阔，沿海和中部地区与北方和西部地区畜牧业生产与种植业生产方式、集约化程度均存在较大差异。因此，全国各地的农牧结合模式多种多样，取得的经济效益也存在较大差异。近年来，农牧结合粪污排泄物循环利用的生产模式主要有：①固体粪肥经简单处理后用于植物生产（粪肥—粮食作物生产、粪肥—果蔬种植、粪肥—林木与花卉种植、粪肥—牧草种植、粪肥—水生植物种植等利用模式）；②粪肥制作成复合肥后用于种植业生产；③粪肥通过沼气发酵后，沼液、沼渣用于植物生产；④畜牧场污水与尿液经沼气发酵后用于植物生产；⑤畜牧场污水与尿液经氧化塘处理后用于植物生产等种养结合的物质循环利用模式。

在农牧结合物质循环利用生产实践的各种模式中，畜牧业与种植业如何科学地量化与优化配套，实现粪污高效转化，避免过多的畜牧场废弃物污染环境，避免疫病因畜牧业排泄物在种植业中资源化利用而传播与感染等问题，均需进一步深入研究。

3. 畜牧业生产排泄物与污水处理技术

在规模化畜牧场，为了实现排泄物减量生产与避免疫病通过排泄物传播，研究并实施了粪尿排泄物“固液分离”和“雨污分离”；固体畜粪经堆肥发酵、复合有机肥生产或烘干处理等方式处理后在种植业中得到资源化利用；液态的污水与尿液、少量粪渣经沼气发酵或氧化塘处理后用于植物生产灌溉使用。

尽管有许多生物技术、畜牧场污水生物膜处理技术均能有效处理畜产排泄物，但因其投入多产出少，所以从经济角度上来看该类技术目前还较难大规模在农牧结合中实施与应用。

4. 畜牧业排泄物减量化技术

开展了畜牧业生产过程中排泄物减量化生产关键技术研究与应用。特别是通过平衡日粮技术的应用，饲料原料的预处理，饲料配方优化，饲料加工工艺改进，饲料酶制剂、微生态制剂、除臭剂、酸化剂等添加剂的科学应用，饲喂技术的优化以及畜床与生产环境冲洗与洁净处理等一系列技术措施，减少畜牧业生产过程中粪尿与污水的产生，实现畜牧业排泄物减量化生产。

此外，还根据各地生态环境与种植业生产需要，组织并发展了与之相匹配的畜牧场种类、数量和生产方式，促进农牧结合中物质的循环利用，提高种植业和畜牧业产品品质与社会经济效益。

5. 农牧结合经济与社会效益

通过建立种养结合的生态模式，提高畜品品质，通过对品牌运作和优质优价的商业模式，提升了畜产品经济附加值，实现了农牧结合资源循环利用与高产高效。

（五）家畜放牧行为与放牧生态

中国草地面积在全世界排第三位，约 4 亿公顷，占国土总面积的 40.7%，其中大多为天然草地。草地放牧利用是最基本、最经济、最实用的利用和管理方式。人居、家畜和草地等要素组成草地生态系统，为家畜提供生存环境和营养来源，为人类生产廉价健康的畜产品。毋庸置疑，家畜是草地生态系统的核心要素，是碳、氮循环的关键环节。家畜放牧既能影响草地健康和草地植物获取太阳能的多寡，又能影响人类从草地获得畜产品的数量与质量。同时家畜放牧也是维持草地生态系统健康可持续发展的关键要素。然而，由于我国天然草地长期超载过牧，管理不当，致使草地生物多样性锐减，不断退化，极端气候频发。研究家畜放牧行为及其对草地生态系统的影响就显得十分必要和重要。

1. 家畜的放牧行为及其影响

家畜的放牧行为（Grazing behavior）包括许多，如采食、踩踏、争斗等，这里主要阐述放牧采食及其影响的研究进展。

家畜的放牧采食具有偏食性，即选择性采食或称嗜食性。不同种类家畜有着不同的采食习性。家畜采食的明显差异致使它们在同一块草地或不同草地放牧时会采食不同的牧草，当放牧季节不同时，采食牧草种类也会明显不同。

家畜放牧采食因植物种类和生育期的不同而差异显著。春季牧场牧草的粗蛋白质含量极显著高于秋季牧草。在植物生长旺盛阶段，草场上出现大量短生植物，成为日粮的主要成分，当短生植物枯死或动物采食完后，适口性较好的多年生植物才被大量采食。相对于草本植物，大多数木本植物适口性极差或分布稀少，采食量少甚至被拒食，因为这类植物存在苦味及芳香味的成分（必需的油类物质、香豆素、单宁物及生物碱）；另一个原因是这类植物体带有利刺。

家畜放牧采食对草地植物的影响主要体现在放牧强度和放牧制度，两者共同决定了植物种群的消长和群落的演替方向。在草地受损阈值范围内，草地具有自我恢复能力，否则会发生草地退化。放牧强度影响植物种间关系和群落数量特征等，是抑制或促进草地系统持续健康稳定的最关键影响因子。放牧强度由轻到重会导致植物群落特征发生变化，如西北高山草甸植被的盖度随着放牧强度的增加而降低，而亚高山退化草地的盖度却增加。适度的放牧有利于草地植物生长，也有利于畜牧业生产。

草地资源始终处于动态变化中，草地具有明显时空变异性，家畜放牧的季节与时间长短会影响草地的植物种类与数量分布。中国北方草地普遍存在饲草夏秋丰裕、冬春严重匮乏现象，季节性差异远大于地区性差异，因此放牧与草地的交互影响结果差异也明显。牧草生育期不同，其对放牧的敏感性也不同，一般在春季返青期和秋季结籽期，放牧对草地牧草影响很大。植物种群的高度、盖度和密度不同，其对不同时间家畜放牧的应答反应也明显不一致。一般，晚放牧可以有效增加草地植物地上生物量。降雨、干旱和放牧均会影响草地植物多样性，亦会提高其生态共适应性。草地植物种类不同，其对放牧强度的耐受能力也不相同。例如，嵩草草甸中常见和重要的垂穗披碱草和鹅绒委陵菜属于伴生种，但是它们对家畜放牧采食具有明显不同的耐受力。当轻度放牧时，群落向垂穗披碱草草甸方向演替，当长期过度放牧时，鹅绒委陵菜会大量出现，草甸发生退化演替。家畜放牧应该使草地植物处于良好的营养生长状态。

最近，有学者提出了以休牧为核心的新的草畜平衡管理制度，试图将研究主体从家畜转向草地植物，但是缺乏植物对家畜放牧的综合应答数据，还有待于借助模型精准核算来完善。

2. 放牧草地生态系统

放牧草地生态（Grassland ecology）研究以保护草地生态系统和实现草地畜牧业的可持续发展为基础，以维持和提高放牧草地生态系统的总体效率为目标，其核心问题是放牧草地的草畜平衡问题。

（1）草畜平衡的理论与实践。我国草畜平衡研究的基础是以草定畜的平衡理论，即认为草地生态系统存在平衡态，放牧家畜单位不应超过草地的载畜量阈值。事实上，草地生态系统并非仅有一个平衡态。在我国北方的许多干旱、半干旱草地草场，降水是影响草地生态系统的主要非生物因素，降水量差异导致草地生产力高度差异且具有不可预测性，草地表现出明显的非平衡特征。此时，放牧家畜的数量变化成为草地植被变化的结果，而不是其变化的原因；显然，单纯的平衡理论已不宜指导现实草地放牧管理，因为根据现有草畜平衡理论很难计算出草地的载畜量阈值。

近年来我国学者相继提出了季节畜牧业、关键场、生态载畜量、经济载畜量、产量载畜量和营养载畜量等理论，以期科学合理制订草地载畜量。其中，“季节畜牧业”是指在牧草旺季割草储备“以畜应草”，而在枯草季淘汰部分家畜“以草定畜”，这在一定程度上解决了草畜的时空分歧，但仍存在传统畜牧业的诸多问题以及牧草储存过程中的营养严重损失问题。“关键场”理论也存在草地利用不充分、造成草地资源浪费等问题。而“生态载畜量”的实质仍然是以草定畜，尽管我国现阶段对放牧草地载畜量的研究仍主要基于对生态载畜量的估算，但这种载畜量未能考虑家畜的放牧率，无法准确反映草地的载畜能力，对长期放牧缺乏指导价值。“经济载畜量”是在不影响草地持续生产力情况下，家畜出栏率最大、经济效益最佳时的家畜数量。可以看出，这种理论仅适用于管理良好的草地。“产量载畜量”和“营养载畜量”考虑了草地营养供给和家畜营养需要的特点，但其结果的合理性仍有待进一步验证[77]。

（2）载畜量估测方法及参数。目前在实践中人们趋于使用相同的方法，以便于进行测定结果的比较。草地生产力、草地利用率和家畜单位是草地载畜量估测中的几个重要参数。

草地生产力是指一定时间内草地的净初级产量，是确定草地载畜量的最主要因素。降水量也是影响草地生产力的最主要因素之一，尤其是干旱、半干旱草地生态系统；除此之外，地形、地貌、土壤养分等也是重要影响因素。

草地利用率与放牧草地的可持续利用直接相关，影响草地生态系统的经济、社会与生态效益，是草地载畜量计算的主要参数，目前主要通过经验估计和实际测量两种方法计算。

家畜单位也称为家畜等价系数或家畜指数，1 个家畜单位是指 1 个标准家畜的采食量；我国南方草地载畜量主要用黄牛单位表示，北方草地多采用羊单位。

（3）家畜放牧生态研究。在草地放牧生态系统中，除了自然因素，放牧管理是影响草地生产经营效果的直接因素。草地土壤是地球陆地最大的潜在的 CO_2 储藏库，可是，其潜力很大程度上依赖于人们对草食性大家畜的放牧管理。草畜平衡管理的核心目标也在不断变化，从关注放牧家畜的数量转而重视和改变家畜的放牧管理模式。我国目前提出了一些具体的草畜平衡措施，但整体性、系统性研究不够。值得重视的是，为了草地的可持续利用，应坚持生态效益、经济效益和社会效益并重原则，在充分考虑草地放牧生态系统的整体性、动态性和时空差异性的基础上，积极务实地开展研究。

3. 混合放牧草地生态系统

植物和草食动物多样性是维持草地生态系统稳定性的重要组成部分。不同种类的草食动物对植物采食需求有所不同，从而影响植物群落分布，同时不同植物群落分布也影响草食动物采食行为。

家畜混群放牧能够有效增加单位面积草地畜产品产量，同时也有利于草地资源的管理和保护，因为家畜混群放牧能够使草地植被被均衡利用。混合型放牧需综合高低植物多样性及草食性动物对其采食种类的竞争性进行合理搭配，利用草食动物采食偏好性，可对草地生态系统植物多样性进行微调。混合放牧的核心目标是增加草食家畜产品产量和质量，同时维持草地放牧生态系统的稳定性和可持续性。

4. 放牧家畜的福利研究

过去十几年来，随着对无公害、有机肉食品生产的重视，放牧家畜的福利问题也逐渐得到重视，甚至成为热点研究问题。研究人员针对因矿物质微量元素缺乏引起的草食家畜（牛、羊、鹿等）白肌病、摇摆病、异食癖等疾病开展了卓有成效的研究，因地制宜地制订了微量元素补充方案。针对放牧家畜重要疫病，研究、实施了疫苗免疫。目前，有关放牧家畜在放牧过程中的避暑福利、在运输过程中的应激福利研究受到关注。

5. 放牧对草原温室气体排放的影响

由于气候变化和人为活动的共同作用，我国草地生态系统退化严重。国家采取了一系列草地生态保护与建设的政策措施，如退牧还草工程、草原生态保护补助奖励机制等，在很大程度上提高了草地生产力和增加了土壤碳储量。“可持续草地管理温室气体减排计量与监测方法学”通过了国家清洁发展机制理事会和专家评审，成为在国家发改委备案的农业领域温室气体自愿减排方法学，主要内容包括方法学的适用条件、项目边界的确定、基线情景和额外性论证、温室气体减排增汇的计量方法和监测计划。这一方法学为量化我国草地管理措施的固碳减排贡献、对草地管理产生的碳汇进行国内交易提供了科学方法，使牧民获得碳汇补偿成为可能。

在公益性行业（农业）科研专项项目“放牧草地温室气体监测与控制技术研究”（2011—2015）的支持下，郑循华等人研究了不同放牧强度的牦牛、绵羊对典型草原、荒漠草原、高寒草原的温室气排放的影响，以静态箱法测定了草原温室气体排放，测定了放牧过程中粪便甲烷、氧化亚氮和 CO_2 排放通量以及冬季舍饲期的粪便甲烷、氧化亚氮和 CO_2 排放通量，建立了温室气体排放模型。在 *Nature* 等国际顶级期刊上发表了论文。

（六）环境与营养及重金属、药品残留与生态

据统计，我国每年使用微量元素添加剂为15万～18万t，其中约有10万t未能被动物利用而随粪便排出体外。我国家畜粪便的重金属残留种类多、残留量差别大。从第一次全国面源污染源普查的结果可知，各地不同种类及其生长期的畜牧业排放粪便中Cu、Zn含量差异较大。此外，不同种类家畜的重金属含量虽然有差异，但是Cu、Zn含量普遍偏高，其他重金属如Pb、Cd、As和Hg含量均处于较低或很低水平，且规模畜牧业的粪便金属含量普遍高于散养。

高含量微量元素在粪便施用于土壤时，会污染土壤，进而毒害土壤微生物，降低和破坏土壤微生物的活动，从而影响土壤中各养分、有机物的代谢，破坏土壤平衡。其次，重金属和微量元素在土壤中累积，会对作物造成伤害。同时，粪肥中的重金属和微量元素被植物吸收，影响农产品安全性，危害人类健康。

为了预防和治疗疾病，人们在畜牧生产中大量使用兽药；为了提高生产效率，在饲养过程中广泛使用饲料添加剂。但使用的兽药或饲料添加剂也造成了其在动物体内的蓄积，人们食用兽药残留量超标的畜产品后，会对人体健康造成危害。因此，畜产品安全特别是药物残留成为目前极为关注的问题。

广泛地应用兽药以及过量地使用兽药，使得排泄物中药物残留浓度居高不下，严重地污染土壤和水体，既影响了药物本身的降解，也影响了土壤微生物的活动。残留的药物还随生态系统中迁移而进入食物链，从而威胁到食品质量安全。

1. 重金属污染的研究进展

我国在应用领域开展了发酵床猪舍垫料重金属累积监测与分析研究，鸡粪施用对土壤环境、蔬菜品质的影响研究，沼渣肥对土壤环境和农产品品质的影响研究，沼液施用跟踪监测与生态风险评估。

我国在基础理论方面开展了含砷鸡粪施肥后对青菜和番茄植株中砷富集的影响，镉中毒对鸡脾脏淋巴细胞和血清的毒性机理研究，吡啶甲酸铬对生长猪生产性能和组织中铬残留的影响等研究。其中，以高铜对鸡肝脏损伤研究得比较多，此外开展了高铜对雏鸡肾脏、脑组织、法氏囊、胸腺、中枢免疫器官、鸡肝脏、脾脏，肉鸡肌肉、肝脏、血清、红细胞，生长猪胃底腺、中脑和下丘脑，雏鸭脾脏、红细胞和山羊红细胞毒性影响的研究。此外，还开展了牛奶中汞的风险分析，高锰对鸡睾丸、大脑、免疫器官、心脏和脾脏淋巴细胞毒性影响，高锌日粮猪粪便对土壤及重金属累积的影响。

2. 药品残留对畜产品品质的影响

目前畜产品中的药物残留主要有抗菌类药物、抗寄生虫药物、激素和β－兴奋剂残留。药物残留的研究主要集中在药物残留的检测领域。

（1）畜产品中抗菌类药物残留。抗生素残留主要开展了牛奶抗生素残留的研究；磺胺类药物残留主要开展了牛奶、牛肉、猪肉、鸡肉、鸡肝、鸡蛋、鹅肉、粪便的研究；

呋喃类药物残留主要开展了肌肉的研究。

（2）激素残留方面。在畜牧生产中常用的激素类添加剂主要有性激素等，国内注意开展猪肉和牛奶的研究。在国外已经建立起饲料和畜产品中激素残留的检测方法。

（3）β－兴奋剂残留。开展了猪肉、猪肝脏、猪肾脏、牛尿液的研究。

3. 药物残留对生态系统的影响

吴银宝、廖新俤等人在“体内代谢对三种兽药环境行为的影响机理研究”等三项国家自然科学基金项目的支持下，系统地研究了药品残留对生态系统的影响，如恩诺沙星在鸡粪中的残留及其生态毒理学研究、土壤对恩诺沙星的吸附和解吸特性研究、恩诺沙星对小型模型水生态系统中底泥微生物的影响、洛克沙砷的作用和毒性及环境行为。

三、本学科国内外发展比较

随着国民经济的发展，我国的科学研究经费投入取得长足进展，家畜环境学科研究队伍人数增加，大学师资队伍和国家、省市畜牧学科的科学研究机构的人员结构日趋合理，研究水平向世界一流看齐。

（一）家畜环境学科队伍建设滞后

1. 学科队伍建设

我国日益重视环境问题，但各大学的家畜环境卫生学的教学与科研团队建设苦乐不均。以南京农业大学为例，改革开放之初曾有黄昌澍教授牵头，有两位副教授、一位助教。东北农业大学，由王庆镐教授牵头，保持两位副教授、三位讲师、一位高级实验师的时期。在全国引入教师工作量定岗的管理模式下，师资队伍曾一度锐减，至今依然元气大伤。南京农业大学曾经减到 2 人，一度只剩教授一人的情形，东北农业大学也曾剩一名副教授、一名高级实验师的情形。近年，在高等教育按 SCI 论文评价师资乃至学校水平的时代，各校意识到没有人才数量就没有论文数量，师资队伍开始不计工作量，国内重点大学选择优秀博士毕业生扩充数量。南京农业大学的 6 位教师博士群体，其中 5 位有国外学习工作经历。家畜环境卫生学师资队伍逐步成为博士群体，为学科发展及其与国际接轨奠定了基础。

2. 家畜环境卫生学教学

十年前，家畜环境卫生学的学时数为畜牧专业 72 学时，36 学时实验课，兽医专业 54 学时，18 学时实验课，畜牧学科还有 1 周教学实习。如今，南京农业大学畜牧学科有 54 学时和一周教学实习（等同于实验课）必修科目，此外，还设置畜牧场规划设计 36 学时、家畜福利 36 学时的选修课。因学校教改，压缩学生修课学分与学时，兽医、兽药学科取消了家畜环境卫生学选修课。也有一些学校没有家畜环境卫生学专任教师，甚至取消课程。南京农业大学为研究型大学，在招收硕士生时，有家畜环境卫生学考试的选项，然而许多大学均无环境知识的选项。在国家重视环境问题、倡导生态文明、建设美丽中国的时代，削弱畜牧学与兽医学两个一级学科中环境科学课程的现实，无疑是我国农业教育之殇。

3. 科学问题源于实践

教学与科研难以割舍，优秀师资队伍需要具备独立的科学研究能力与从事生产实践的工作能力，论文、教材才能妙笔生花，课堂教学才可丰富多彩。科学研究的课题哪里来？在以SCI论文论输赢的年代，许多人在图书馆、电子期刊数据库的论文中寻找“空白”做实验，以发表文章为目的，难免工作不系统。目前，我国家畜环境科学研究人才相对缺乏，国家农业产业体系岗位专家中环境专家由其他学科背景人员承担。与国际相比，我们的家畜环境研究队伍薄弱依然是首要问题。

4. 科学研究的方法论

农业教育工作者必须与畜牧业生产实践相结合。家畜环境科学研究要将中心转移到解决建设中国秀美河川、改善家畜福利、提高畜产品转化效率、使农民增收的环境问题上。术有专攻，每位研究者都要具有稳定研究方向，这是我国与世界先进国家的差别，在家畜环境学科此问题更为突出。应努力为多数研究者提供自主选题，开拓创新的制度保障，用制度挖掘人才潜力。

5. 学科水平评价

国内进入ESI植物与动物科学前1%机构的论文总引用量R值均呈上升趋势。第一梯队R值在0.8以上，分别为中国科学院、浙江大学和中国农业大学；第二梯队R值在0.6 ~ 0.8，分别是中国农科院、南京农业大学、华中农业大学、中国海洋大学和北京大学。华南农业大学和兰州大学接近，中国农业大学在国际上的排名在60名[78]。

我国家畜环境学科包含生理学、行为学、生态学、气象学和环境工程学等领域的知识范畴，没有稳固研究基盘是与国外科学与技术发达国家的差异，家畜环境科学研究工作仅限于北京农业大学、南京农业大学、东北农业大学、山东农业大学、浙江大学、内蒙古农业大学、华中农业大学和华南农业大学等研究团队，且许多院校依然处于单打独斗状态，超越之路非常艰难。

6. 学科设置问题

在美国的CIP-2000目录中，动物科学学科下设的8个专业中除了涵盖传统的动物科学（综合）、动物育种、动物营养、家禽科学之外，还纳入了动物卫生、乳品科学、家畜管理等新兴内容，并且通过用动物科学的形式为新兴学科和交叉学科预留了空间。我国的动物科学专业相当于美国CIP-2000目录中的动物科学（综合）专业，而在我国近年来发展迅速且越来越受重视的动物卫生、乳品科学，在国家层面的教学目录中家畜环境学科没有明确位置，一定程度上滞后于我国动物科学发展的实际情况，也限制了学科和教育的进一步拓展，同时，也造成了一定程度的资源浪费。因此，我国应在动物科学领域预留发展空间，鼓励新兴学科和交叉学科发展，借鉴美国CIP-2000的经验，在动物科学领域各个级别上分别设置新学科[79]。

（二）动物福利研究奋起直追

我国动物行为与动物福利研究与英国、荷兰等欧洲国家和日本之行为学研究大国相比，差距很大。主要体现在：家畜行为学、动物福利研究者团队和人数，研究课题的深入程度、研究报告成果数量和动物福利的实践相差大；欧美和日本都用动物福利立法，而我国畜牧法讨论稿曾有国家倡导动物福利的第 7 条，但在终稿中被删除了；动物福利概念的社会认知度存在巨大差异。

（三）家畜环境应激与防暑策略及技术研究

我国的环境研究起步比欧美晚了 30 年，在 20 世纪 80 年代，美国环境生理学与畜舍环境工程学密切结合，建立了完整的工厂化畜牧业，开创了规模化、集约化畜牧业的先河；西欧国家以英国为核心开展环境与营养的研究，领跑解决全球环境问题。我们虽然起步晚，但起点高且注重吸收国外的研究成果，在实践中一点点缩小了差距。

在硬件方面，家畜环境控制专用机械、畜舍和饲养设备生产企业比起美国的环境工程设计与设备的一体化、专业化、社会化，我们社会化服务和产业化缺失，技术应用差距明显。在软件方面，缺乏畜舍环境标准与工程设计手册，能够引导畜舍设计的参数匮乏，无据可依困扰产业发展。

现实中，许多大型畜牧企业的畜舍设计、畜牧场规划都未曾经过严格专业论证。如何从政策层面规范政府与企业行为，加大畜舍与环境控制工艺的示范与技术推广工作的投入，工程技术样板作用不可忽视。

（四）粪便处理模式、工艺与公益政策

我国人畜粪便处理利用具有悠久、和谐的传统经验与做法，在集约化畜牧业出现后几十年的发展过程中，畜牧场的粪便处理技术日益发展，中国农科院董红敏博士团队侧重于气候变化、沼气工程和箱体堆肥，华南农大廖新俤博士团队侧重于人工湿地与畜舍内粪便处理工艺、畜牧体系，南京农业大学沈其荣博士团队在土壤营养角度组织有机肥生产及其企业化运作，成绩巨大，甚至比国外复杂得多。反观其中，我们没有将传统做强，其中与国外最重要的差距、也是显著影响当前粪便处理利用工作的重要方面是缺乏如下三方面的机制、平台和基础设施设备。

1. 基于土地承载力的土壤 NP 平衡与预警监控机制

欧美国家的畜牧场废弃物管理不仅走种养结合之路，而且落实得比较好。实际上，种养结合在我国古代农业生产实践中就已应用，50 年代毛泽东主席专门就我国畜牧业发展详细而具体地论述过种养结合的可行性、必要性和重要性。但是时过境迁，当前我国畜牧场规模大，小规模逐步退出，呈专业化发展，种养隔离，实施种养结合的硬件条件

和软件环境与欧美国家都有很大差异。例如，在硬件方面，国外畜牧场规模小，土地面积大；软件方面，欧美对土地载畜量、农田施肥、机械化作业条件限制等都比我国完备，可操作性强。因此，我国也需要在传统的种养结合理论与实践基础上，根据国情（总体种养规模失衡、种养隔离比国外严重）制订进一步、可操作的措施，以综合推进畜牧业健康发展。

2. 中介机构与协会的平台作用

欧洲国家的一些农业企业联合会其性质是公共事业实体（相当于中国的事业单位），非盈利机构，成立运作历史超过 40 年，接受欧盟及州政府（相当于省农业厅）补贴，但只补建筑设施，不补机械和人工。例如德国的马保农业企业联合会，关系水土保持，涉及马保及周边地区的 4 万公顷土地，覆盖 870 家农场（每个农场每年按 1.7 欧元 / 公顷标准缴费，单个农场年缴费最少 15 欧元，最多不超过 175 欧元），共同购买农用机械，协会共同使用机械，农场主可租用这里的机械设备，如割草机 53 台及其他所有农用机具，各地收割草由农户自己决定。联合会还统一采购其他农用工具、农资，如化肥、大棚薄膜、润滑油等，这样批量采购可以降低成本；还有专用农机修理厂，配备 6 名工程师维护；收获季节还有 2 部机动车去各地修理机械。另外，每年秋、春季采土壤样本测 N、P，以确定施肥量，由 2 名咨询师承担此项工作。这种集机械设备、水土保护、合理施肥（遵守 N、P 平衡）、批量采购、技术服务的联合会模式或联动机制，值得我们参考。农业协会在保护农业发展和农户利益中作用很大，协会还负责培训、咨询等，例如德国的动物废弃物管理引进社会、民间力量（资金），值得我国借鉴（不只依赖国家和地方的财政资源）。

3. 设施设备

我国由于种养隔离脱节，废弃物处理投入多而少产出，加上畜牧业运营效益波动大、风险大，当前环保投入意味着企业承当的环保成本增加，使得企业运营更加困难，出现矛盾和恶性循环。德国、美国和日本等发达国家生态循环农业模式比较完备，在农业废弃物堆肥生产方面投入大、发展快，堆肥的生产工艺和翻堆设备都比较成熟，正向着专业化、大型化和智能化的方向发展，我国相对还比较简陋，大型设备的使用成本高。不论是规模化的畜牧企业，还是家庭农场，废弃物处理与资源化利用都不能再依赖传统的人工来完成，基础设施设备的建立是从硬件上推进和落实《规模化畜牧污染防治条例》的有效、关键措施之一，也符合中国现代化农业发展的方向和需要。

（五）农牧结合物质循环及其经济性

在我国传统农业中，农牧有机结合实现农牧业之间物质循环利用是全球农业中的典范，是灿烂的中华文明中的重要组成部分。随着规模化、集约化畜牧业的发展，全国各地智慧的农业生产者总结出了形式多样的农牧结合物质循环利用模式，为集约化畜牧业生产过程产生的排泄物资源化利用、保护生态环境起到了十分重要的作用。由于我国南北东西气候、地理、农牧业生产方式、各地经济条件、文化水平、风俗习惯等多方面的差异，农牧结合进行物质循环利用的程度与方式差异较大，建立了许多种养结合模式，总结出许多成功经验与典型。但在已建立的农牧结合模式中，仍有畜牧业排泄物处理方式、种植业生产对家畜排泄物处理容量或能力等许多问题没有得到全面而深入的研究。由于农业生产过程中种植的植物因季节、气候条件等的变化，其生长速度与生物量增长以及对利用有机肥的能力等都存在十分明显的差异。再如，我国目前对规模化畜牧生产过程中产生的污水与尿液通常采用流入沼气发酵罐进行沼气生产，但由于沼气生产过程中沼气发酵菌对提供生产沼气的原料中碳、氮、磷元素有适宜比例要求，沼气生产过程中仅只有畜舍污水和尿液，没有加入一定比例含高量碳元素的植物秸秆，易引起沼气发酵过程碳元素严重不足，导致沼气生产难以把流入沼气发酵罐中的氮和磷元素顺利转化为菌体蛋白。此外，因为没有加入足够的碳元素，生产污水和尿液流入沼气池后，沼气产量低，沼液中微生物含量较少，未被转化成菌体蛋白的氨氮、亚硝酸根等型式的无机离子氮化物含量高，这种沼液用于植物生产的肥料，也常常会灼伤植物而导致对植物生产的危害。因此，在农牧结合物质循环利用上，我国还存在许多科学问题有待进一步研究并加以解决。

从种植业和畜牧业都比较发达的美国来看，其淡水系统中 1/3 的氮和磷都来自畜牧生产和饲料生产。美国西部干旱地区河流沿岸生态系统破坏的 80% 由家畜放牧所致，动物生产的废弃物已成为美国最大的环境保护问题，当前美国处理家畜排泄物措施主要有四种。第一，严格细分畜牧场类型。把“没有植被的密集设施畜牧业、动物圈养 45 天以上的畜牧场”界定为点源污染；饲养规模在 1000 个动物单位以上的饲养场界定为点源；1000 个动物单位以下的饲养场要根据其规模、饲养设施、排放状况，由环境管理部门通过现场考察确定其点源或非点源属性。点源污染被纳入排放许可证的管理范畴，非点源污染主要通过最佳管理实践（BMPs）进行防治。第二，建立较为完善的环境保护政策三级政策体系。在联邦层面上，对上述建立“点污染源”和“非点污染源”进行分类管理；在州层面上，各州往往制订比联邦更加严格的政策和具体措施；在地方层面，城市和县政府的地方性发展规划、土地使用计划等要对牲畜饲养数量控制提出一系列具体要求。地方区划把饲养场的规模与周边种植业土地面积紧密联系起来，以确保有足够的土地用于处理动物粪便。第三，完善的支持和激励措施。美国政府给畜牧企业提供资助的一个基本渠道是环境质量激励项目（EQIP），该基金被用于资助畜牧场投资进行水质、土壤和其他环境要素的保护以及教育、培训畜牧场工作人员，以提供从业者的粪污处理与利用的知识和劳动技能。第四，注重农牧结合。在农业生产制度上，美国的大型农场主从种植制度安排到生产、销售等各方面都十分重视种植业与畜牧业的紧密联系。通常农场主根据其饲养规模所产生的动物粪便量来安排种植规模，而种植所产生的作物秸秆等又被用于饲草或饲料，从而形成农场内部的物质循环，既防止环境污染，又提高了土壤肥力。

（六）家畜放牧行为与放牧生态

我国关于家畜放牧采食行为的研究与国外研究相比，涉及的草地类型、家畜种类较多，甚至比较独特，例如关于青藏高原天然草地上牦牛、藏羊的采食行为研究等。然而，通常以放牧采食家畜为主体进行的研究多采用静态研究方法，忽略了放牧家畜与饲草之间的密切联系。相应地，国外学者目前多以植物为主体，研究在放牧采食条件下植物的再生性、植被群体的地上和地下生物量动态，动态研究放牧家畜的食性、草地植物对采食的响应以及二者的交互作用对放牧生态系统功能的影响等。

目前，关于家畜放牧对草地植物影响的研究国内主要集中在放牧制度、放牧强度对植物群落特征及多样性的影响以及干旱、半干旱地区放牧条件下草地生产力的变化等方面。而国外的研究主要集中在草地植物对家畜的营养、草原生产力的形成机制、过牧衰减机理以及草地健康和可持续利用方面。草畜平衡是度量草地放牧生态系统状态的重要指标，国内外学者近年来均十分重视，研究成果相对较多，但是，目前的研究尚不能很好解决草畜的时空动态差异及其契合度；同时关于草地载畜量的计算方法与参数也存在争议，需要共同重视，加快推进。由于自然和经济条件制约，我国草地放牧管理模式相对粗放，家畜混合放牧研究相对薄弱，与国外研究有较大差距。

目前，国内外十分重视家畜的排泄物（包括气体）及其对草地生态系统中家畜—土壤—植物氮、碳、磷的沉积与循环的影响以及对温室气体的影响。我国的放牧家畜福利研究与实践远远落后于澳大利亚、新西兰和美国等发达国家，需要开展草学、畜牧、营养和食品加工等多学科合作研究，积极推进动物福利的理论研究与实际应用。

（七）环境与营养及重金属、药品残留与生态

1. 重金属污染国内外发展比较

在国际上，重金属污染对家畜毒性影响的机理研究是一个新的研究，目前我国在锰中毒对鸡的毒性影响的基础理论研究方面处于前沿位置，在国际高水平 SCI 期刊发表了 8 篇论文。

2. 药品残留国内外发展比较

我国在药品残留机理方面的研究处于落后地位，国外在抗菌类药物残留、抗寄生虫类药物残留、激素残留以及 β－兴奋剂残留方面均已经开展了基础理论研究。

3. 药物残留对生态系统的影响

作为家畜生态学研究的一个新领域，我国在有关主题的研究上具有先进性，在该领域的研究团队具有很明显的科研潜力，预期能够取得更大的进展。

四、本学科发展趋势与展望

（一）重视畜牧业规模效益与动物福利发展方向

动物福利研究刚刚起步，人们对于动物福利的认识在不同人群中也有差异。总的来说，中国社会推行动物福利饲养，开展动物福利立法，有一定的民意基础，在国家倡导动物福利的背景下，动物福利与优质、安全畜产品的公益事业会越来越好。

英国的动物福利模式与美国动物福利模式有着根本的不同，最大差别在于美国至今强调规模化、集约化条件下的动物福利问题。我国畜牧业集中于农区，人口密度大、土地缺乏。相比欧盟和拉美分散型福利模式，美国规模化环境管理与动物福利并进模式更适合我国。

随着我国国民经济的快速发展，农业生产结构、生产方式与生产规模都会发生较大变化。养殖业的进一步发展将排放更多的排泄物，污染已成为畜牧业持续高效发展的重要制约因素。深入开展农牧结合、实现畜牧业排泄物与种植业资源之间的循环利用与转化具有十分重要的意义。

在总结我国过去农牧结合成果与经验的基础上，我国需要着重开展以下几个方面的工作：第一，因地制宜地创建优化的农牧结合模式，实现农牧业生产中物质循环利用，确保生态环境平衡。对畜牧场分类管理，各地因地制宜建立管理办法，避免家畜排泄物污染自然环境。第二，加强对农牧结合，特别是畜牧业排泄物减排关键技术、排泄物利用过程中减量关键技术、农牧结合量化配套技术、重金属与有害物质去除与固化消除技术、农产品与畜产品品质提升关键技术的研究与示范，促进农牧结合优质或有机农产品品牌建设，提升农牧结合物质循环利用产出的农畜产品经济效益。第三，加大对大专院校、科研院所相关研发的投入力度，促进农牧结合科技成果在产业中得到快速与有效转化。第四，通过国家、地方、企业、畜牧合作社组织或饲养户等多途径建立农牧结合物质循环利用与处理的相关激励机制、资金与措施，提升从业者知识水平、从业素质和职业道德。

（二）粪便处理模式、工艺与公益政策

我国畜牧业环保历经了一段发展，不仅规模化畜牧业取得了迅猛发展，畜牧业环保技术也取得了明显进步，但随着自然资源环境变迁，加上产业、社会、经济的发展变化，暴露出来的根本性问题也很突出，包括畜牧布局与农地资源不匹配、技术单一、管理体系不健全、监管不充分等。应关键开展以下几个方面的工作和相应研究：

在畜种群结构与布局上，要分区域、分步（分阶段）最大限度地实现种养匹配，为粪便的资源化利用创造先决条件。要研究种养匹配关系，提出有关的规范和指南。

在技术上，需针对不同区域的粪便处理利用需求，因地制宜地选择有效的技术类型，提高可操作性、降低成本、增加附加值，并确保资源化利用过程（全产业链）的安全性。同时应加强粪便处理利用过程的臭气防控技术研究，加强粪便中兽药等微量成分残留危害

性及其消除技术的研究。

此外，在废弃物资源化利用政策不断完善的基础上，坚决贯彻畜牧业减排与达标排放；大力推进和落实资源化利用的基础设施、设备，扩大废弃物管理设施设备（农机）补贴；缩小废弃物监管尺度与力度的区域差异化。

（三）家畜放牧行为与放牧生态

在我国牧区，特别是北方牧区，结合主要草地类型和主要放牧家畜种类，不断创新家畜放牧采食行为、草地生产力以及草地环境因子的研究方法与技术；在草地生态系统内，研究家畜－粪尿－土壤－植物系统物质动态循环规律，探索建立家畜－植物动态应答机制与参数；在较大（区域）空间尺度和家庭牧场尺度下，基于遥感技术、大数据、云计算和互联网等建立实用的家畜放牧管理模型及计算机信息管理系统今后的主要发展趋势。关于草畜平衡的理论与技术研究仍然会受到持续关注，并将取得重要进展。在我国，草地放牧利用与生态保护的政策研究以及围绕提高草地生态系统的经济、生态和社会效益开展牧户或家庭牧场的放牧管理模式研究十分必要且极具现实价值。

在集约化畜牧业对环境影响日益严重的现实情况下，该领域的研究也显得日益重要，应该加强该领域的研究，形成较多的研究团队，涵盖该领域的多个研究主题。

参考文献

［1］陈冬华，于韵青，包军，等．笼养环境下对产蛋鸡栖架材质的喜好选择及行为表现的研究［J］．黑龙江农业科学，2013（6）：36-44.

［2］余礼根，滕光辉，李保明，等．栖架养殖模式下蛋鸡发声分类识别［J］．农业机械学报，2013，44（9）：236-240.

［3］曹晏飞．复杂背景下蛋鸡声音分类提取方法研究［D］．北京：中国农业大学，2015.

［4］曹晏飞，滕光辉，李保明，等．笼养和栖架养殖模式下鸡蛋品质比较［J］．中国家禽，2014，36（13）：30-32.

［5］李蕾．白羽肉鸡福利饲养技术研究［D］．泰安：山东农业大学，2014.

［6］姜永彬．福利饲养技术对肉仔鸡生产性能和福利状态的影响［D］．泰安：山东农业大学，2015.

［7］Zhao JP, Jiao HC, Jiang YB，et al. Cool perch availability improves the performance and welfare status of broiler chickens in hot weather［J］. Poult. Sci，2012，91(8): 1775-1784.

［8］Jiao Hongchao, Yongbin Jiang, Zhigang Song, et al. Effect of perch type and stocking density on the behaviour and growth of broilers［J］. Animal Production Science，2013，54(7)：930-941.

［9］于韵青，包军．不同饲养模式对妊娠母猪行为、唾液皮质醇和淀粉酶水平的影响［J］．中国畜牧杂志，2013，49（13）：69-72.

［10］刘洪贵，王超，包军，等．户外饲养的两种民猪杂交初产母猪行为及生理指标的比较［J］．中国畜牧杂志，2013，49（8）：56-60.

［11］Liu Hong-gui, Chao Wang, Jing Lv, et al. Behavior and performance in prim parous sows of two Min pig hybrid breeds in outdoor housing systems［J］. Applied Animal Behaviour Science，2013（146）：37-44.

［12］李伟，李保明，施正香，等．夏季水冷式猪床的降温效果及其对母猪躺卧行为的影响［J］．农业工程学报，2011，27（11）：242–246.

［13］李伟，王朝元，李保明，等．水冷式猪床冬季保温措施对妊娠母猪小群饲养的影响［J］．农业工程学报，2012，28（22）：222 – 226.

［14］Zhou Q, Sun Q, Wang G，et al. Group housing during gestation affects the behaviour of sows and the physiological indices of offspring at weaning［J］. Animal，2014（6）：1–8.

［15］张峰，包军，李剑虹，等．不同声音刺激对艾维茵肉鸡生产性能的影响［J］．中国家禽，2012，34（3）：14–17.

［16］张静，包军，李剑虹，等．慢性应激对 AA 肉鸡生产性能和肉质的影响［J］．家畜生态学报，2012，33（1）：61–65.

［17］孙作为，吕明斌，林海，等．饲养密度和饲粮赖氨酸水平对公母分饲肉鸡生长性能、胴体组成和健康状态的影响［J］．动物营养学报，2011，23（4）：578–588.

［18］Bao J, X Li, F L Lv, et al. Prolonged latency of pupillary light reflex in confined sows: Possible stress–related symptom?［J］. Journal of Veterinary Behavior，2013（8）：475–478.

［19］王广猛，陈丽媛，颜培实，等．不同妊娠阶段荷斯坦奶牛心率变异性分析［J］．畜牧与兽医，2014，46（10）：78–81.

［20］姚姣姣，田亮，颜培实，等．妊娠母猪膘情对其繁殖性能的影响［J］．动物营养学报，2014，26（6）：1638–1643.

［21］陈燕，冯京海，张敏红，等．环境高温与饲粮粗蛋白质水平对肉鸡生产性能、氮代谢和氮排放的影响［J］．动物营养学报，2013，25（10）：2254–2265.

［22］吴睿，张敏红，冯京海．日循环高温对肉鸡组织锌离子浓度及金属硫蛋白含量的影响［J］．动物营养学报，2011，23（8）：1273–1279.

［23］苏红光，张敏红．持续冷热环境对肉鸡生产性能、糖代谢和解偶联蛋白 mRNA 表达的影响［J］．动物营养学报，2014，26（11）：1–8.

［24］杨晓岚，张敏红．高温诱导蛋鸡氧化损伤及对卵泡发育的影响［J］. 中国农业科学，2012，45（16）：3391–3398.

［25］苏红光，张敏红，冯京海．粪便皮质酮代谢产物含量作为一项肉鸡热舒适非侵入指标的研究［J］．动物营养学报，2014，26（6）：1563–1569.

［26］仲庆振，孙泽威，娄玉杰．急性热应激期间不同品种鹅心脏损伤及 HSP70 基因表达差异的研究［J］. 中国畜牧杂志，2014，50（9）：19–22.

［27］杨婵，孙亚楠，颜培实．短期高温对断乳仔猪心率变异性的影响［J］．家畜生态学报，2014，35（8）：42–44.

［28］吴鑫，冯京海，张敏红．持续高温对育肥猪不同部位脂肪代谢的影响［J］．中国农业科学，2015，48（5）：952–958.

［29］杨家军．早期断奶仔猪肠上皮细胞氧化与损伤及二氢杨梅素对其调控作用［D］．北京：中国农业科学院，2012.

［30］Yang Jiajun, Han Aiyun, Zheng Shanshan，et al. Regulation of organic nucleic acids and serum biochemistry parameters by dietary chromium pollinate supplementation in swine model［J］. Journal of Trace Elements in Medicine and Biology, 2011（25）: 91 – 96.

［31］魏凤仙，胡骁飞，张敏红，等．相对湿度和氨气应激对肉仔鸡血氨水平及细胞因子含量的影响［J］．动物营养学报，2013，25（10）：2246–2253.

［32］李 聪，卢庆萍，张宏福，等．不同氨气浓度对肉鸡生长性能及肉质性状的影响［J］．中国农业科学，2014，47（22）：4516–4523.

［33］周忠凯，朱志平，董红敏．笼养肉鸡生长过程 NH_3、N_2O、CH_4 和 CO_2 的排放［J］．环境科学，2013，34（6）：

2098–2106.
[34] 赵靖，张永根，栾冬梅，等. 寒区犊牛岛的设计及使用效果初探［J］. 黑龙江畜牧兽医，2012（2）：66–68.
[35] 于濛，栾冬梅，张永根，等. 寒冷地区犊牛岛技术对犊牛生长性能的影响［J］. 中国畜牧杂志，2012，48（12）：6–10.
[36] 孟妍君，秦仕达，栾冬梅，等. 寒冷地区温室型犊牛舍温热环境研究［J］. 家畜生态学报，2014，35（5）：75–79.
[37] 栾冬梅，齐贺，张永根，等. 寒区温室型犊牛舍的设计与应用效果［J］. 农业工程学报，2013，29（14）：195–204.
[38] 李欣，邢启明，栾冬梅，等. 寒冷地区奶牛场太阳能热水工程和电热水槽应用效果的研究［J］. 家畜生态学报，2014，35（3）：38–42.
[39] 陈佳琦，王美芝，刘继军，等. 西北地区冬季肉牛养殖环境控制及管理措施研究［J］. 黑龙江畜牧兽医，2012（3）：6–10.
[40] 刁小南，王美芝，刘继军，等. 冬季恒温饮水装置和屋顶采光对提高肉牛生长速率的影响［J］. 农业工程学报，2012，28（24）：164–172.
[41] 李婧，颜培实. 饮水温度和环境因素对冬季肉牛产热量的影响［J］. 畜牧与兽医，2015，47（5）：38–41.
[42] 丁露雨，陈昭辉，刘继军，等. 南方开放式肉牛舍夏季喷雾降温效果［J］. 农业工程学报，2013，29（2）：224–231.
[43] 孙凯佳，高腾云. 喷淋与吹风对热应激肉牛生产性能及生理指标的影响［J］. 西北农林科技大学学报，2011，39（11）：59–64，70.
[44] 程琼仪，刘继军，陈昭辉. 冷风机 – 风管对南方开放式牛舍的降温效果［J］. 农业工程学报，2014，30（8）：126–134.
[45] 刘统帅，刘继军，王美芝，等. 牛舍冷风机 – 风管上置置换通风系统设计及降温效果［J］. 农业工程学报，2014，30（19）：240–248.
[46] 洪小华，魏天盛，颜培实，等. 湛江地区肉牛棚舍环境评价［J］. 畜牧与兽医，2012，44（8）：25–29.
[47] 洪小华，魏天盛，颜培实，等. 肉牛棚舍温热环境及围护结构隔热性能评价［J］. 畜牧与兽医，2012，44（9）：28–30.
[48] 魏天盛，贾斌，颜培实，等. 钟楼式单层彩钢瓦屋面肉牛棚舍的环境评价［J］. 畜牧与兽医，2012，44（6）：26–31.
[49] 洪小华，黄彪，颜培实，等. 屋顶隔热奶牛舍内的温热环境分析［J］. 畜牧与兽医，2012，44（10）：33–36.
[50] 陈丽媛，洪小华，颜培实，等. 我国南方冬季和夏季肉牛体感温度研究［J］. 畜牧与兽医，2015，47（2）：40–44.
[51] 邓红雨. 公路运输条件下牛的运输应激反应研究［D］. 郑州：河南农业大学，2013.
[52] 汤继顺，李立冰，陈胜，等. 运输应激对大别山黄牛的影响［J］. 动物医学进展，2013（12）:236–240.
[53] 杨高丰，韩瑾瑾，邓立新，等. 2 种中药方剂对肉牛运输的抗应激效果［J］. 中国兽医学报，2012（8）:1186–1189.
[54] 石玉祥，安永福，李英，等. 运输应激对断奶犊牛血糖和乳酸脱氢酶的影响及其调控方法［J］. 江苏农业科学，2013（8）:203–204.
[55] 刘延鑫，孙宇，高腾云. 中草药复合添加剂对肉牛运输应激的效果研究［J］. 黑龙江畜牧兽医，2013（13）:102–104.
[56] 王朝阳，杨高丰，邓立新，等. 两种抗生素对长途运输肉牛的抗应激和促生长作用及对比研究［J］. 黑龙江畜牧兽医，2012（15）:121–123.
[57] 曲月秀，石照应，余荣权，等. 运输应激对山羊血液生化指标的影响［J］. 中国农学通报，2013（20）:36–38.

［58］王晓明，徐幸莲，周光宏，等．不同季节和运输时间对肉鸡应激及肌肉品质的影响［J］. 食品工业科技，2013（23）:315-318，322.

［59］张雷，李想，李剑虹，等．运输应激对 AA 肉鸡组织结构的影响［J］．家畜生态学报，2013（3）:36-39.

［60］张岩，徐幸莲，周光宏，等．运输和静养时间对肉鸡应激程度及肌肉品质的影响［J］. 南京农业大学学报，2013（5）:83-87.

［61］舒班超，刘凤华，许剑琴，等．运输应激对大鼠空肠形态与热休克蛋白家族 mRNA 表达的影响［J］．中国兽医杂志，2012（11）:9-13.

［62］赫荣贺．复合添加剂对大鼠抗运输应激能力的影响及配伍剂量筛选［D］．大庆：黑龙江八一农垦大学，2013.

［63］连帅．复合添加剂缓解出栏肉牛运输应激效果评价［D］．大庆：黑龙江八一农垦大学，2015.

［64］万长荣．酸枣仁汤及 JUA 对模拟运输应激大鼠心肌细胞凋亡的作用机制［D］. 北京：中国农业大学，2015.

［65］田艳．抗氧化剂的体外评价及在运输应激大鼠中的抗应激效果研究［D］. 武汉：华中农业大学，2014.

［66］朱宁，马骥．我国畜禽养殖场废弃物来源、处理方式 及处理难度评估——以蛋鸡养殖场为例［J］．畜牧生态，2013，49（24）：60-63.

［67］毕璐璐，廖新俤，吴银宝，等．蛋鸡场清粪技术效能的层次分析法评价［J］．中国家禽，2014，36（21）：45-49.

［68］牛欢，张政，颜培实．冬季机械清粪牛舍与人工清粪牛舍空气环境分析［J］．畜牧与兽医，2015，47（6）：26-30.

［69］李欣，孟妍君，栾冬梅．牛粪垫料的安全性及对泌乳牛趴卧行为的影响［J］．黑龙江畜牧兽医，2015（9）：1-4.

［70］路振香，戚云峰，柳卫国，等．发酵床养猪对肥育猪生产性能及肠道有关细菌的影响［J］．中国微生态学杂志，2011，23（12）：1074-1076，1081.

［71］刘俊专，王燕，廖新俤，等．翻堆对蛋鸡粪堆肥甲烷排放的影响［J］．家畜生态学报，2014，35（2）：42-47.

［72］郭东坡，陶秀萍，董红敏．死猪堆肥处理的通风率选择探讨［J］．农业工程学报，2013，29（5）：187-193.

［73］习佳林，董红敏．不同通风条件下堆肥处理死鸡效果研究［J］．环境科学学报，2013，33（5）：1314-1320.

［74］陶秀萍，郭东坡，董红敏．冬季死猪与猪粪同步堆肥运行效果［J］．农业工程学报，2014，30（22）：218-224.

［75］梅凯，董红敏，陶秀萍，等．水泡粪物料中固体和氨氮含量对厌氧消化产气特性的影响［J］．中国农业气象，2014，35（6）:622-627.

［76］周天墨，付强，诸云强，等．中国分省畜禽产污系数优化及污染物构成时空特征分析［J］．地理研究，2014，33（4）：762-776.

［77］刘洪，郭文利，郑秀琴．内蒙古天然草地资源精细化气候区划研究［J］．自然资源学报，2011，26（12）：2088-2098.

［78］李茂茂，张子倩，陈仕吉，等．基于 ESI 的中国农业大学植物与动物科学学科竞争力分析［J］．科技管理研究，2012（8）：128-132.

［79］白文林，赵玉军，牛巨龙．中美普通高校本科动物科学教育专业设置的比较［J］．高等农业教育，2007（12）：85-87.

撰稿人：颜培实　包　军　刘继军　邵庆均　廖新俤　陈玉林　滕小华　高腾云

ABSTRACTS IN ENGLISH

Comprehensive Report

Advances in Animal Science

The research of animal genetics and breeding is an important part of life science. With the development of modern life science and technology, animal genetic theory and technology have been greatly promoted. As represented by molecular quantitative genetics, and molecular genetics, and cell genetics, function genomics and livestock bioengineering, a series of important research theories have been achieved, the breakthrough of these theories will further give birth to new methods and technologies of animal genetics and breeding. Molecular breeding has entered an unprecedented era of high-throughput. Genome-wide association study (GWAS) is still a powerful strategy in identifying livestock important economic traits. In cows, candidate genes for milk yield and composition, body types, reproduction and health traits were identified, as followed, the post-GWAS study of genetic effects analysis for target genes were conducted and the gene function of PTK2, UGDH, EEF1D, GPIHBP1 and FASN were verified. In beef cattle, candidate genes for meat quality and growth traits were identified in Simmental based on mixed linear model. In poultry, significant SNPs for growth, meat quality and carcass performance were identified which reported by three research groups. All above studies provided strong evidences for the next following step of gene function verification. Genome selection has many advantages in eliminating the young bulls in advance, saving the feeding cost and improving accuracy of EBV estimation, which leads to the wide application in dairy cattle, beef cattle, swine and poultry breeding, of these, notable progress has been made special for dairy cattle, which expand to the whole country. The construction of reference and validation population for genome selection in beef cattle was conducted by research group from Chinese Academy of Agricultural Sciences. In addition, the relative function genes for economic traits in swine were revealed through microarray and gene chip.

High-throughput sequencing has become one of the most efficient and important technology in animal genetics and breeding. Uncovering the genetic variation of important economic traits has speeded up as the livestock whole genome resequencing approached and completed. At present, the first stage of the genome project '1000 cattle' has been completed, data for 234 cattle from 4 breeds were obtained, which provides the data support to speed up the selective breeding. One of the most important research achievements has been published on Nature Genetics. Due to the efficiency and high-throughput, RNA-Seq has been widely used in identifying candidate genes for economic traits in livestock. In dairy cattle, a lot of miRNA associated with milk secretion and mRNA for milk fat and protein were revealed. In swine, the key genes associated with intramuscular fat content and meat quality were identified. In sheep, the similar RNA-Seq have been conducted to reveal key genes for target traits and understand the relative pathways, so as to clearly uncover the mechanism of biological process.

Conventional breeding is still the main strategy to cultivate breed, a great number of new breeds as beef cattle, swine, sheep and goat have been cultivated through hybridization and improvement of the present varieties. Five specialized beef breeds were cultivated using the above methods during 2006 to 2014. For swine, 11 national new breeds were cultivated through open and locking technology route during 2006 to 2014. Two sheep breeds of Chahar and Subotica Merino have been certified by National Livestock and Poultry Commission on Genetic Resource.

As the supplement and extension of conventional breeding, transgenic breeding provides new viewpoints. Several candidate genes, such as FAT-1, MSTN and FABP3/4, etc have been transfected to obtain the transgenic disease-resistant cattle. For swine, the genome was injected IGF1 inducing expression vector through prokaryotic injection transgenic technology, then the IGF1 transgenic pigs were constructed so as to increase the production of lean meat. The technological platform of transgenosis with high efficient and large-scale using lentiviral vector in ovine has been successfully built with international leading level.

In addition, as the most potential future in livestock, the equine industry can be as 'sunrise industry', and made some achievements. The key genes associated with endurance, pigmentation and disease resistance traits were revealed through candidate gene analysis and high-throughput sequencing. Some progress about equine products and disease defense also were made. Several awards have been won, including the Award of National Science and Technology Progress.

During the Twelfth Five-Year Plan, animal reproduction discipline has made a great progress on scientific research, personnel training and industrial application. More detailed and in-depth studies were focused on reproductive physiology of domestic animals, reproductive technologies, reproductive disorder and management.

The researches of animal reproductive physiology focus on reproductive endocrine, pregnancy recognition and embryo implantation, gametogenesis and embryonic development. The mechanism underlying C type natriuretic peptide-induced oocyte meiotic arrest was revealed, thereby improving the nuclear-cytoplasmic synchronization of oocytes and thus breaking the efficient bottleneck of in vitro embryo production in cattle. The mechanism by which FSH prevents follicular atresia via inhibiting the mitochondria-mediated apoptosis in granulosa cells was identified. To improve efficiency and quality of embryo production in dairy cattle, a novel method has been developed based on inhibin immune. The study on mechanism of pregnancy recognition showed that IFN-τ can not only affect the endometrial gene expression, but also regulate the functions of ovaries directly, thus promoting the development of corpora luteum.

A series of important reproductive techniques, such as artificial insemination, embryo transfer, continue to be improved. Among these, low-dose deep intrauterine insemination in pigs and cattle, as well as timed artificial insemination in cattle, have been widely applied in field. An antioxidant AA-2G, was proven to be efficient in preventing oxidative stress and cryodamage, based on this novel finding, a new method was developed to prolong the survival time of sex-sorted bull sperm to 24 hours. Based on the breakthrough of survival time of the sorted sperm, China firstly achieve large-scale application of the sex-sorted semen in dairy industry. To improve the efficiency of embryo cryopreservation, the traditional freezing–thawing procedure was simplified, a intra-straw thawing method was developed to achieve direct transfer of thawed embryos. In addition, the prevention and control measures against the reproductive disorders, including placental retention, metritis and endometritis after birth, significantly improve the reproductive efficiency in pigs and cattle. Further more, a series of strategies were proposed to alleviate the heat stress of pigs and cattle in summer. Progresses were also evident in the field of iPS, several lines of iPS have been successfully established in cattle and pig, and four cloned pigs were obtained using iPS as donor cells. Based on achievements mentioned above, the research group of animal reproduction discipline grows fast and 31 national or provincial award of science and technology advancement have been obtained, including “Research and Application of Bovine and Porcine Somatic Cell Cloning” and “Research and Application of Reproductive Biology and Conservation in Giant Panda”.

However, the development of animal reproduction discipline in China remains far behind that in developed countries. Especially, basic research, as well as the development and application of high-technologies need to be further improved. Discipline developmental trend shows that the deep study on regulative mechanisms of reproductive physiology, as well as the integration of animal reproduction and other subjects, are promoting the development of novel technologies, and renewal of traditional technologies. We should focus on reproductive problems in animal production, and integrate the achievements from different disciplines, to improve the efficiency of key aspects of reproductive management, such as utilization of gametes, embryo production and transfer, reproductive regulation, pregnancy recognition and maintenance, as well as novel technologies, such as stem cell, genome editing, and bioreactor, etc. We should plan developmental program of animal reproduction discipline in different levels, including basic research, technological research and development, technological integration and innovation. We hope animal reproduction discipline will develop into a distinctive subject with reasonable echelon, which has advanced research conditions, strong capacity for independent innovation, and international academic influence.

During national “12th Five-Year Plan” period, in order to solve three big bottleneck problems including the shortage of resources, the low quality and safety of animal production and environmental pollution, researches in animal nutrition and feed science area in China have made outstanding achievements, especially in nutritional regulation of piglets intestinal health, sow systemic nutrition, feed enzyme technology and healthy farming technique of broiler. Several national and provincial-level awards were obtained and such progresses greatly promoted the scientific and technological level of livestock.

In pig area, nutrients were used to optimize the interaction of microorganism in digestive tract and metabolism. The expression of endogenous antimicrobial peptides was regulated to maintain the intestinal barrier and improve the immune function. The formation mechanism of good meat quality of indigenous swine in China was revealed by analyzing environmental and nutritional regulation. In feed additive area, efficient enzyme products were developed to adapt to local animal species and feed ingredients of China, which has broken through the dilemma of monopoly restricts of developed countries. Many bioactive peptides, which have the resource characteristics of our country, were isolated and efficiently recombinant expressed in some microorganism. Abundant resources of functional oligosaccharide and polysaccharide were discovered too. In waterfowl area, more than 300 parameters of nutrient requirements of amino acids, vitamins and mineral elements were obtained from meat duck, laying duck and goose. In broiler, about 100 parameters of nutrient requirements of broiler and dose of feed additives were optimized. Furthermore, more than 2,000 parameters of available nutrients have been measured, including effective energy value of conventional or unconventional feed ingredients, utilizable ratio of amino acids and available phosphorus. Chinese Agriculture Industry Standard of broiler has been drafted and feedstuff database has been established. However, some aspects need to be further improved, such as the nutritional requirements and breeding standards, the evaluation of the nutritional value of feed, processing technology of feed, the relationship between maternal nutrition and epigenetic regulation, and the interaction of microorganism and intestinal health. Therefore, the developmental idea of this discipline is determined as preserving the characteristics, emphasizing the important points, cross cooperation, focusing on basic and applied research equally, and strengthening the scientific research team. Based on the previous researches, advanced technologies of animal physiology, biochemistry, microbiology, immunology, genetics and bioengineering will be used to reveal the mechanism of nutritional metabolism and regulation in healthy, efficient, high quality and safe animal production. The theory and methods in safe and efficient utilization of nutrients will be established. Animal micro ecological environment will be revealed and nutrients will be used to improve animal immunity. It will expand the connotation and extension of researches of this discipline, and lay the foundation for establishing a new system of modern animal nutrition and feed science.

In recent years, the scientific research and technology in the Domestic Animals and Environmental Hygiene (DAEH) has made considerable progresses. In this report, the research progress in the Environment Science, comparisons between the native and foreign researches and the predictions of the DAEH will be introduced from below aspects respectively, including the animal welfare and healthy production, stresses and the technology of protecting heat or cold on domestic animals, the manure processing technology and public policy, material recycling by combining the animal husbandry and the economy, the researches on behaviour and ecology in the herding animals, and the correlations between the residuals of heavy metals and medicine and the ecologic environment.

For the environment control technology in cattle house, the shed is the common house types in farming cattle in Southern China because of the low critical temperature for living in cattle, therefore, attentions should be paid to preventing heatstroke by cooling measures, such as constructing the cold air ducts, air coolers or combining the air blowers with spraying water on the cattle head. In the Northern China, the calf hutches are used to preserve the heat and then improve the production performance of calves. Moreover, mechanical scraping manure can reduce the labor and make the air condition in the cattle house better than the EU standard.

The key environment control technologies in large scale chicken raising has made enormous contributions to the fowl (including small animals) environmental control researches. Based on the integration of the environmental engineering, the animal welfare, the biological information and the automation science and technology, the problem about the sudden drawdown of the temperature in chicken house was resolved by building the longitudinal wind tunnels which results the uniform ventilation. Moreover, the wet-curtain and fan cooling system is popular in China and the perches and stacked cage can save the space and the land.

Typical household biogas system has developed and the calculation formula and the monitoring method of the household biogas CDM project were established. The establishment of this method makes it possible to develop CDM projects in China and other developing countries and make a quantitative calculation of the emission reduction in rural regions, which can help the residents obtain the economic compensation. The methodology proposed the research theory and method on the agricultural greenhouse gas, and was approved by the experts committee of the United Nations Clean Development Mechanism as an international common method for the quantitative calculation and monitoring of greenhouse gas emissions reduction。

Echoing with the development of the animal ethics, many researchers from the Animal Physiology, the Animal Behaviour, the Environmental Hygiene, the Environmental Engineering, and The Human and Social Science has started to research the animal welfare. Now, the researches on the animal welfare has achieved remarkable progresses in China.

Research on the DAEH was chronically underfunded, but the researchers has not given up and the environmental control concept and technology strategy has been reached the world-class standards. However, it should be focused that some famous Universities cancelled the DAEH course in the veterinary education. In the future, the resource recycling in the animal husbandry will become the focus, for example the high quality beef can be produced by feeding the rice straw in the Southern China.

Written by Liu Lin

Reports on Special Topics

Advances in Animal Genetics and Breeding

For Animal Genetics and Breeding, the cutting-edge research is mainly focused on molecular level, combined with cell, individual, population and ecological level. Comprehensive studies using high-throughput methods are becoming the efficient strategies in this field. The genome-wide association study (GWAS) plays a vital role in identifying causal genes for important economical traits in livestock as ever, as followed, the post-GWAS studies to clarify the specific function of the key candidate genes have become as hotspots. Recent years, genome selection has been widely applied in dairy cattle, beef cattle, swine and poultry breeding, of these, notable progress has been made special for dairy cattle, which eliminate the young bulls in advance, save the feeding cost, and expand to the whole country. Omics such as proteomics, metabonomics and epigenomics are started to apply in Animal Genetics and Breeding. Uncovering the genetic variation of important economic traits has speeded up as the livestock whole genome resequencing approached and completed. Conventional breeding is still the main strategy to cultivate breed, a great number of new breeds as beef cattle, swine, sheep and goat have been cultivated through hybridization and improvement of the present varieties. As the supplement and extension of conventional breeding, transgenic breeding provides new viewpoints. The technological platform of transgenosis with high efficient and large-scale using lentiviral vector in ovine has been successfully built with international leading level. In addition, a series of research achievements have been made in resistance breeding for livestock, special for poultry and equines. Several awards have been won, including the Award of National Science and Technology Progress.

Written by Wang Lixian, Wang Chuduan, Zhang Qin, Zhang Shengli, Sun Dongxiao, Li Junya, Gao Xue, Yang Ning, Qu Lujiang, Tian Kechuan, Du Lixin, Zhang Li, Mang Lai, Wunierfu, Bai Dongyi, Zhao Yiping

Advances in Animal Reproduction

Animal reproduction discipline has made a great progress during the Twelfth Five-Year Plan. More detailed and in-depth studies on reproductive physiology of domestic animals, such as reproductive endocrine, gametogenesis and embryonic development, have promoted the extensive application of cloning in pig industry. The mechanism underlying C type natriuretic peptide-induced oocyte meiotic arrest was revealed, thereby breaking the efficient bottleneck of in vitro embryo production in cattle. A series of important reproductive techniques, such as artificial insemination, embryo transfer, continue to be improved. Among these, low-dose deep intrauterine insemination in pigs and cattle, as well as timed artificial insemination in cattle, have been widely applied in field. Based on the breakthrough of survival time of the sorted sperm, China firstly achieved large-scale application of the sex-sorted semen in dairy cattle industry. In addition, the prevention and control measures against the reproductive disorders in pigs and cattle significantly improved the reproductive efficiency of female animals. Based on achievements mentioned above, the research team of animal reproduction discipline grows fast and 31 national or provincial award of science and technology advancement have been obtained, including "Research and Application of Bovine and Porcine Somatic Cell Cloning" and "Research and Application of Reproductive Biology and Conservation in Giant Panda".

However, the development of animal reproduction discipline in China remains far behind that in developed countries. Especially, basic research, as well as the development and application of high-technologies need to be further improved. Discipline developmental trend shows that the deep study on regulative mechanisms of reproductive physiology, as well as the integration of animal reproduction and other subjects, are promoting the development of novel technologies, and renewal of traditional technologies. We should focus on reproductive problems in animal production, and integrate the achievements from different disciplines, to improve the efficiency of key aspects of reproductive management, such as utilization of gametes, embryo production and transfer, reproductive regulation, pregnancy recognition and maintenance, as well as novel technologies, such as stem cell, genome editing, and bioreactor, etc. We should plan developmental program of animal reproduction discipline in different levels, including basic research, technological research and development, technological integration and innovation. We hope animal reproduction discipline of China will develop into a distinctive subject with reasonable echelon, which has advanced research conditions, strong capacity for independent innovation, and international academic influence.

Written by Tian Jianhui, Zhu Shi'en, Han Jianyong, Zeng Shenming, Wang Dong, Fu Xinangwei, Liu Yan, Li Junjie, Feng Tao, Zhou Xü, Yang Liguo, Zhang Shouquan, Zhu Huabin, Zhao Xuemin, Bai Jiahua, An Lei, Hua Guohua

Advances in Animal Nutrition and Feed Science

During national "12th Five-Year Plan" period, in order to solve three big bottleneck problems including the shortage of resources, the low quality and safety of animal production and environmental pollution, researches in animal nutrition and feed science area in China have made outstanding achievements, especially in nutritional regulation of piglets intestinal health, sow systemic nutrition, feed enzyme technology and healthy farming technique of broiler. Several national and provincial-level awards were obtained and such progresses greatly promoted the scientific and technological level of livestock.

In pig area, nutrients were used to optimize the interaction of microorganism in digestive tract and metabolism. The expression of endogenous antimicrobial peptides was regulated to maintain the intestinal barrier and improve the immune function. The formation mechanism of good meat quality of indigenous swine in China was revealed by analyzing environmental and nutritional regulation. In feed additive area, efficient enzyme products were developed to adapt to local animal species and feed ingredients of China, which has broken through the dilemma of monopoly restricts of developed countries. Many bioactive peptides, which have the resource characteristics of our country, were isolated and efficiently recombinant expressed in some microorganism. Abundant resources of functional oligosaccharide and polysaccharide were discovered too. In waterfowl area, more than 300 parameters of nutrient requirements of amino acids, vitamins and mineral elements were obtained from meat duck, laying duck and goose. In broiler, about 100 parameters of nutrient requirements of broiler and dose of feed additives were optimized. Furthermore, more than 2,000 parameters of available nutrients have been measured, including effective energy value of conventional or unconventional feed ingredients, utilizable ratio of amino acids and available phosphorus. Chinese Agriculture Industry Standard of broiler has been drafted and feedstuff database has been established. However, some aspects need to be further improved, such as the nutritional requirements and breeding standards, the evaluation of the nutritional value of feed, processing technology of feed, the relationship between maternal nutrition and epigenetic regulation, and the interaction of microorganism and intestinal health. Therefore, the developmental idea of this discipline is determined as preserving the characteristics, emphasizing the important points, cross cooperation, focusing on basic and applied research equally, and strengthening the scientific research team. Based on the previous researches, advanced technologies of animal physiology, biochemistry, microbiology, immunology, genetics and bioengineering will be used to reveal the mechanism of nutritional metabolism and regulation in healthy, efficient, high quality and safe animal production. The theory and methods in safe and efficient utilization of nutrients will be established. Animal micro ecological environment will be revealed and nutrients will be used to improve animal immunity. It will expand the connotation and extension of researches of this discipline, and lay the foundation for establishing a new system of modern animal nutrition and feed science.

Written by Diao Qiyu, Feng Dingyuan, Zhu Weiyun, Qi Guanghai, Li Aike, Li Fuchang, Guo Yuming, Wang Yizhen, Wu De, Zhou Xiaoqiu, Lin Hai, Gao Xiuhua, Qiao Shiyan

Advances in Domestic Animals and Environmental Hygiene

In recent years, the scientific research and technology in the Domestic Animals and Environmental Hygiene (DAEH) has made considerable progresses. In this report, the research progress in the Environment Science, comparisons between the native and foreign researches and the predictions of the DAEH will be introduced from below aspects respectively, including the animal welfare and healthy production, stresses and the technology of protecting heat or cold on domestic animals, the manure processing technology and public policy, material recycling by combining the animal husbandry and the economy, the researches on behaviour and ecology in the herding animals, and the correlations between the residuals of heavy metals and medicine and the ecologic environment.

For the environment control technology in cattle house, the shed is the common house types in farming cattle in Southern China because of the low critical temperature for living in cattle, therefore, attentions should be paid to preventing heatstroke by cooling measures, such as constructing the cold air ducts, air coolers or combining the air blowers with spraying water on the cattle head. In the Northern China, the calf hutches are used to preserve the heat and then improve the production performance of calves. Moreover, mechanical scraping manure can reduce the labor and make the air condition in the cattle house better than the EU standard.

The key environment control technologies in large scale chicken raising has made enormous contributions to the fowl (including small animals) environmental control researches. Based on the integration of the environmental engineering, the animal welfare, the biological information and the automation science and technology, the problem about the sudden drawdown of the temperature in chicken house was resolved by building the longitudinal wind tunnels which results the uniform ventilation. Moreover, the wet-curtain and fan cooling system is popular in China and the perches and stacked cage can save the space and the land.

Typical household biogas system has developed and the calculation formula and the monitoring method of the household biogas CDM project were established. The establishment of this method makes it possible to develop CDM projects in China and other developing countries and make a quantitative calculation of the emission reduction in rural regions, which can help the residents obtain the economic compensation. The methodology proposed the research theory and method on the agricultural greenhouse gas, and was approved by the experts committee of the United Nations Clean Development Mechanism as an international common method for the quantitative calculation and monitoring of greenhouse gas emissions reduction。

Echoing with the development of the animal ethics, many researchers from the Animal Physiology, the Animal Behaviour, the Environmental Hygiene, the Environmental Engineering, and The Human and Social Science has started to research the animal welfare. Now, the researches on the animal welfare has achieved remarkable progresses in China.

Research on the DAEH was chronically underfunded, but the researchers has not given up and the environmental control concept and technology strategy has been reached the world-class standards. However, it should be focused that some famous Universities cancelled the DAEH course in the veterinary education. In the future, the resource recycling in the animal husbandry will become the focus, for example the high quality beef can be produced by feeding the rice straw in the Southern China.

Written by Yan Peishi, Bao Jun, Liu Jijun, Shao Qingjun, Liao Xindi, Chen Yulia, Teng Xiaohua, Gao Tengyun

附　录

附录1　国家技术发明奖畜牧学科获奖成果目录（2000—2015）

一等奖（空缺）

二等奖

序号	成果名称	主要完成人	主要完成单位	获奖年度
1	猪高产仔数 FSHβ 基因的发现及其应用研究	李宁，赵要风，吴常信，张建生，连正兴，胡晓湘	中国农业大学	2003
2	中国地方鸡种质资源优异性状发掘创新与应用	康相涛，王彦彬，田亚东，李明，孙桂荣，黄艳群	河南农业大学，河南省家禽种质资源创新工程研究中心	2008
3	鸡分子标记技术的发展及其育种应用	李宁，杨宁，邓学梅，胡晓湘，吴常信，黄银花	中国农业大学	2009
4	仔猪断奶前腹泻抗病基因育种技术的创建及应用	黄路生，任军，晏学明，艾华水，肖石军，丁能水	江西农业大学，江西科技师范学院	2011
5	猪产肉性状相关重要基因发掘、分子标记开发及其育种应用	李奎，刘榜，赵书红，唐中林，樊斌，余梅	中国农业科学院北京畜牧兽医研究所，华中农业大学	2012

资料来源：科技部。

（整理：刘琳）

附录 2 国家科学技术进步奖畜牧学科获奖成果目录（2000—2015）

一等奖（空缺）

二等奖

序号	成果名称	主要完成人	主要完成单位	获奖年度
1	中国荷斯坦奶牛MOET育种体系的建立与实施	张沅，许宗良，罗应荣，陈静波，张勤，宣柏华，朱化彬，龙福增，王安江，洪广田	中国奶牛协会，中国农业大学，中国农业科学院畜牧兽医研究所，北京奶牛中心，新疆畜牧科学院，北京奶牛育种中心良种场	2000
2	牛体外受精技术的研究与开发	旭日干，卢克焕，张锁链，石德顺，薛晓先，凌泽继，刘东军，王武陵，廛洪武，韦英明	内蒙古大学，广西大学	2000
3	高产蛋鸡新配套系的育成及配套技术的研究与应用	宫桂芬，程少平，孟安明，李宁，杨宁，张海兰，孙会，高竹，仇宝琴，李建魁	北京市种禽公司，中国农业大学生物学院，中国农业大学国家生物技术实验室，中国农业大学动物科学技术学院，中国科学院遗传研究所	2000
4	高效转化、肉质改良、资源开发型全价饲料的研发与产业化	许梓荣，汪以真，邹晓庭，孙建义，夏枚生，王敏奇，屠友金，占秀安，冯杰，钱利纯	浙江大学，浙江一星饲料集团有限责任公司，浙江欣欣饲料股份有限公司	2000
5	畜禽遗传资源保存的理论与技术	吴常信，张劳，李宁，师守堃，储明星，朱士光，张晓岚，戴茹娟，赵兴波，徐伟	中国农业大学	2001
6	基因工程酵母生产饲料用植酸酶	姚斌，张春义，王建华，武长剑，王亚茹，丁宏标，史秀云，李淑敏	中国农业科学院饲料研究所	2001
7	云南半细毛羊培育	高源汉，杨春荣，黄光璧，浦勇，付昭，卜新亚，陆德文，阳留贵，李高荣，陶万忠	云南省畜牧兽医科学研究所，云南省永善县畜牧局，云南省巧家县农业局，云南省昭通市畜牧兽医站，天津市畜牧兽医研究所，云南省富源县畜牧局	2002
8	猪优质高效饲料产业化关键技术研究与推广	李德发，谯仕彦、蒋宗勇，刘作华，林映才，宋中山，杨坤明，马永喜，熊本海，张丽英	中国农业大学，广东省农业科学院畜牧研究所，湖南正虹科技发展股份有限公司，重庆市养猪科学研究院	2002
9	用酶技术开发大麦及高麸型饲粮及其产业化研究	徐子伟，许梓荣，孙建义，钱玉英，李卫芬，邓波，钱利纯，刘敏华，余东游，李孝辉	浙江大学，浙江省农业科学院	2002

续表

序号	成果名称	主要完成人	主要完成单位	获奖年度
10	中国西门塔尔牛新品种选育	许尚忠，陈幼春，贾恩棠，李俊雅，王雅春，王淮，沙比尔哈孜，段丽君，邵志文，王晓华	中国农业科学院畜牧研究所，通辽市家畜繁育指导站，通辽市高林屯种畜场，新疆维吾尔自治区地方国营呼图壁种牛场，四川省阳平种牛场，四川省畜牧科学研究院，新疆维吾尔自治区畜禽繁育改良总站	2003
11	优质肉鸡产业化研究	毕英佐，舒鼎铭，张细权，胡刚安，曹永长，周中华，温志芬，杨纯芬，魏彩藩，黄爱珍	广东省农业科学院畜牧研究所，华南农业大学，广东温氏食品集团有限公司	2003
12	梅花鹿、马鹿高效养殖增值技术	杨福合，高秀华，李春义，李光玉，邢秀梅，冯仰廉，郜玉钢，李秀峰，王克坚，金顺丹	中国农业科学院特产研究所，中国农业科学院饲料研究所，中国农业大学，吉林敖东鹿业有限责任公司，吉林省四平市种鹿场，吉林省东丰药业股份有限公司，辽宁省辽阳千山呈龙科技有限公司	2004
13	瘦肉型猪营养需要与新型饲料添加剂开发应用技术研究	蒋宗勇，林映才，蒋宗勇，林映才，张振斌，郑黎，杨晓建，陈建新，周桂莲，余德谦，蒋守群，刘炎和	广东省农业科学院畜牧研究所，广东新粮实业有限公司，广东省中山市泰山饲料厂，桂林市漓源粮油饲料有限责任公司，广州市金银卡饲料有限公司，深圳市农牧实业有限公司	2004
14	猪重要经济性状功能基因的分离、克隆及应用研究	黄路生，任军，丁能水，陈克飞，艾华水，郭源梅，陈从英，麻骏武，晏学明，高军	江西农业大学	2005
15	瘦肉型猪新品种（系）及配套技术的创新研究与开发	熊远著，邓昌彦，梅书棋，彭健，陈焕春，丁山河，雷明刚，李绍章，彭先文，蒋思文	华中农业大学，湖北省农业科学院畜牧兽医研究所	2006
16	绵羊育种新技术——中国美利奴肉用、超细毛、多胎肉用新品系的培育	刘守仁，王新华，石国庆，杨永林，王建华，李辉，钟发刚，代江生，戴永林，李宝成	新疆农垦科学院，石河子大学	2007
17	“大通牦牛”新品种及培育技术	陆仲璘，阎萍，王敏，何晓林，韩凯，李孔亮，杨博辉，马振朝，马有学，柏家林	中国农业科学院兰州畜牧与兽药研究所，青海省大通种牛场	2007
18	规模化猪、禽环保养殖业关键技术研究与示范	徐子伟，李永明，邓波，冯尚连，薛智勇，楼洪兴，刘敏华，周立明，华卫东，费笛波	浙江省农业科学院，浙江绿嘉园牧业有限公司，宁波舜大股份有限公司	2007

续表

序号	成果名称	主要完成人	主要完成单位	获奖年度
19	猪健康养殖的营养调控技术研究与示范推广	李德发，谯仕彦，沈水宝，杨坤明，郑春田，曹云鹤，李俊波，陆文清，樊哲炎，王军军	中国农业大学，四川南方希望实业有限公司，湖南正虹科技发展股份有限公司，广东省农业科学院畜牧研究所，唐人神集团股份有限公司，海口农工贸（罗牛山）股份有限公司	2008
20	畜禽氮磷代谢调控及其安全型饲料配制关键技术研究与应用	印遇龙，黄瑞林，李铁军，李丽立，林映才，方热军，戴求仲，文利新，李爱科，谭支良	中国科学院亚热带农业生态研究所，广东省农业科学院畜牧研究所，南昌大学，湖南省畜牧兽医研究所，湖南农业大学，长沙绿叶生物科技有限公司，广州天科科技有限公司	2008
21	蛋白质饲料资源开发利用技术及应用	李爱科，金征宇，杨海鹏，王毓蓬，胡健华，周瑞宝，刁其玉，何武顺，黄庆德，刘多敏	国家粮食局科学研究院，武汉工业学院，北京中棉紫光生物科技有限公司，国家粮食储备局武汉科学研究设计院，国家粮食储备局无锡科学研究设计院，江南大学，河南工业大学	2009
22	牛和猪体细胞克隆研究及应用	李宁，戴蕴平，李秋艳，张磊，汤波，卫恒习，龚国春，张运海，潘登科，马育芳	中国农业大学，北京济普霖生物技术有限公司	2010
23	鲁农Ⅰ号猪配套系、鲁烟白猪新品种培育与应用	武英，郭建凤，魏述东，赵德云，徐云华，原丽丽，呼红梅，王继英，张印，王诚	山东省农业科学院畜牧兽医研究所，山东省莱芜猪原种场，莱州市畜牧兽医站，山东银宝食品有限公司	2010
24	仔猪肠道健康调控关键技术及其在饲料产业化中的应用	印遇龙，侯永清，林映才，李铁军，黄瑞林，廖峰，邓近平，孔祥峰，卢向阳，谭支良	中国科学院亚热带农业生态研究所，北京伟嘉饲料集团，武汉工业学院，广东省农业科学院畜牧研究所，双胞胎（集团）股份有限公司，武汉新华扬生物股份有限公司，广东温氏食品集团有限公司	2010
25	母猪系统营养技术与应用	陈代文，吴德，杨凤，张克英，余冰，方正锋，罗旭芳，李芳溢，何健，李勇	四川农业大学，新希望集团有限公司，广东温氏食品集团有限公司，四川铁骑力士实业集团，广西商大科技有限公司	2010
26	仔猪健康养殖营养饲料调控技术及应用	张宏福，王恬，宋维平，顾宪红，卢庆萍，唐湘方，吴晓峰，洪作鹏，王振勇，丁洪涛	中国农业科学院北京畜牧兽医研究所，南京农业大学，北京大北农科技集团股份有限公司，武汉邦之德牧业科技有限公司，建德市维丰饲料有限公司，辽宁禾丰牧业股份有限公司	2011

续表

序号	成果名称	主要完成人	主要完成单位	获奖年度
27	肉鸡健康养殖的营养调控与饲料高效利用技术	呙于明，张日俊，李绍钰，吕明斌，袁建敏，郝国庆，杨鹰，魏凤仙，张炳坤，王忠	中国农业大学，河南省农业科学院畜牧兽医研究所，山东六和集团有限公司，河南大用实业有限公司，北京北农大动物科技有限责任公司	2011
28	优质乳生产的奶牛营养调控与规范化饲养关键技术及应用	王加启，刘建新，卜登攀，高腾云，王文杰，周凌云，杨红建，陈历俊，李胜利，于静	中国农业科学院北京畜牧兽医研究所，浙江大学，河南农业大学，天津市畜牧兽医研究所，中国农业大学，北京三元食品股份有限公司，天津梦得集团有限公司	2012
29	北京鸭新品种培育与养殖技术研究应用	侯水生，胡胜强，刘小林，黄苇，郝金平，谢明，李国臣，樊红平，闫磊，张慧林	中国农业科学院北京畜牧兽医研究所，北京金星鸭业有限公司，西北农林科技大学	2013
30	南阳牛种质创新与夏南牛新品种培育及其产业化	白跃宇，高腾云，陈宏，祁兴磊，李鹏飞，王冠立，徐照学，孙宝忠，谭旭信，张春晖	河南省畜禽改良站，河南农业大学，西北农林科技大学，河南省南阳市黄牛研究所，河南省农业科学院畜牧兽医研究所，中国农业科学院北京畜牧兽医研究所，河南省纯种肉牛繁育中心	2013
31	巴美肉羊新品种培育及关键技术研究与示范	荣威恒，赵存发，李金泉，刘永斌，康凤祥，李虎山，高雪峰，吴明宏，王文义，王贵印	内蒙古自治区农牧业科学院，巴彦淖尔市家畜改良工作站，内蒙古农业大学，内蒙古自治区家畜改良工作站，乌拉特中旗农牧业局	2013
32	大恒肉鸡培育与育种技术体系建立及应用	蒋小松，朱庆，杜华锐，李晴云，刘益平，李小成，杨朝武，张增荣，万昭军，赵小玲	四川省畜牧科学研究院，四川农业大学，四川大恒家禽育种有限公司	2014
33	奶牛饲料高效利用及精准饲养技术创建与应用	李胜利，冯仰廉，王中华，李建国，曹志军，张晓明，张永根，张振新，刘连超，高丽娜	中国农业大学，山东农业大学，河北农业大学，东北农业大学，北京首农畜牧发展有限公司，现代牧业（集团）有限公司，北京中地种畜股份有限公司	2014
34	饲料用酶技术体系创新及重点产品创制	姚斌，罗会颖，黄火清，杨培龙，柏映国，于会民，李阳源，詹志春，刘鲁民，李学军	中国农业科学院饲料研究所，青岛蔚蓝生物集团有限公司，广东溢多利生物科技股份有限公司，武汉新华扬生物股份有限公司，北京挑战生物技术有限公司，新希望集团有限公司	2014

续表

序号	成果名称	主要完成人	主要完成单位	获奖年度
35	“农大 3 号”小型蛋鸡配套系培育与应用	杨宁，宁中华，张庆才，吴常信，曲鲁江，刘华桥，陈福勇，徐桂云，许殿明，郑丽敏	中国农业大学，北京北农大动物科技有限责任公司，北京中农榜样生物科技有限公司，湖北神丹健康食品有限公司，河南柳江生态牧业股份有限公司	2015
36	荣昌猪品种资源保护与开发利用	刘作华，王金勇，杨飞云，尹靖东，王红宁，李洪军，徐顺来，于会民，汪开益，冯光德	重庆市畜牧科学院，中国农业大学，四川大学，西南大学，中国农业科学院饲料研究所，四川铁骑力士实业有限公司，重庆隆生农业发展有限公司	2015
37	畜禽饲料中大豆蛋白源抗营养因子研究与应用	谯仕彦，秦贵信，李德发，贺平丽，马曦，孙泽威，王勇飞，曹云鹤，方华，陆文清	中国农业大学，吉林农业大学，双胞胎（集团）股份有限公司，上海源耀生物股份有限公司，北京龙科方舟生物工程技术有限公司，江西农业大学	2015

资料来源：科技部。

（整理：刘琳）

附录 3　畜禽新品种和配套系名录（2000—2015）

类别	序号	名　称	主要培育单位	审定年度
猪（19）	1	大河乌猪	云南省曲靖市畜牧局	2003
	2	鲁莱黑猪	莱芜市畜牧办公室等	2006
	3	鲁烟白猪	山东省农业科学院畜牧兽医研究所 莱州市畜牧兽医站	2007
	4	豫南黑猪	河南省畜禽改良站 河南农业大学 固始县淮南猪原种场	2008
	5	滇陆猪	云南省陆良县种猪试验场 云南省畜牧兽医科学院 云南省陆良县畜牧兽医局	2008
	6	松辽黑猪	吉林省农业科学院	2010
	7	苏淮猪	淮安市淮阴种猪场 南京农业大学 江苏省畜牧总站 江苏省淮安市农业委员会	2011

续表

类别	序号	名　称	主要培育单位	审定年度
猪（19）	8	湘村黑猪	湘村高科农业股份有限公司 湖南省畜牧兽医研究所 湖南省畜牧水产局	2012
	9	苏姜猪	江苏农牧科技职业学院 扬州大学 江苏省畜牧总站 泰州市农业委员会 姜堰市种猪场 江苏姜曲海种猪场	2013
	10	晋汾白猪	山西农业大学 山西省畜禽繁育工作站 大同市种猪场 运城市盐湖区新龙丰畜牧有限公司	2014
	11	冀合白猪配套系	河北省畜牧兽医研究所	2003
	12	中育猪配套系	北京养猪育种中心	2005
	13	华农温氏 I 号猪配套系	广东华农温氏畜牧股份有限公司等	2006
	14	滇撒猪配套系	云南农业大学动物科学技术学院等	2006
	15	鲁农 I 号猪配套系	山东省农业科学院畜牧兽医研究所 莱芜市畜牧办公室 山东农业大学 得利斯集团有限责任公司	2007
	16	渝荣 I 号猪配套系	重庆市畜牧科学院	2007
	17	天府肉猪配套系	四川铁骑力士牧业科技有限公司 四川农业大学 四川省畜牧总站	2011
	18	龙宝 1 号猪配套系	广西扬翔股份有限公司 中山大学	2013
	19	川藏黑猪配套系	四川省畜牧科学研究院	2014
牛（7）	20	中国西门塔尔牛	中国农业科学院畜牧研究所	2002
	21	大通牦牛	中国农业科学院兰州畜牧与兽医研究所 青海省大通种牛场	2005
	22	夏南牛	河南省畜禽改良站 河南省泌阳县畜牧局	2007

续表

类别	序号	名　称	主要培育单位	审定年度
牛（7）	23	延黄牛	延边朝鲜族自治州牧业管理局 延边朝鲜族自治州畜牧开发总公司 延边大学农学院 延边朝鲜族自治州家畜繁育改良工作总站 延边朝鲜族自治州种牛场 吉林省农业科学院 延边朝鲜族自治州农业科学院 吉林大学	2008
	24	辽育白牛	辽宁省牛育种中心	2010
	25	蜀宣花牛	四川省畜牧科学研究院 四川省宣汉县畜牧食品局	2012
	26	云岭牛	云南省草地动物科学研究院	2014
绵羊（8）	27	云南半细毛羊	云南省畜牧兽医科学研究所	2000
	28	彭波半细毛羊	西藏农牧科学院畜牧兽医研究所 西藏拉萨市林周县家畜良种繁育推广中心	2008
	29	凉山半细毛羊	凉山彝族自治州畜牧局 四川农业大学 四川省畜牧科学研究院 凉山彝族自治州畜牧兽医科学研究所	2009
	30	新吉细毛羊	新疆畜牧科学院 新疆农垦科学院 吉林省农业科学院	2003
	31	苏博美利奴羊	新疆维吾尔自治区畜牧科学院 新疆农垦科学院 青岛农业大学 吉林省农业科学院 新疆巩乃斯种羊场有限公司 新疆西部牧业股份有限公司紫泥泉种羊场 新疆拜城县种羊场 新疆科创畜牧繁育中心 内蒙古自治区赤峰市敖汉种羊场 吉林省前郭县查干花种畜场	2014
	32	巴美肉羊	内蒙古自治区巴彦淖尔市农牧业局	2007
	33	昭乌达肉羊	赤峰市农牧业局	2012
	34	察哈尔羊	锡林郭勒盟农牧业局	2014

续表

类别	序号	名　称	主要培育单位	审定年度
山羊（5）	35	陕北白绒山羊	陕西省畜牧兽医总站	2003
	36	柴达木绒山羊	青海省畜牧兽医科学院	2010
	37	晋岚绒山羊	山西省牧草工作站	2011
	38	文登奶山羊	文登市畜牧兽医技术服务中心	2009
	39	简州大耳羊	简阳市畜牧食品局 西南民族大学 四川省畜牧科学研究院 四川农业大学	2013
蛋鸡（11）	40	新杨褐壳蛋鸡配套系	上海新杨家禽育种中心	2000
	41	新杨白壳蛋鸡配套系	上海家禽育种有限公司 中国农业大学 国家家禽工程技术研究中心	2010
	42	新杨褐壳蛋鸡配套系	上海家禽育种有限公司 中国农业大学 国家家禽工程技术研究中心	2010
	43	新杨黑羽蛋鸡配套系	上海家禽育种有限公司	2015
	44	农大 3 号小型蛋鸡配套系	中国农业大学动物科学技术学院	2004
	45	京红 1 号蛋鸡配套系	北京市华都峪口禽业有限责任公司 北京华都集团有限责任公司良种基地	2009
	46	京粉 1 号蛋鸡配套系	北京市华都峪口禽业有限责任公司 北京华都集团有限责任公司良种基地	2009
	47	京粉 2 号蛋鸡配套系	北京市华都峪口禽业有限责任公司	2013
	48	苏禽绿壳蛋鸡配套系	江苏省家禽科学研究所 扬州翔龙禽业发展有限公司	2013
	49	大午粉 1 号蛋鸡配套系	河北大午农牧集团种禽有限公司 中国农业大学	2013
	50	粤禽皇 5 号蛋鸡配套系	广东粤禽种业有限公司 广东粤禽育种有限公司	2014
肉鸡（46）	51	文昌鸡	海南省农业厅	2006
	52	京海黄鸡	江苏京海禽业集团有限公司 扬州大学 江苏省畜牧总站	2009
	53	江村黄鸡 JH-2 号配套系	广州市江丰实业有限公司	2002

续表

类别	序号	名　称	主要培育单位	审定年度
肉鸡（46）	54	江村黄鸡 JH-3 号配套系	广州市江丰实业有限公司	2002
	55	新兴黄鸡 Ⅱ 号配套系	广东温氏食品集团有限公司	2002
	56	新兴矮脚黄鸡配套系	广东温氏食品集团有限公司	2002
	57	新兴麻鸡 4 号配套系	广东温氏南方家禽育种有限公司	2007
	58	新兴竹丝鸡 3 号配套系	广东温氏南方家禽育种有限公司	2007
	59	岭南黄鸡 Ⅰ 号配套系	广东省农业科学院畜牧研究所	2003
	60	岭南黄鸡 Ⅱ 号配套系	广东省农业科学院畜牧研究所	2003
	61	岭南黄鸡 3 号配套系	广东智威农业科技股份有限公司 开平金鸡王禽业有限公司 广东智成食品股份有限公司	2010
	62	京星黄鸡 100 配套系	中国农业科学院畜牧研究所	2003
	63	京星黄鸡 102 配套系	中国农业科学院畜牧研究所	2003
	64	邵伯鸡配套系	江苏省家禽科学研究所 江苏省扬州市畜牧兽医站 江苏省畜牧兽医职业技术学院	2005
	65	鲁禽 1 号麻鸡配套系	山东省农业科学院家禽研究所等	2006
	66	鲁禽 3 号麻鸡配套系	山东省农业科学院家禽研究所等	2006
	67	粤禽皇 2 号鸡配套系	广东粤禽育种有限公司	2008
	68	粤禽皇 3 号鸡配套系	广东粤禽育种有限公司	2008
	69	墟岗黄鸡 1 号配套系	广东省鹤山市墟岗黄畜牧有限公司	2009
	70	良凤花鸡配套系	广西南宁市良凤农牧有限责任公司	2009
	71	皖南黄鸡配套系	安徽华大生态农业科技有限公司	2009
	72	皖南青脚鸡配套系	安徽华大生态农业科技有限公司	2009
	73	皖江黄鸡配套系	安徽华卫集团禽业有限公司	2009
	74	皖江麻鸡配套系	安徽华卫集团禽业有限公司	2009
	75	雪山鸡配套系	江苏省常州市立华畜禽有限公司	2009
	76	苏禽黄鸡 2 号配套系	江苏省家禽科学研究所 扬州市翔龙禽业发展有限公司	2009
	77	金陵麻鸡配套系	广西金陵养殖有限公司	2009
	78	金陵黄鸡配套系	广西金陵养殖有限公司	2009
	79	金钱麻鸡 1 号配套系	广州宏基种禽有限公司	2010

续表

类别	序号	名　称	主要培育单位	审定年度
肉鸡（46）	80	南海黄麻鸡 1 号配套系	佛山市南海种禽有限公司	2010
	81	弘香鸡配套系	佛山市南海种禽有限公司	2010
	82	新广铁脚麻鸡配套系	佛山市高明区新广农牧有限公司	2010
	83	新广黄鸡 K996 配套系	佛山市高明区新广农牧有限公司	2010
	84	大恒 699 肉鸡配套系	四川大恒家禽育种有限公司	2010
	85	凤翔青脚麻鸡配套系	广西凤翔集团畜禽食品有限公司	2011
	86	凤翔乌鸡配套系	广西凤翔集团畜禽食品有限公司	2011
	87	五星黄鸡配套系	安徽五星食品股份有限公司 安徽农业大学 中国农业科学院北京畜牧兽医研究所	2011
	88	振宁黄鸡配套系	宁波市振宁牧业有限公司 宁海县畜牧兽医技术服务中心	2012
	89	潭牛鸡配套系	海南（潭牛）文昌鸡股份有限公司	2012
	90	金种麻黄鸡配套系	惠州市金种家禽发展有限公司	2012
	91	三高青脚黄鸡 3 号配套系	河南三高农牧股份有限公司	2013
	92	光大梅黄 1 号肉鸡配套系	浙江光大种禽业有限公司	2014
	93	桂凤二号肉鸡配套系	广西春茂农牧集团有限公司	2014
	94	天露黄鸡配套系	广东温氏食品集团股份有限公司	2014
	95	天露黑鸡配套系	广东温氏食品集团股份有限公司	2014
	96	天农麻鸡配套系	广东天农食品有限公司	2015
肉鸭（4）	97	三水白鸭配套系	广东省三水市联科畜禽良种繁育场 华南农业大学动物科学学院	2004
	98	仙湖肉鸭配套系	广东省佛山市佛山科学技术学院	2004
	99	Z 型北京鸭配套系	中国农业科学院畜牧研究所	2006
	100	南口 1 号北京鸭配套系	北京金星鸭业中心	2006
蛋鸭（2）	101	苏邮 1 号蛋鸭配套系	江苏高邮鸭集团 江苏省家禽科学研究所	2011
	102	国绍 I 号蛋鸭配套系	诸暨市国伟禽业发展有限公司 浙江省农业科学院	2015
鹅（2）	103	扬州鹅	扬州大学等	2006

续表

类别	序号	名　称	主要培育单位	审定年度
鹅（2）	104	天府肉鹅配套系	四川农业大学 四川省畜牧总站 四川德阳景程禽业有限责任公司	2011
鹌鹑（1）	105	神丹 1 号鹌鹑配套系	湖北省农业科学院畜牧兽医研究所 湖北神丹健康食品有限公司	2012
兔（6）	106	吉戎兔	解放军军需大学军事兽医系	2004
	107	浙系长毛兔	嵊州市畜产品有限公司 宁波市巨高兔业发展有限公司 平阳县全盛兔业有限公司	2010
	108	皖系长毛兔	安徽省农业科学院畜牧兽医研究所	2010
	109	康大 1 号肉兔配套系	青岛康大兔业发展有限公司 山东农业大学	2011
	110	康大 2 号肉兔配套系	青岛康大兔业发展有限公司 山东农业大学	2011
	111	康大 3 号肉兔配套系	青岛康大兔业发展有限公司 山东农业大学	2011
犬（1）	112	昆明犬	公安部昆明警犬基地	2007
鹿（5）	113	四平梅花鹿	吉林省四平市种鹿场	2002
	114	敖东梅花鹿	吉林敖东药业股份有限公司	2002
	115	清原马鹿	中国农业科学院特产研究所	2003
	116	东丰梅花鹿	吉林省东丰药业股份有限公司	2004
	117	兴凯湖梅花鹿	黑龙江省兴凯湖农场	2004
貂（2）	118	金州黑色标准水貂	辽宁华曦集团金州珍贵毛皮动物公司	2000
	119	明华黑色水貂	大连明华经济动物有限公司	2014

资料来源：农业部。

（整理：刘琳）

附录 4 畜牧学科代表性学术论文目录（2010—2015）

动物遗传育种学			
序号	作 者	论文题目	刊登期刊
1	Ai H, Fang X, Yang B, et al.	Adaptation and possible ancient interspecies introgression in pigs identified by whole-genome sequencing	Nature genetics, 2015, 47 (3): 217-225
2	Cui X, Hou Y, Yang S, et al.	Transcriptional profiling of mammary gland in Holstein cows with extremely different milk protein and fat percentage using RNA sequencing	BMC genomics, 2014(15):226
3	Ding X, Zhang Z, Li X, et al.	Accuracy of genomic prediction for milk production traits in the Chinese Holstein population using a reference population consisting of cows	Journal of dairy science, 2013, 96 (8): 5315-5323
4	Dong Y, Xie M, Jiang Y, et al.	Sequencing and automated whole-genome optical mapping of the genome of a domestic goat (Capra hircus)	Nature biotechnology, 2013, 31(2):135-141
5	Hou JX, An XP, Han P, et al.	Two missense mutations in exon 9 of caprine PRLR gene were associated with litter size	Animal genetics, 2015, 46 (1): 87-90
6	Huang J, Zhao Y, Shiraigol W, et al.	Analysis of horse genomes provides insight into the diversification and adaptive evolution of karyotype	Scientific reports, 2014(4): 4958
7	Jia X, Chen S, Zhou H, et al.	Copy number variations identified in the chicken using a 60K SNP BeadChip	Animal genetics, 2013, 44 (3): 276-284
8	Jiang J, Jiang L, Zhou B, et al.	Snat: a SNP annotation tool for bovine by integrating various sources of genomic information	BMC genetics, 2011, (12):85
9	Jiang L, Liu J, Sun D, et al.	Genome wide association studies for milk production traits in Chinese Holstein population	PLoS One, 2010, 5 (10): e13661
10	Li C, Sun D, Zhang S, et al.	Genome wide association study identifies 20 novel promising genes associated with milk fatty acid traits in Chinese Holstein	PLoS One, 2014, 9 (5): e96186
11	Li M, Tian S, Jin L, et al.	Genomic analyses identify distinct patterns of selection in domesticated pigs and Tibetan wild boars	Nature Genetics, 2013, 45 (12): 1431-1438
12	Li M, Wu H, Luo Z, et al.	An atlas of DNA methylomes in porcine adipose and muscle tissues	Nature Communications, 2012(3): 850
13	Li X, Wang S, Huang J, et al.	Improving the accuracy of genomic prediction in Chinese Holstein cattle by using one-step blending	Genetics, Selection, Evolution : GSE 2014(46): 66

续表

动物遗传育种学			
序号	作　者	论文题目	刊登期刊
14	Lian L, Qu L, Chen Y, et al.	A systematic analysis of miRNA transcriptome in Marek's disease virus-induced lymphoma reveals novel and differentially expressed miRNAs	PLoS One, 2012, 7 (11): e51003
15	Liu W, Li D, Liu J, et al.	A genome-wide SNP scan reveals novel loci for egg production and quality traits in white leghorn and brown-egg dwarf layers	PLoS One, 2011, 6 (12): e28600
16	Peng Y, Yu S, Li H, et al.	MicroRNAs: emerging roles in adipogenesis and obesity	Cellular Signalling, 2014, 26 (9): 1888-1896
17	Qiu Q, Zhang G, Ma T, et al.	The yak genome and adaptation to life at high altitude	Nature Genetics, 2012, 44(8):946-949
18	Ren J, Duan Y, Qiao R, et al.	A missense mutation in PPARD causes a major QTL effect on ear size in pigs	PLoS Genetics, 2011, 7 (5): e1002043
19	Wang CL, Ding XD, Wang JY, et al.	Bayesian methods for estimating GEBVs of threshold traits	Heredity, 2013, 110 (3): 213-219
20	Wang H, Jiang L, Liu X, et al.	A post-GWAS replication study confirming the PTK2 gene associated with milk production traits in Chinese Holstein	PLoS One, 2013, 8 (12): e83625
21	Wang JY, Luo YR, Fu WX, et al.	Genome-wide association studies for hematological traits in swine	Animal genetics, 2013, 44 (1): 34-43
22	Wang Y, Tang Z, Sun Y, et al.	Analysis of genome-wide copy number variations in Chinese indigenous and western pig breeds by 60 K SNP genotyping arrays	PLoS One, 2014, 9 (9): e106780
23	Yuan C, Wang X, Geng R, et al.	Discovery of cashmere goat (Capra hircus) microRNAs in skin and hair follicles by Solexa sequencing	BMC Genomics, 2013(14): 511
24	Zhang L, Liu J, Zhao F, et al.	Genome-wide association studies for growth and meat production traits in sheep	PLoS One, 2013, 8 (6): e66569
25	Zhang LC, Li N, Liu X, et al.	A genome-wide association study of limb bone length using a Large White x Minzhu intercross population	Genetics, Selection, Evolution: GSE 2014(46):56
26	Zhang Z, Li X, Ding X, et al.	GPOPSIM: a simulation tool for whole-genome genetic data	BMC genetics, 2015(16): 10
27	Li M, Tian S, Jin L, et al.	Genomic analyses identify distinct patterns of selection in domesticated pigs and Tibetan wild boars	Nat Genet, 2013, 45 (12): 1431-1438
28	Ai H, Fang X, Yang B, et al.	Adaptation and possible ancient interspecies introgression in pigs identified by whole-genome sequencing	Nat Genet, 2015, 47(3):217-225
29	Li M, Wu H, Luo Z, et al.	An atlas of DNA methylomes in porcine adipose and muscle tissues	Nat Commun, 2012 22(3): 850

续表

动物遗传育种学			
序号	作 者	论文题目	刊登期刊
30	Huang Y, Li Y, Burt DW, et al.	The duck genome and transcriptome provide insight into an avian influenza virus reservoir species	Nat Genet, 2013, 45 (7): 776–783
31	Feng C, Gao Y, Dorshorst B, et al.	A cis–regulatory mutation of PDSS2 causes silky–feather in chickens	PLoS Genetics, 2014, 10 (8): e1004576
32	Wang Z, Qu L, Yao J, et al.	An EAV–HP insertion in 5' Flanking region of SLCO1B3 causes blue eggshell in the chicken	PLoS Genetics. 2013, 9(1):e1003183
33	张哲，张勤，丁向东	畜禽基因组选择研究进展	科学通报，2011, 56 (25): 2655–2663
34	李聪，孙东晓，姜力，等	奶牛重要经济性状全基因组关联分析研究进展	遗传，2012, 34（5）：545–550
35	贺蓁，孙婴宁，李辉，等	鸡 L–FABP 启动子区 C/EBPα 结合位点的定点突变分析	畜牧兽医学报，2015, 46 (9): 1496–1501
36	崔晓钢，杨少华，谢岩，等	应用生物信息学预测牛新 microRNA 及验证	畜牧兽医学报，2015, 46 (8): 1317–1324
37	陈晨，邓缘，任慧波，等	猪 miR–135a–5p 预测靶基因 APC 的鉴定	畜牧兽医学报，2015, 46 (4): 534–541

动物繁殖学			
序号	作 者	论文题目	刊登期刊
38	Xia CM, Xia W, Yang S, et al.	Effect of antioxidant supplementation on function and fertility of sex–sorted boar spermatozoa	Anim Reprod Sci, 2012(136): 108–114
39	Fang Y, Zeng S, Fu X, et al.	Developmental competence in vitro and in vivo of bovine IVF blastocyst after 15 years of vitrification	Cryo Letters, 2014, 35 (3): 232–238
40	Li C, Zhou X	The potential roles of neurotrophins in male reproduction	Reproduction, 2013, 145 (4): 89–95
41	Wang X L, Wu Y, Tan L B, et al.	Follicle–stimulating hormone regulates pro–apoptotic protein Bcl–2–interacting mediator of cell death–extra long (BimEL)–induced porcine granulosa cell apoptosis	Journal of Biological Chemistry, 2012, 287 (13): 10166–10177
42	Wu–CaiYang,Shu–JingLi,Yang–HuaXie, et al.	Two novel SNPs of the typeI gonadotropin releasing hormone receptor gene and their associations with superovulation traits in Chinese Holstein cows	Live stock Science, 2011(136): 164 – 168
43	Wu–Cai Yang, Li–Guo Yang,Hasan Riazb, et al.	Effects in cattle of genetic variation within the IGF1R gene on the superovulation performance and pregnancy rates after embryo transfer	Animal Reproduction Science, 2013(143): 24 – 29

续表

动物繁殖学			
序号	作　者	论文题目	刊登期刊
44	Liu Q, Zhou Y F, Duan R J, et al.	Effects of dietary n-6:n-3 fatty acid ratio and vitamin E on semen quality, fatty acid composition and antioxidant status in boars	Anim Reprod Sci, 2015(162): 11-19
45	Hu JH, Jiang ZL, Lv RK, et al.	The advantages of low-density lipoproteins in the cryopreservation of bull semen	Cryobiology, 2011, 62 (1): 83-87
46	Shen T, Jiang ZL, Liu H, et al.	Effect of Salvia miltiorrhiza polysaccharides on boar spermatozoa during freezing - thawing	Anim Reprod Sci, 2015(159): 25-30
47	Chen X, Zhu H, Hu C, et al.	Identification of Differentially Expressed Proteins Between Fresh and Frozen-Thawed Boar Spermatozoa by iTRAQ-Coupled 2D LC-MS/MS	Reproduction, 2014(147): 321-330
48	Xiaoli Chen, Huabin Zhu, Chengjiang Wu, et al.	Identification of Differentially Expressed Proteins Between Bull X and Y Spermatozoa	Journal of Proteomics, 2012(77): 59-67
49	Quan F, Zhang Z, An Z, et al.	Multiple factors affecting superovulation in Poll Dorset in China	Reprod Domest Anim, 2011, 46(1): 39-44
50	Zhang J, Deng LX, Zhang HL, et al.	Effects of parity on uterine involution and resumption of ovarian activities in postpartum Chinese Holstein dairy cows	J Dairy Sci, 2010, 93(5): 1979-1986
51	Changjiu He, Jing Wang, Yu Li, et al.	Melatonin-related genes expressed in the mouse uterus during early gestation promote embryo implantation	J. Pineal Res, 2015(58): 300-309
52	Yong Wang, Wenjing Liu, Juan Du, et al.	NGF promotes mouse granulosa cell proliferation by inhibiting ESR2 mediated down-regulation of CDKN1A	Molecular and Cellular Endocrinology, 2015(406): 68-77
53	Bao Z J, Zhao S, Haq I U, et al.	Recombinant bovine interferon-τ enhances in vitro development of bovine embryos by upregulating expression of connexin 43 and E-cadherin	Journal of dairy science, 2014, 97 (11): 6917-6925
54	Chunjin Li, Chengjiao Li, Xiaoling Zhu, et al.	The expression and putative role of brain-derived neurotrophic factor and its receptor in bovine sperm	Theriogenology, 2012(77): 636-643
55	Zhang L, Chen M, Wen Q, et al.	Reprogramming of Sertoli cells to fetal-like Leydig cells by Wt1 ablation	Proc Natl Acad Sci U S A, 2015
56	Wang F, Tian X, Zhang L, et al.	Beneficial effects of melatonin on in vitro bovine embryonic development are mediated by melatonin receptor 1	J Pineal Res, 2014, 56 (3): 333-342
57	Chang G, Gao S, Hou X, et al.	High-throughput sequencing reveals the disruption of methylation of imprinted gene in induced pluripotent stem cells	Cell Res, 2014(24): 293-306

续表

动物繁殖学			
序号	作 者	论文题目	刊登期刊
58	Wang X L, Wu Y, Tan L B, et al.	Follicle-stimulating hormone regulates pro-apoptotic protein Bcl-2-interacting mediator of cell death-extra long (BimEL)-induced porcine granulosa cell apoptosis	Journal of Biological Chemistry, 2012, 287(13): 10166-10177
59	Bao Z J, Zhao S, Haq I U, et al.	Recombinant bovine interferon-τ enhances in vitro development of bovine embryos by upregulating expression of connexin 43 and E-cadherin	Journal of dairy science, 2014, 97(11): 6917-6925
60	Liu Z, Zhao S, Wu S, et al.	A novel role of transient receptor potential mucolipin1 (TRPML1) in protecting against imidazole-induced cytotoxicity	Biochemistry and Cell Biology, 2014, 92(4): 279-286
61	Zhao S, Liu Z X, Gao H, et al.	A three-dimensional culture system using alginate hydrogel prolongs hatched cattle embryo development in vitro	Theriogenology, 2015
62	张腾，渊锡藩，江中良	采用深部输精与常规输精研究不同剂量和有效精子数对经产母猪繁殖力的影响	中国畜牧杂志，2012，48（17）：17-20
63	赵学明，杜卫华，郝海生，等	影响体外受精生产奶牛性控胚胎的因素	农业生物技术学报，2011, 19（5）：843-848
64	喻光敏，白佳桦，刘彦，等	Ovsynch 技术在集约化奶牛场的推广应用效果	中国畜牧杂志，2013，49（17）：26-29
65	张璐，朱士恩，李树静，等	5 个品种优质肉用绵羊的超数排卵与胚胎移植	中国畜牧杂志，2011，47（23）：25-28
66	曾有权，陆阳清，杨小淦，等	使用流式细胞仪分离精子进行仔猪性别控制的研究	畜牧兽医学报，2012，43（7）：1163-1169

动物营养与饲料科学			
序号	作 者	论文题目	刊登期刊
67	Yang JX, Wang CH, QB X, et al.	Effect of methionyl-methionine on milk protein synthesis in bovine mammary gland explants	Journal of Nutrition, 2015,145 (8)
68	Wu XZ, Zhang TT, Guo JG, et al.	Copper bioavailability, blood parameters, and nutrient balance in mink	Journal of Animal Science, 2015 (93): 176 - 184
69	Li G, Yao W, Jiang H	Short-chain fatty acids enhance adipocyte differentiation in the stromal vascular fraction of porcine adipose tissue	Journal of Nutrition, 2014(114): 1887-1895
70	Ren W, Chen S, Yin J, et al.	Dietary arginine supplementation of mice alters the microbial population and activates intestinal innate immunity	Journal of Nutrition, 2014, 144 (6): 988-995
71	Li C M, Yan H C, Fu H L,et al.	Molecular cloning, sequence analysis and function of the intestinal epithelial stem cell marker bmi1 in pig intestinal epithelial cells	Journal of Animal Science, 2014, 92 (1): 85-94

续表

动物营养与饲料科学			
序号	作　者	论文题目	刊登期刊
72	Zhao K, Liu HY, Zhou MM, et al.	Insulin stimulates glucose uptake via a phosphatidylinositide 3-kinase-linked signaling pathway in bovine mammary epithelial cells	Journal of Dairy Science, 2014, 97 (6): 3660-3665
73	Zhao K, Liu HY, Zhao FQ, et al.	Protein kinase C regulates glucose uptake and mRNA expression of glucose transporter (GLUT) 1 and GLUT8 in lactating bovine mammary epithelial cells	Journal of Dairy Science, 2014, 97 (7): 4329-4332
74	Zeng QJ, Wang LN, Shu G, et al.	Decorin-induced proliferation of avian myoblasts involves the myostatin/Smad signaling pathway	Poultry Science, 2014, 93 (1): 138-146
75	Xin-Ling Fang, Xiao-Tong Zhu, Sheng-Feng Chen, et al.	Differential gene expression pattern in hypothalamus of chickens during fasting-induced metabolic reprogramming: Functions of glucose and lipid metabolism in the feed intake of chickens	Poultry Science, 2014, 93 (11): 2841-2854
76	Zhou JC, Han D, Jin JY, et al.	Compared to fish oil alone, a corn and fish oil mixture decreases the lipid requirement of a freshwater fish species, Carassius auratus gibelio	Aquaculture, 2014(428-429): 272-279
77	Shan T, Ren Y, Wang Y	Sirtuin 1 affects the transcriptional expression of adipose triglyceride lipase in porcine adipocytes	Journal of Animal Science, 2013, 91 (3): 1247-1254
78	Gao Yanhua, Han Feifei, Huang Xia, et al.	Changes in gut microbial populations, intestinal morphology, expression of tight junction proteins and cytokine production between two pig breeds after challenge with Escherichia coli K88: a comparative study	Journal of Animal Science, 2013 (91): 5614-5625
79	Mao HL, Mao HL, Wang JK, et al.	Effects of Saccharomyces cerevisiae fermentation product on in vitro fermentation and microbial communities of low-quality forages and mixed diets	Journal of Animal Science, 2013 (91): 3291-3298
80	Han Feifei, Gao Yanhua, Luan Chao, et al.	Comparing bacterial membrane interactions and antimicrobial activity of porcine lactoferricin-derived peptides	Journal of Dairy Science, 2013, 96 (6): 3471-3487
81	Chen X, Jiang W, Tan H Z, et al.	Effects of outdoor access on growth performance and meat characteristics of broiler chickens	Poultry Science, 2013, 92 (2): 435-443

续表

动物营养与饲料科学			
序号	作 者	论文题目	刊登期刊
82	Lin YH, Ku CY, Shiau SY	Estimation of dietary magnesium requirements of juvenile tilapia, Oreochromis niloticus × Oreochromis aureus, reared in freshwater and seawater	Aquaculture, 2013, 380–383: 47–51
83	Wang XQ, Yang F, Lin C, et al.	Dietary Supplementation with the Probiotic Lactobacillus fermentum I5007 and the Antibiotic Aureomycin Differentially Affects the Small Intestinal Proteomes of Weanling Piglets	Journal of Nutrition, 2012, 142 (1): 7–13
84	Ma X, Ding W, Wang JJ, et al.	LOC66273 Isoform 2, a Novel Protein Highly Expressed in White Adipose Tissue, Induces Adipogenesis in 3T3–L1 Cells	Journal of Nutrition, 2012, 142 (3): 448–455
85	Zhang Z Y, Jia G Q, Zuo J J, et al.	Effects of constant and cyclic heat stress on muscle metabolism and meat quality of broiler breast fillet and thigh meat	Poultry Science, 2012, 91 (11): 2931–2917
86	Tan Xiao Ying, Xie Ping, Luo Zhi, et al.	Dietary manganese requirement of juvenile yellow catfish Pelteobagrus fulvidraco, and effects on whole body mineral composition and hepatic intermediary metabolism	Aquaculture, 2012(326–329): 68–73
87	J Guo, T Shan, T Wu, et al.	Comparisons of different muscle metabolic enzymes and muscle fiber types in Jinhua and Landrace pigs	Journal of Animal Science, 2011, 89 (1): 185–191
88	Kang P, Toms D, Yin Y, et al.	Epidermal growth factor–expressing Lactococcus lactis enhances intestinal development of early–weaned pigs	Journal of Nutrition, 2010, 140 (4): 806–811
89	T, Shan, Y, Ren, Y, Liu, et al.	Breed difference and regulation of the porcine Sirtuin 1 by insulin	Journal of Animal Science, 2010, 88(12): 3909–3917
90	Zheng Keke, Zhu Xiaoming, Han Dong, et al.	Effects of dietary lipid levels on growth, survival and lipid metabolism during early ontogeny of Pelteobagrus vachelli larvae	Aquaculture, 2010(299): 121–127
91	Shi XM, Zhou FG, Li XJ, et al.	Central GLP–2 Enhances Hepatic Insulin Sensitivity via Activating PI3K Signaling in POMC Neurons	Cell Metabolism, 2013, 18(1): 86–98
92	Yifan Liu, Xi Xia, Liang Xu, et al.	Design of hybrid b–hairpin peptides with enhanced cell specificity and potent anti–inflammatory activity	Biomaterials, 2013, 34 (1): 237–250
93	Wang JJ, Wu ZL, Li DF, et al.	Epigenetics, and Metabolic Syndrome	Antioxidants & Redox Signaling, 2012, 17 (2): 282–301
94	Mao SY, Huo WJ, Zhu WY	Microbiome – metabolome analysis reveals unhealthy alterations in the composition and metabolism of ruminal microbiota with increasing dietary grain in a goat model.	Environmental Microbiology, 2015, 40(4):996–1002

续表

动物营养与饲料科学			
序号	作　者	论文题目	刊登期刊
95	Shi XM, Wang Y, Li XJ, et al.	SIRT1 deficiency in mice impairs energy balance by disrupting hypothalamic melanocortin signaling	FASEB Journal, 2011
96	He Q, Tang H, Ren P, et al.	Dietary supplementation with l-arginine partially counteracts serum metabonome induced by weaning stress in piglets	Journal of Proteome Research, 2011, 10 (11): 5214-5221
97	Wang XQ, Wu WZ, Lin G, et al.	Temporal Proteomic Analysis Reveals Continuous Impairment of Intestinal Development in Neonatal Piglets with Intrauterine Growth Restriction	Journal of Proteome Research, 2010(9): 924-935
98	Feifei Han, Haiwen Zhang, Xi Xia, et al.	Porcine β-defensin 2 attenuates inflammation and mucosal lesions in dextran sodium sulfate-induced colitisIssue	Journal of Immunology, 2015
99	Jin W, Cheng Y, Mao S, et al.	Isolation of natural cultures of anaerobic fungi and indigenously associated methanogens from herbivores and their bioconversion of lignocellulosic materials to methane	Bioresource Technology, 2011 (102):7925-7931
100	李忠荣，陈婉如，叶鼎承，等	低蛋白质补充氨基酸饲粮对北京鸭生长性能、血清生化指标及粪氮含量的影响	动物营养学报，2013，25（2）：319-325
101	孙建广，张石蕊，谯仕彦，等	发酵乳酸杆菌对生长肥育猪生长性能和肉品质的影响	动物营养学报，2010，22（1）：132-138
102	陈家祥，张仁义，王长康，等	地衣芽孢杆菌对肉鸡生长性能、抗氧化指标和血液生化指标的影响	动物营养学报，2010（22）：1019-1023
103	戈婷婷，瞿明仁，张晖，等	功能性寡糖对锦江黄牛瘤胃发酵及微生物生长效率的影响	动物营养学报，2012，24（3）：557-562
104	张铁涛，崔虎，高秀华，等	低蛋白质饲粮中添加蛋氨酸对育成期蓝狐生长性能和营养物质消化代谢的影响	动物营养学报，2013，25（9）：2036-2043
105	刘莉如，杨开伦，刘亭婷，等	抗菌肽对海兰褐仔公鸡小肠黏膜形态结构及免疫活性细胞数量的影响	动物营养学报，2013(1)：190-197
106	边连全，杜欣，刘显军，等	枯草芽孢杆菌—菊糖合生元对断奶仔猪生长性能及体液免疫功能的影响	动物营养学报，2012，24（2）：280-284
107	许贵善，刁其玉，纪守坤，等	不同饲喂水平对肉用绵羊生长性能、屠宰性能及器官指数的影响	动物营养学报，2012，24（5）：953-960
108	尹清强，李小飞，常娟，等	微生态制剂对哺乳和断奶仔猪生产性能的影响及作用机理研究	动物营养学报，2011，23（4）：622-630
109	尹杰，伍力，彭智兴，等	脱氧雪腐镰刀菌烯醇的毒性作用及其机理	动物营养学报，2012，24（1）：48-54

续表

家畜环境卫生学与家畜生态学			
序号	作　者	论文题目	刊登期刊
110	Bao J, X Li, FL Lv, et al.	Prolonged latency of pupillary light reflex in confined sows: Possible stress-related symptom?	Journal of Veterinary Behavior, 2013(8):475-478
111	Hong-gui Liu, Chao Wang, Jun Bao, et al.	Behavior and performance in prim parous sows of two Min pig hybrid breeds in outdoor housing systems	Applied Animal Behaviour Science, 2013(146): 37-44
112	Shi-quan Cui, Dong-hua Chen, Jun Bao, et al.	A comparison of postural changes and maternal responsiveness during early lactation in Landrace and Minpig sows	Applied Animal Behaviour Science, 2011(131): 40-47
113	Zhou Q, Sun Q, Wang G， et al.	Group housing during gestation affects the behaviour of sows and the physiological indices of offspring at weaning	Animal, 2014 (6): 1-8
114	Liu L, Song Z, Lin H， et al.	Glucocorticoids increase NPY gene expression via hypothalamic AMPK signaling in broiler chicks	Endocrinology, 2014, 155 (6): 2190-2198
115	Liu L, Li H, Lin H, et al.	Effects of acute heat stress on gene expression of brain-gut neuropeptides in broiler chickens	J. Anim. Sci, 2013(91): 5194-5201
116	Liu L, Song Z, Lin H, et al.	Effect of corticosterone on gene expression of feed intake regulatory peptides in laying hens	Biochemistry and Molecular Biology, 2012,162 (4): 81-87
117	Song Z, Liu L, Lin H, et al.	Effect of Heat Exposure on Gene Expression of Feed Intake Regulatory Peptides in Laying Hens	Biomed Biotechnol. 2012: 4848-4869
118	Huihui Ma, Niya Zhang, Desheng Qi, et al.	Effects of different substrates and oils on aflatoxin B1 production by Aspergillus parasiticus	European Food Research and Technology, 2015(240) : 627-634
119	Lei M, Zhang N, Qi D	In vitro investigation of individual and combined cytotoxic effects of aflatoxin B1 and other selected mycotoxins on the cell line porcine kidney 15	Experimental and Toxicologic Pathology Volume, 2013(65): 1149 - 1157
120	Li Y, Cao Y, Li C, et al.	Scrotal heat induced the Nrf2driven antioxidant response during oxidative stress and apoptosis in the mouse testis	Acta Histochem, 2014, 116 (5): 883-890
121	Yuguang Guo, Xinming Lian, Peishi Yan, et al.	location and behavioural sequences associated with eliminative behaviour in fattening pigs	Applied Animal Behavioural Science, 2015(168): 18-23
122	Xinming Lian, Xiaoxiao Li, Peishi Yan	Avoidance distance from Qinghai - Tibet Highway in sympatric Tibetan antelope and gazelle	Transportation Research Part D, 2012(17): 585-587

续表

家畜环境卫生学与家畜生态学			
序号	作　者	论文题目	刊登期刊
123	Xiaoqing Peng, Lin Lu, Peishi Yan, et al.	Mammary Cell Turnover under High Temperature during the Dry Period in Dairy Cows	Asian-Aust. J. Anim. Sci., 2011, 24 (4):485-492
124	Wu D W, Yan P S, Zhou Y M, et al.	Effects of heat treatment of soy protein isolate on the growth performance and immune function of broiler chickens	Poultry Science, 2014, 93(2): 326-334
125	Xiaolin You, Huoqi Yan, Ruqian Zhao, et al.	A Survey of Chinese Citizens' Perceptions on Farm Animal Welfare	PLoS ONE, 2014, 9(10): e10917
126	Zhou B, Yang X J, Zhao R Q, et al.	Effects of tail docking and teeth clipping on the physiological responses, wounds, behavior, growth, and backfat depth of pigs	Journal of animal science, 2013, 91(10): 4908-4916
127	Zhenzhen Pang, Baoming Li, Hongwei Xin, et al.	Field Evaluation of a Water-Cooled Cover for Cooling Sows in Hot and Humid Climates	Biosystems Engineering, 2011, 110 (4): 413-420
128	Qianwen Sui, Chong Liu, Hongmin Dong, et al.	Effect of ammonium nitrogen concentration on the ammonia-oxidizing bacteria community in a membrane bioreactor for the treatment of anaerobically digested swine wastewater	Journal of Bioscience and Bioengineering, 2014,118 (3): 277-283
129	Hongmin Dong, Zhiping Zhu, Zhongkai Zhou, et al.	Greenhouse gas emissions from swine manure stored at different stack heights	Animal Feed Science and Technology, 2011(166): 557-561
130	刘洪贵，王超，包军，等	户外饲养的两种民猪杂交初产母猪行为及生理指标的比较	中国畜牧杂志，2013，49（8）：56-60
131	王广猛，陈丽媛，颜培实，等	不同妊娠阶段荷斯坦奶牛心率变异性分析	畜牧与兽医，2014，46（10）：78-81
132	姚姣姣，田亮，颜培实，等	妊娠母猪膘情对其繁殖性能的影响	动物营养学报，2014，26（6）：1638-1643
133	栾冬梅，齐贺，张永根，等	寒区温室型犊牛舍的设计与应用效果	农业工程学报，2013，29（14）：195-204
134	丁露雨，陈昭辉，刘继军，等	南方开放式肉牛舍夏季喷雾降温效果	农业工程学报，2013，29（2）：224-231
135	程琼仪，刘继军，陈昭辉	冷风机 - 风管对南方开放式牛舍的降温效果	农业工程学报，2014，30（8）：126-134
136	陈丽媛，洪小华，颜培实，等	我国南方冬季和夏季肉牛体感温度研究	畜牧与兽医，2015，47（2）：40-44

注：上述所列畜牧学科代表性学术论文由中国畜牧兽医学会动物遗传育种学分会、动物繁殖学分会、动物营养学分会、家畜环境卫生学分会和家畜生态学分会推荐。

（整理：石娟）

附录 5　畜牧学科重大学术活动概览（2010—2015）

序号	学　术　活　动	举办时间	地　点	参加人数
1	中国畜牧兽医学会养牛学分会反刍动物营养学术研讨会暨冯仰廉先生八十华诞祝寿会	2010.5	北　京	100
2	中国畜牧兽医学会养羊学分会 2010 年全国养羊生产与学术研讨会	2010.7	银　川	500
3	2010 年家畜环境与生态学术研讨会	2010.7	通　辽	168
4	中国畜牧兽医学会信息技术分会 2010 年学术研讨会	2010.8	呼伦贝尔	70
5	中国畜牧兽医学会动物微生态学分会第十次全国学术研讨会暨动物微生态企业发展论坛	2010.8	沧　州	200
6	中国畜牧兽医学会畜牧兽医生物技术学分会第八次学术研讨会	2010.8	哈尔滨	728
7	中国畜牧兽医学会动物繁殖学分会第十五届学术研讨会	2010.8	天　津	443
8	中国畜牧兽医学会动物营养学分会第六次全国饲料营养学术研讨会暨动物营养学分会成立三十周年大会	2010.10	杨　凌	1000
9	第二届消化道分子微生态国际研讨会	2010.5	南　京	162
10	中国畜牧兽医学会养猪学分会第五次会员代表大会暨养猪业创新发展论坛	2010.11	桂　林	500
11	中国畜牧兽医学会养犬学分会第十四次全国养犬学术研讨会	2011.6	武夷山	130
12	中国畜牧兽医学会信息技术分会 2011 年学术研讨会	2011.8	西　宁	100
13	猪营养与食品安全科技论坛暨中国畜牧兽医学会养猪学分会成立 20 周年座谈会	2011.8	哈尔滨	200
14	中国畜牧兽医学会动物繁殖学分会 2011 年常务理事会暨 2011 年度动物繁殖领域学术研讨会	2011.8	长　春	60
15	第 16 次全国动物遗传育种学术研讨会	2011.5	扬　州	1200
16	第八届世界华人鱼虾营养学术研讨会	2011.9	成　都	1000
17	中国畜牧兽医学会 2011 年学术年会	2011.10	成　都	1300
18	第六届全国猪营养学术研讨会暨国家生猪产业技术体系猪营养与健康养殖技术论坛	2011.9	杭　州	1000
19	中国畜牧兽医学会养牛学分会 2011 年学术研讨会	2011.11	北　京	300
20	中国畜牧兽医学会畜牧兽医生物技术学分会第九次研讨会	2012.4	厦　门	636
21	中国养殖业可持续发展战略高层论坛	2012.5	扬　州	230
22	第三届消化道分子微生态国际研讨会	2012.5	杭　州	110
23	中国畜牧兽医学会畜禽遗传标记学分会第七次全国会员代表大会暨第十三次畜禽遗传标记学术研讨会	2012.8	长　春	400
24	中国畜牧兽医学会养羊学分会第六次全国会员代表大会暨 2012 年全国养羊生产与学术研讨会	2012.8	横　山	600
25	生猪产业科技创新发展论坛	2012.8	长　春	400
26	中国畜牧兽医学会信息技术分会 2012 年学术研讨会	2012.8	北　海	56

续表

序号	学术活动	举办时间	地点	参加人数
27	中国畜牧兽医学会动物繁殖学分会第十六届学术研讨会	2012.8	哈尔滨	420
28	中国畜牧兽医学会动物营养学分会第九届全国代表大会暨第十一次动物营养学术研讨会	2012.10	长　沙	1500
29	生态环境与畜牧业可持续发展学术研讨会暨中国畜牧兽医学会2012年学术年会	2012.11	北　京	500
30	中国畜牧兽医学会家禽学分会第九次会员代表大会暨第十六次全国家禽学术研讨会	2013.5	扬　州	600
31	中国畜牧兽医学会养犬学分会第七次全国会员代表大会暨第十五次学术研讨会	2013.7	南　昌	400
32	中国畜牧兽医学会信息技术分会第三次全国会员代表大会暨2013年学术研讨会	2013.8	太　谷	67
33	中国畜牧兽医学会动物繁殖学分会2013年常务理事会	2013.8	贵　阳	74
34	中国畜牧兽医学会养猪学分会2013年学术研讨会	2013.9	郑　州	800
35	第九届中日韩瘤胃生理与代谢国际学术研讨会	2013.10	长　沙	130
36	第十一届世界畜产大会暨学会2013年学术年会	2013.10	北　京	1800
37	第17次全国动物遗传育种学术研讨会	2013.10	成　都	1400
38	首届中国生物饲料科技大会暨2013中国生物饲料应用技术成果展示交流会	2013.11	北　京	600
39	第九届世界华人鱼虾营养学术研讨会	2013.11	厦　门	1100
40	第十一届优质鸡的改良生产暨发展研讨会	2014.2	海　口	150
41	中国畜牧兽医学会畜牧兽医生物技术学分会第五次全国会员代表大会暨第十次学术研讨会	2014.4	深　圳	615
42	中国畜牧兽医学会养猪学分会2014年学术研讨会	2014.6	武　汉	261
43	中国畜牧兽医学会家畜生态学分会2014年学术研讨会	2014.7	西　宁	130
44	中国畜牧兽医学会信息技术分会2014年学术研讨会	2014.8	无　锡	100
45	中国畜牧兽医学会畜禽遗传标记学分会第十四次全国畜禽遗传标记学术研讨会	2014.8	昆　明	300
46	中国畜牧兽医学会养羊学分会2014年全国养羊生产与学术研讨会	2014.8	聊　城	600
47	中国畜牧兽医学会马学分会成立大会暨学术研讨会	2014.8	北　京	130
48	中国畜牧兽医学会动物营养学分会第七届中国饲料营养学术研讨会	2014.10	郑　州	1300
49	第四届消化道分子微生态国际研讨会	2014.10	南　京	230
50	第二届中国生物饲料科技大会	2014.11	杭　州	800
51	动物福利与健康生产国际研讨会	2014.7	哈尔滨	150
52	中国畜牧兽医学会家畜环境卫生学分会2014年学术年会暨集约化畜牧业与环境问题学术研讨会	2014.7	武　汉	160
53	第34次国际动物遗传学大会（ISAG）	2014.8	西　安	1500

续表

序号	学术活动	举办时间	地点	参加人数
54	中国畜牧兽医学会动物繁殖学分会第十七届学术研讨会	2014.8	福　州	410
55	中国畜牧兽医学会 2014 年学术年会	2014.11	广　州	1400
56	中国畜牧兽医学会动物微生态学分会第十一次全国学术研讨会暨第五次全国会员代表大会	2014.11	荣　昌	236
57	中国畜牧兽医学会养牛学分会第八次全国会员代表大会暨 2015 年学术研讨会	2015.4	北　京	500
58	2015 肉羊产业可持续发展高层论坛	2015.4	郑　州	190
59	中国畜牧兽医学会家禽学分会第十七次全国家禽学术研讨会	2015.4	重　庆	600
60	中国畜牧兽医学会养犬学分会第 16 次全国犬业科技学术研讨会	2015.5	无　锡	220
61	中国畜牧兽医学会动物繁殖学分会 2015 年常务理事会暨全国动物繁殖学科发展研讨会	2015.8	呼和浩特	90
62	中国畜牧业信息化发展论坛暨中国畜牧兽医学会信息技术分会 2015 年学术研讨会	2015.8	北　京	400
63	中国畜牧兽医学会养羊学分会 2015 年全国养羊生产与学术研讨会	2015.8	登　封	600
64	首届家畜生态学科青年学者学术交流会	2015.8	银　川	80
65	2015 中国猪业科技大会暨中国畜牧兽医学会 2015 年学术年会	2015.9	厦　门	2000
66	2015 中国（北京）国际马科技大会	2015.10	北　京	150
67	第十八次全国动物遗传育种学术研讨会	2015.11	南　昌	1600

资料来源：中国畜牧兽医学会。

（整理：刘琳、石娟）

附录 6　畜牧学科重大研究项目总览（2010—2015）

序号	课题名称	主持人	主持单位	执行时间	项目类别
1	转基因生物新品种培育（动物）	李　宁	中国农业大学	2011—2015	国家科技重大专项
2	猪肌纤维发育与肌内脂肪沉积关键基因克隆与功能鉴定	汪以真	浙江大学	2009—2012	
3	基于转录后 mRNA 甲基化修饰水平上的猪肌内脂肪沉积关键基因筛选及其功能鉴定	汪以真	浙江大学	2013—2016	
4	优质猪新品种（系）选育与关键技术研究及示范	蒋思文	华中农业大学	2011—2015	国家科技支撑计划
5	优质奶牛新品种（系）选育与关键技术研究及示范	张　毅	中国农业大学	2011—2015	
6	优质高产高效家禽新品种（系）选育与关键技术研究及示范	曲鲁江	中国农业大学	2011—2015	

续表

序号	课题名称	主持人	主持单位	执行时间	项目类别
7	优质肉牛新品种（系）选育与关键技术研究及示范	高会江	中国农业科学院北京畜牧兽医研究所	2011—2015	国家科技支撑计划
8	优质肉、毛羊新品种（系）选育与关键技术研究及示范	狄　江	新疆维吾尔自治区畜牧科学院	2011—2015	
9	优质运动马培育生产关键技术研究与集成示范	姚新奎	新疆农业大学	2011—2015	
10	动物快繁关键技术研究与示范	田见晖	中国农业大学	2011—2015	
11	现代奶业健康养殖关键技术集成与产业化示范	包　军	东北农业大学	2013—2015	
12	安全高效饲料添加剂创制与应用	曹云鹤	中国农业大学	2011—2017	
13	动物分子与细胞工程育种技术研究	李　宁	中国农业大学	2011—2015	“863”计划
14	基因工程生产富乳铁蛋白素的功能饲料及食品	印遇龙	中国科学院亚热带农业生态研究所		
15	牛奶重要营养品质形成与调控机理研究	王加启	中国农业科学院北京畜牧兽医研究所	2011—2015	“973”计划
16	猪肌纤维发育与肌内脂肪沉积的机制与营养调控	李德发	中国农业大学	2012—2016	
17	猪利用氮营养素的机制及营养调控	朱伟云	南京农业大学	2013—2017	
18	养殖鱼类蛋白质高效利用的调控机制	麦康森	中国海洋大学	2014—2018	
19	抗菌肽在仔猪肠道免疫中的作用及其机制研究	汪以真	浙江大学	2011—2014	国家杰出青年科学基金
20	饲料用酶的分子生物学	姚　斌	中国农业科学院饲料研究所	2012—2015	
21	母源性生物活性因子调控新生仔猪肠黏膜发育的分子机理研究	李德发	中国农业大学	2008—2011	国家自然科学基金重点项目
22	发酵乳酸杆菌调控新生仔猪肠道黏膜屏障功能的机理研究	谯仕彦	中国农业大学	2010—2013	
23	生长猪胃肠道谷氨酸转运和代谢的机制研究	印遇龙	中国科学院亚热带农业生态研究所	2012—2016	
24	仔猪小肠上皮隐窝绒毛轴更新与蛋白质代谢的分子机制	印遇龙	中国科学院亚热带农业生态研究所	2014—2018	
25	瘤胃发育过程中甲烷菌定植与甲烷生成路径演变规律研究	谭支良	中国科学院亚热带农业生态研究所	2014—2018	
26	生长猪肠道内微生物与营养代谢互作及其对机体整体代谢作用机制的研究	朱伟云	南京农业大学	2015—2019	
27	奶牛瘤胃尿素分解优势菌群及其代谢尿素的分子机理	王加启	中国农业科学院北京畜牧兽医研究所	2015—2019	
28	饲料营养价值与畜禽饲养标准研究与应用	李德发	中国农业大学	2009—2013	农业部行业专项

续表

序号	课题名称	主持人	主持单位	执行时间	项目类别
29	水产养殖动物营养需求与高效配合饲料开发	麦康森	中国海洋大学	2010—2014	农业部行业专项
30	替代渔用饲料中鱼粉的新蛋白源开发利用技术研究与示范	何　艮	中国海洋大学	2013	
31	南方地区幼龄草食畜禽饲养技术研究	刁其玉	中国农业科学院饲料研究所	2013	
32	饲料中抗生素替代品关键研究与示范	谯仕彦	中国农业大学	2014—2018	
33	南方草食家畜防暑防寒与粪便处理技术集成与示范	刘继军	中国农业大学	2013—2017	区域公益（农业）项目

资料来源：中国畜牧兽医学会。

注：① 2010—2015 年立项或结题的课题皆在此表统计范围内。

②序号 2、3 课题为转基因生物新品种培育（动物）重大专项内容之一。

③国家高技术研究发展计划简称为“863”计划。

④国家重点基础研究发展计划简称为“973”计划。

（整理：刘琳）

附录 7　畜牧学科核心期刊目录（截至 2015 年年底）

序号	期刊名称	英文刊名	出版刊号	主办单位	刊期	创刊年份	核心期刊
1	畜牧与生物技术（英文版）	Journal of Animal Science and Biotechnology	CN11-5967/S	中国畜牧兽医学会	季刊	2010	①
2	畜牧兽医学报	Chinese Journal of Animal and Veterinary Sciences	CN11-1985/S	中国畜牧兽医学会	月刊	1956	②③④⑤⑥
3	动物营养学报	Chinese Journal of Animal Nutrition	CN11-5461/S	中国畜牧兽医学会	月刊	1989	②③④⑤⑥
4	中国畜牧杂志	Chiese Journal of Anmail Science	CN11-2083/S	中国畜牧兽医学会	半月刊	1953	②⑥
5	动物营养（英文版）	Animal Nutrition	CN10-1360/S	中国畜牧兽医学会	季刊	2015	*
6	畜牧与兽医	Animal Husbandry & Veterinary Medicine	CN32-1192/S	南京农业大学	月刊	1935	②④⑥
7	家畜生态学报	Journal of Domestic Animal Ecology	CN61-1433/S	西北农林科技大学	月刊	1980	②④⑥
8	饲料工业	Feed Industry Magazine	CN21-1169/S	辽宁省农牧业机械研究所	半月刊	1980	②④⑥

续表

序号	期刊名称	英文刊名	出版刊号	主办单位	刊期	创刊年份	核心期刊
9	中国畜牧兽医	China Animal Husbandry & Veterinary Medicine	CN11-4843/S	中国农业科学院北京畜牧兽医研究所	月刊	2002	②④⑥
10	中国家禽	China Poultry	CN32-1222/S	中国农业科学院家禽研究所、江苏省家禽科学研究所	半月刊	1979	②⑥
11	中国饲料	China Feed	CN11-2975/S	中国饲料工业协会	半月刊	1990	②⑥
12	黑龙江畜牧兽医	Heilongjiang Animal Science &Veterinary Medicine	CN23-1205/S	黑龙江省畜牧兽医学会	半月刊	1958	②
13	粮食与饲料工业	Cereal & Feed Industry	CN42-1176/TS	国家粮食储备局武汉科学研究设计院	月刊	1972	④⑥
14	饲料研究	Feed Research	CN11-2114/S	北京市营养源研究所	半月刊	1978	④⑥
15	草食家畜	Grass-feeding Livestock	CN65-1108/S	新疆畜牧科学院	双月刊	1980	⑥

注：①为科学引文索引 (SCI) 收录期刊。源自美国科学信息研究所（ISI）。

②为中文核心期刊。源自北京大学《中文核心期刊要目总览》(第 7 版)(2014 年)。

③为中国科学引文数据库（CSCD）来源期刊（核心库，2015-2016 年度）。源自中国科学院文献情报中心。

④为中国科技论文统计源期刊（中国科技核心期刊），2014 年。源自中国科学信息研究所。

⑤为中国精品科技期刊。源自中国科学技术协会。

⑥为中国农业核心期刊。源自中国农业出版社《中国农业核心期刊概览（2014）》。

* *Animal Nutrition* 于 2015 年创刊，尚未被收录。

（整理：石娟）

附录 8　畜牧学科开放获取期刊目录（截至 2015 年年底）

序号	期刊名称	网　址	上线时间
1	畜牧兽医学报	http://www.xmsyxb.com/	2007.7
2	动物营养学报	http://www.chinajan.com/	2007.8
3	Journal of Animal Science and Biotechnology	http://www.jasbsci.com/	2012.1
4	养殖与饲料	http://chinayzsl.hzau.edu.cn/	2013.1
5	Animal Nutrition	http://www.sciencedirect.com/science/journal/aip/24056545	2015.5

注：部分信息来源于中国科技期刊开放获取平台。

（整理：石娟）

索 引